科学计算与系统建模仿真平台 MWORKS 架构图

信息物理系统建模仿真通用平台 (Syslab+Sysplorer)

Toolbox 工具箱

- **AI与数据科学**：统计、机器学习、深度学习、强化学习
- **信号处理与通信**：基础信号处理、DSP、基础通信、小波

各装备行业数字化工程支撑平台 (Sysbuilder+Sysplorer+Syslink)

- **控制系统**：控制系统设计工具、基于模型的控制器设计、系统辨识、鲁棒控制
- **设计优化**：模型试验、分析、参数估计、敏感度、响应优化与置信度评估
- **机械多体**：多体导入工具、3D视景工具
- **代码生成**：实时代码生成、嵌入式代码生成、定点代码、定点计算

开放、标准、先进的计算仿真云平台 (MoHub)

- **模型集成与联合仿真**：CAE模型降阶工具箱、分布式联合仿真工具箱
- **接口工具**：FMI导入导出、SysML 转 Modelica、MATLAB 语言兼容导入、Simulink 兼容导入

基于标准的函数+模型+API 拓展系统

Sysbuilder 系统架构设计环境
- 需求导入
- 架构建模
- 逻辑仿真
- 分析评估

Syslab 科学计算环境
Julia 科学计算语言
- 编程
- 数学
- 图形

Functions 函数库
- 曲线拟合
- 符号数学
- 优化与全局优化

Sysplorer 系统建模仿真环境
Modelica 系统建模语言
- 物理建模
- 框图建模
- 状态图建模

Models 模型库
- 标准库：机、电、液、控、热
- 同元专业库：液压、传动、机电…
- 同元行业库：车辆、能源…

Syslink 协同设计仿真环境
- 多人协同建模
- 工作空间共享
- 并行计算
- 模型技术状态管理
- 云端建模仿真
- 安全保密管理

工业知识模型互联平台 MoHub

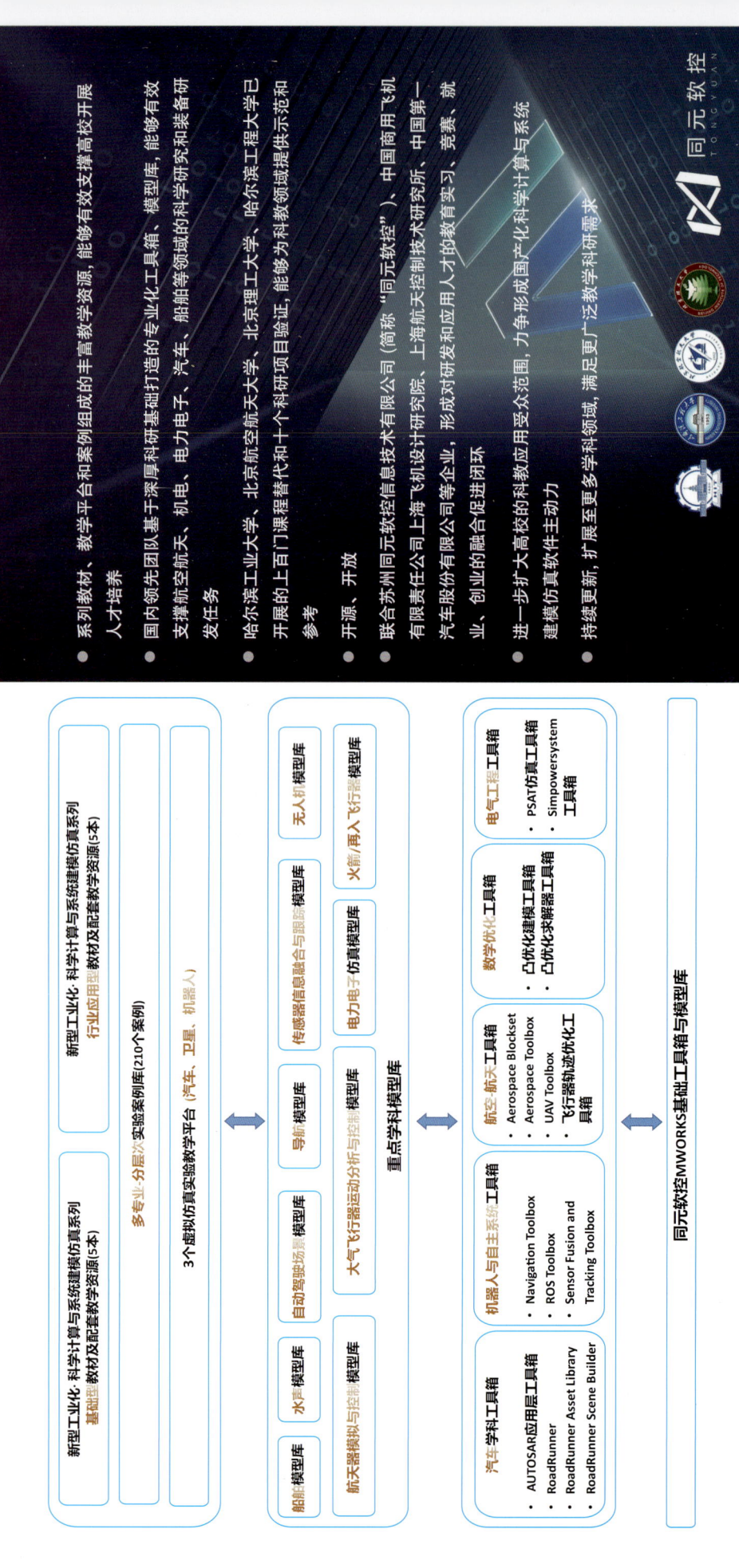

科教版平台（SE-MWORKS）总体情况

- 系列教材、教学平台案例和案例组成的丰富教学资源，能够有效支撑高校开展人才培养
- 国内领先团队基于深厚科研基础打造的专业化工具箱、模型库，能够有效支撑航空航天、机电、电力电子、汽车、船舶等领域的科学研究和装备研发任务
- 哈尔滨工业大学、北京航空航天大学、北京理工大学、哈尔滨工程大学已开展的上百门课程替代和十个科研项目验证，能够为科教领域提供示范和参考
- 开源、开放
- 联合苏州同元软控信息技术有限公司（简称"同元软控"）、中国商用飞机有限责任公司上海飞机设计研究院、上海航天控制技术研究所、中国第一汽车股份有限公司等企业，形成对研发和应用人才的教育实习、竞赛、就业、创业的融合促进闭环
- 进一步扩大高校的科教应用受众范围，力争形成国产化科学计算与系统建模仿真软件的主动力
- 持续更新，扩展至更多学科领域，满足更广泛教学科研需求

新型工业化：科学计算与系统建模仿真系列
基础型：教材及配套教学资源(5本)

新型工业化：科学计算与系统建模仿真系列
行业应用型：教材及配套教学资源(5本)

- 多专业、分层次实验案例库(210个案例)
- 3个虚拟仿真实验教学平台（汽车、卫星、机器人）

重点学科模型库

| 船舶模型库 | 自动驾驶场景模型库 | 导航模型库 | 传感器信息融合与跟踪模型库 | 无人机模型库 |
| 水声模型库 | 航天器模拟与控制模型库 | 大气飞行器运动分析与控制模型库 | 电力电子仿真模型库 | 火箭(载人)飞行器模型库 |

汽车学科工具箱
- AUTOSAR应用层工具箱
- RoadRunner
- RoadRunner Asset Library
- RoadRunner Scene Builder

机器人与自主系统工具箱
- Navigation Toolbox
- ROS Toolbox
- Sensor Fusion and Tracking Toolbox

航空航天工具箱
- Aerospace Blockset
- Aerospace Toolbox
- UAV Toolbox
- 飞行器轨迹优化工具箱

数学优化工具箱
- 凸优化建模工具箱
- 凸优化求解器工具箱

电气工程工具箱
- PSAT仿真工具箱
- Simpowersystem工具箱

同元软控MWORKS基础工具箱与模型库

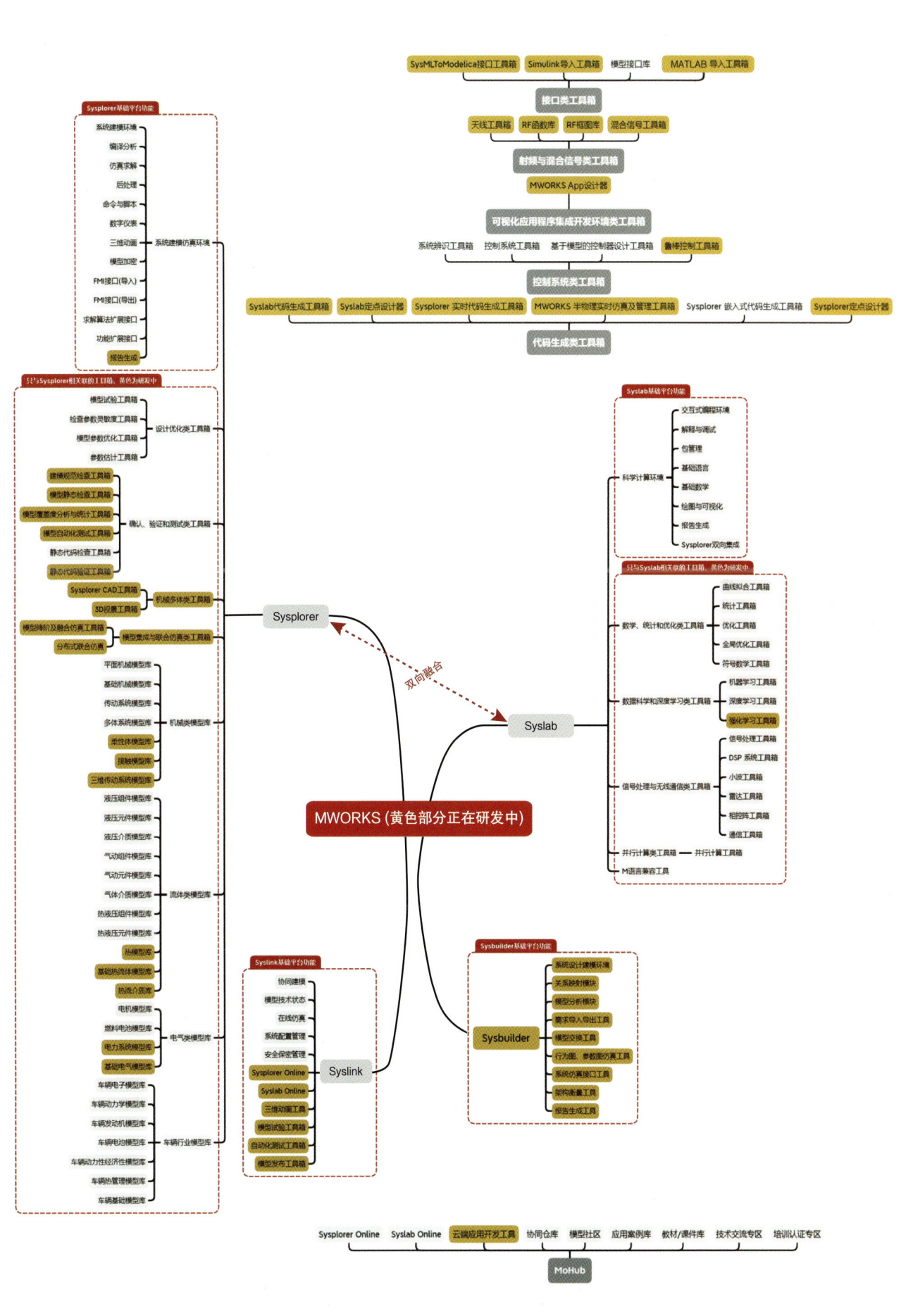

MWORKS 2023b 功能概览思维导图

MWORKS（黄色部分正在研发中）

Sysplorer

Sysplorer基础平台功能
- 系统建模仿真环境
  - 系统建模环境
  - 编译分析
  - 仿真求解
  - 后处理
  - 命令与脚本
  - 数字仪表
  - 三维动画
  - 模型加密
  - FMI接口（导入）
  - FMI接口（导出）
  - 求解算法扩展接口
  - 功能扩展接口
  - 报告生成

只与Sysplorer相关联的工具箱，黄色为研发中
- 设计优化类工具箱
  - 模型试验工具箱
  - 检查参数灵敏度工具箱
  - 模型参数优化工具箱
  - 参数估计工具箱
- 确认、验证和测试类工具箱
  - 建模规范检查工具箱
  - 模型静态检查工具箱
  - 模型覆盖度分析与统计工具箱
  - 模型自动化测试工具箱
  - 静态代码检查工具箱
  - 静态代码验证工具箱
- 机械多体类工具箱
  - Sysplorer CAD工具箱
  - 3D视景工具箱
- 模型集成与联合仿真类工具箱
  - 模型降阶与融合仿真工具箱
  - 分布式联合仿真

机械类模型库
- 平面机械模型库
- 基础机械模型库
- 传动系统模型库
- 多体系统模型库
- 柔性体模型库
- 接触模型库
- 三维传动系统模型库

流体类模型库
- 液压组件模型库
- 液压元件模型库
- 液压介质模型库
- 气动组件模型库
- 气动元件模型库
- 气体介质模型库
- 热液压组件模型库
- 热液压元件模型库
- 热模型库
- 基础热流体模型库
- 热流介质库

电气类模型库
- 电机模型库
- 燃料电池模型库
- 电力系统模型库
- 基础电气模型库

车辆行业模型库
- 车辆电子模型库
- 车辆动力学模型库
- 车辆发动机模型库
- 车辆电池模型库
- 车辆动力经济性模型库
- 车辆热管理模型库
- 车辆基础模型库

Syslab （双向融合）

Syslab基础平台功能
- 科学计算环境
  - 交互式编程环境
  - 解释与调试
  - 包管理
  - 基础语言
  - 基础数学
  - 绘图与可视化
  - 报告生成
  - Sysplorer双向集成

只与Syslab相关联的工具箱，黄色为研发中
- 数学、统计和优化类工具箱
  - 曲线拟合工具箱
  - 统计工具箱
  - 优化工具箱
  - 全局优化工具箱
  - 符号数学工具箱
- 数据科学和深度学习类工具箱
  - 机器学习工具箱
  - 深度学习工具箱
  - 强化学习工具箱
- 信号处理与无线通信类工具箱
  - 信号处理工具箱
  - DSP系统工具箱
  - 小波工具箱
  - 雷达工具箱
  - 相控阵工具箱
  - 通信工具箱
- 并行计算类工具箱 — 并行计算工具箱
- M语言兼容工具

接口类工具箱
- SysMLToModelica接口工具箱
- Simulink导入工具箱
- 模型接口库
- MATLAB导入工具箱

射频与混合信号类工具箱
- 天线工具箱
- RF函数库
- RF框图库
- 混合信号工具箱

可视化应用程序集成开发环境类工具箱
- MWORKS App设计器

控制系统类工具箱
- 系统辨识工具箱
- 控制系统工具箱
- 基于模型的控制器设计工具箱
- 鲁棒控制工具箱

代码生成类工具箱
- Syslab代码生成工具箱
- Syslab定点设计器
- Sysplorer实时代码生成工具箱
- MWORKS 半物理实时仿真及管理工具箱
- Sysplorer嵌入式代码生成工具箱
- Sysplorer定点设计器

Syslink

Syslink基础平台功能
- 协同建模
- 模型技术状态
- 在线仿真
- 系统配置管理
- 安全保密管理
- Sysplorer Online
- Syslab Online
- 三维动画工具
- 模型试验工具箱
- 自动化测试工具箱
- 模型发布工具箱

Sysbuilder

Sysbuilder基础平台功能
- 系统设计建模环境
- 关系映射模块
- 模型分析模块
- 需求导入导出工具
- 模型交换工具
- 行为图、参数图仿真工具
- 系统仿真接口库
- 架构度量工具
- 报告生成工具

MoHub
- Sysplorer Online
- Syslab Online
- 云端应用开发工具
- 协同仓库
- 模型社区
- 应用案例库
- 教材/课件库
- 技术交流专区
- 培训认证专区

MWORKS 2023b 功能概览思维导图

本书思维导图

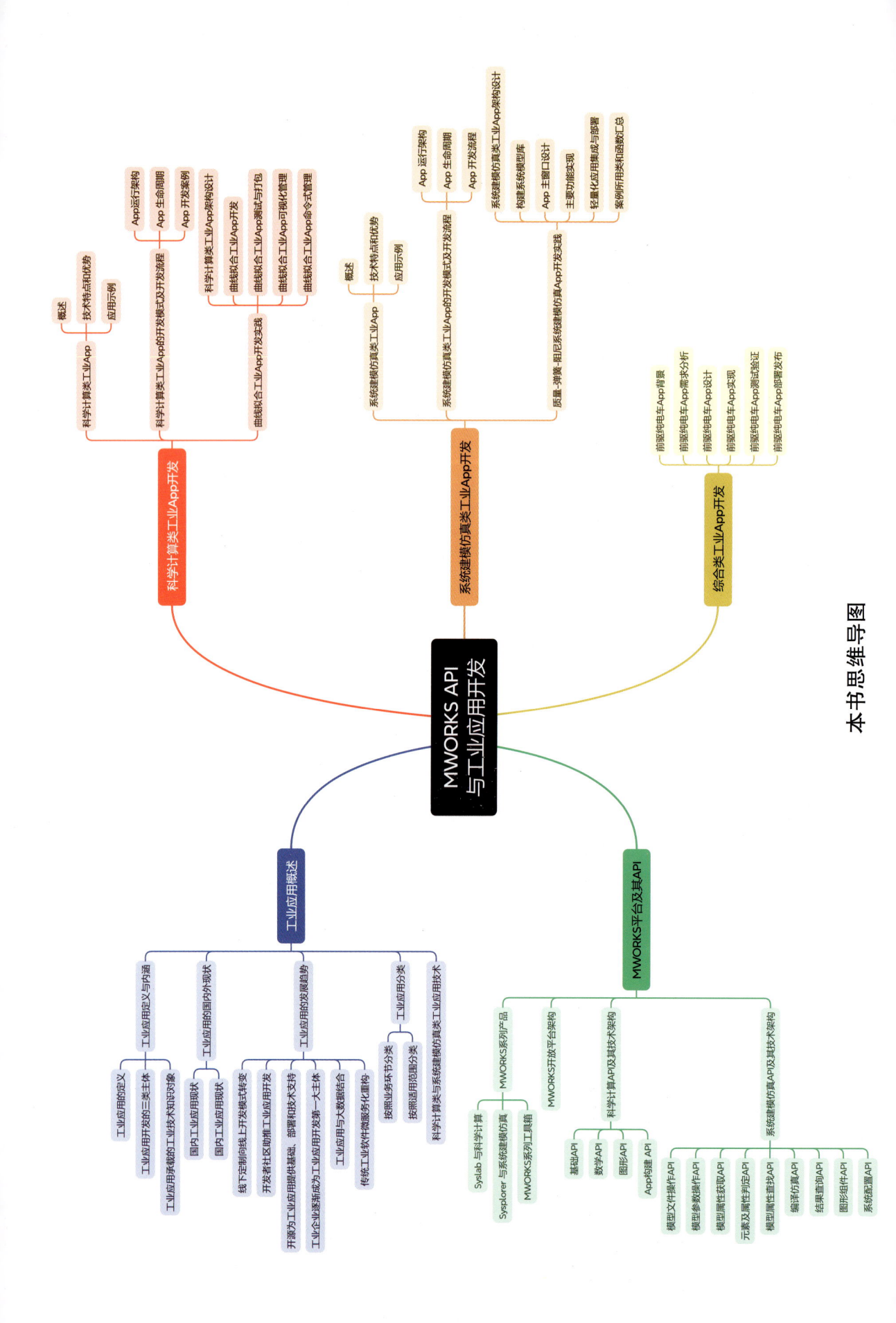

MWORKS API 与工业应用开发

工业应用概述

- 工业应用定义与内涵
  - 工业应用的定义
  - 工业应用开发的三类主体
  - 工业应用承载的工业技术知识对象
- 工业应用的国内外现状
  - 国内工业应用现状
  - 国内工业应用现状
- 工业应用的发展趋势
  - 线下定制向线上开发模式转变
  - 开发者社区助推工业应用开发
  - 部署和技术支持
  - 开源为工业应用提供基础，工业企业逐渐成为工业应用开发第一主体
  - 工业应用与大数据结合
  - 传统工业软件微服务化重构
- 工业应用分类
  - 按照业务环节分类
  - 按照应用范围的分类
- 本书科学计算类与系统建模仿真类工业应用技术

MWORKS 平台及其 API

- MWORKS 系列产品
  - Syslab 与科学计算
  - Sysplorer 与系统建模仿真
  - MWORKS 系列工具箱
- MWORKS 开放平台架构
- 科学计算 API 及其技术架构
  - 基础 API
  - 数学 API
  - 图形 API
  - App 架构 API
- 系统建模仿真 API 及其技术架构
  - 模型文件操作 API
  - 模型参数操作 API
  - 模型属性获取 API
  - 模型属性判定 API
  - 元素及属性查找 API
  - 编译仿真 API
  - 结果查询 API
  - 图形组件 API
  - 系统配置 API

科学计算类工业App开发

- 科学计算类工业App
  - 概述
  - 技术特点和优势
  - 应用示例
- 科学计算类工业App的开发模式及开发流程
  - App 运行架构
  - App 生命周期
  - App 开发案例
- 科学计算类工业App架构设计
- 曲线拟合类工业App开发
- 曲线拟合类工业App测试与打包
- 曲线拟合类工业App可视化管理
- 曲线拟合类工业App命令式管理

系统建模仿真类工业App开发

- 系统建模仿真类工业App
  - 概述
  - 技术特点和优势
  - 应用示例
- 系统建模仿真类工业App的开发模式及开发流程
  - App 运行架构
  - App 生命周期
  - App 开发流程
- 质量-弹簧-阻尼系统建模仿真App开发实践
  - 系统建模仿真类工业App架构设计
  - 构建系统模型库
  - App 主窗口设计
  - 主要功能实现
  - 轻量化应用集成与部署
  - 案例所用集成类和函数汇总

综合类工业App开发

- 前驱纯电车App背景
- 前驱纯电车App需求分析
- 前驱纯电车App设计
- 前驱纯电车App实现
- 前驱纯电车App测试验证
- 前驱纯电车App部署发布

新型工业化·科学计算与系统建模仿真系列

MWORKS API and
Industrial Application Development

MWORKS API 与工业应用开发

编　著◎李　晋　李　超　程建华　冯光升　吕宏武
丛书主编◎王忠杰　周凡利

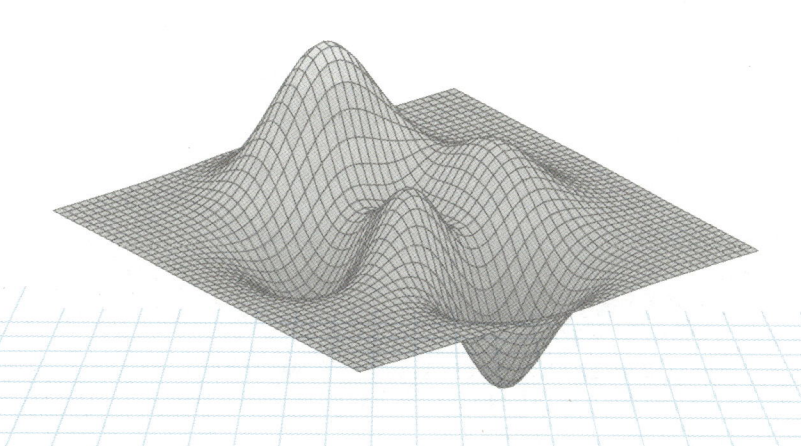

电子工业出版社
Publishing House of Electronics Industry
北京·BEIJING

内 容 简 介

本书共 5 章，首先介绍了工业应用的基本情况和发展趋势，以及科学计算类与系统建模仿真类工业应用技术，然后重点讲解了 MWORKS 平台及其 API、科学计算类工业 App 开发、系统建模仿真类工业 App 开发，详细介绍了它们的开发模式、开发流程，并给出了曲线拟合工业 App 和质量-弹簧-阻尼系统建模仿真 App 两个开发实践案例，最后介绍了综合类工业 App 开发，通过前驱纯电车 App 开发实践案例，从需求分析、设计、实现、测试验证、部署发布等全生命周期演示了综合类工业 App 开发过程。

本书每章正文之前有内容提要，每章正文之后有本章小结和习题，以满足教师教学和学生自学的需要。

本书可作为高等院校本科、研究生计算机相关专业的教材。

未经许可，不得以任何方式复制或抄袭本书之部分或全部内容。
版权所有，侵权必究。

图书在版编目（CIP）数据

MWORKS API 与工业应用开发 / 李晋等编著. -- 北京：电子工业出版社，2024. 8. -- ISBN 978-7-121-49375-1
Ⅰ . T-39
中国国家版本馆 CIP 数据核字第 20242A68M8 号

责任编辑：刘 瑀
印　　刷：北京天宇星印刷厂
装　　订：北京天宇星印刷厂
出版发行：电子工业出版社
　　　　　北京市海淀区万寿路 173 信箱　邮编：100036
开　　本：787×1 092　1/16　印张：15.25　字数：390 千字　彩插：2
版　　次：2024 年 8 月第 1 版
印　　次：2024 年 8 月第 1 次印刷
定　　价：69.00 元

凡所购买电子工业出版社图书有缺损问题，请向购买书店调换。若书店售缺，请与本社发行部联系，联系及邮购电话：(010) 88254888，88258888。
质量投诉请发邮件至 zlts@phei.com.cn，盗版侵权举报请发邮件至 dbqq@phei.com.cn。
本书咨询联系方式：liuy01@phei.com.cn。

编 委 会

（按姓氏笔画排序）

主　任　王忠杰（哈尔滨工业大学）

　　　　　周凡利（苏州同元软控信息技术有限公司）

副主任　冯光升（哈尔滨工程大学）

　　　　　许承东（北京理工大学）

　　　　　张　莉（北京航空航天大学）

　　　　　陈　鄞（哈尔滨工业大学）

　　　　　郭俊峰（苏州同元软控信息技术有限公司）

委　员　丁　吉（苏州同元软控信息技术有限公司）

　　　　　于海涛（哈尔滨工业大学）

　　　　　王少萍（北京航空航天大学）

　　　　　王险峰（东北石油大学）

　　　　　史先俊（哈尔滨工业大学）

　　　　　朴松昊（哈尔滨工业大学）

　　　　　曲明成（哈尔滨工业大学）

　　　　　吕宏武（哈尔滨工程大学）

　　　　　刘志会（苏州同元软控信息技术有限公司）

　　　　　刘　芳（北京航空航天大学）

　　　　　刘宏伟（哈尔滨工业大学）

　　　　　刘　昕（哈尔滨工业大学）

　　　　　杜小菁（北京理工大学）

　　　　　李　伟（哈尔滨工程大学）

李冰洋（哈尔滨工程大学）

李　晋（哈尔滨工程大学）

李　雪（哈尔滨工业大学）

李　超（哈尔滨工程大学）

张永飞（北京航空航天大学）

张宝坤（苏州同元软控信息技术有限公司）

张　超（北京航空航天大学）

陈　娟（北京航空航天大学）

郑文祺（哈尔滨工程大学）

贺媛媛（北京理工大学）

聂兰顺（哈尔滨工业大学）

徐远志（北京航空航天大学）

崔智全（哈尔滨工业大学（威海））

惠立新（苏州同元软控信息技术有限公司）

舒燕君（哈尔滨工业大学）

鲍丙瑞（苏州同元软控信息技术有限公司）

蔡则苏（哈尔滨工业大学）

丛 书 序

2023 年 2 月 21 日,习近平总书记在中共中央政治局就加强基础研究进行第三次集体学习时强调:"要打好科技仪器设备、操作系统和基础软件国产化攻坚战,鼓励科研机构、高校同企业开展联合攻关,提升国产化替代水平和应用规模,争取早日实现用我国自主的研究平台、仪器设备来解决重大基础研究问题。"科学计算与系统建模仿真平台是科学研究、教学实践和工程应用领域不可或缺的工业软件系统,是各学科领域基础研究和仿真验证的平台系统。实现科学计算与系统建模仿真平台软件的国产化是解决科学计算与工程仿真验证基础平台和生态软件"卡脖子"问题的重要抓手。

基于此,苏州同元软控信息技术有限公司作为国产工业软件的领先企业,以新一轮数字化技术变革和创新为发展契机,历经团队二十多年技术积累与公司十多年持续研发,全面掌握了新一代数字化核心技术"系统多领域统一建模与仿真技术",结合新一代科学计算技术,研制了国际先进、完全自主的科学计算与系统建模仿真平台 MWORKS。

MWORKS 是各行业装备数字化工程支撑平台,支持基于模型的需求分析、架构设计、仿真验证、虚拟试验、运行维护及全流程模型管理;通过多领域物理融合、信息与物理融合、系统与专业融合、体系与系统融合、机理与数据融合及虚实融合,支持数字化交付、全系统仿真验证及全流程模型贯通。MWORKS 提供了算法、模型、工具箱、App 等资源的扩展开发手段,支持专业工具箱及行业数字化工程平台的扩展开发。

MWORKS 是开放、标准、先进的计算仿真云平台。基于规范的开放架构提供了包括科学计算环境、系统建模仿真环境以及工具箱的云原生平台,面向教育、工业和开发者提供了开放、标准、先进的在线计算仿真云环境,支持构建基于国际开放规范的工业知识模型互联平台及开放社区。

MWORKS 是全面提供 MATLAB/Simulink 同类功能并力求创新的新一代科学计算与系统建模仿真平台;采用新一代高性能计算语言 Julia,提供科学计算环境 Syslab,支持基于 Julia 的集成开发调试并兼容 Python、C/C++、M 等语言;采用多领域物理统一建模规范 Modelica,全面自主开发了系统建模仿真环境 Sysplorer,支持框图、状态机、物理建模等多种开发范式,并且提供了丰富的数学、AI、图形、信号、通信、控制等工具箱,以及机械、电气、流体、热等物理模型库,实现从基础平台到工具箱的整体功能覆盖与创新发展。

为改变我国在科学计算与系统建模仿真教学和人才培养中相关支撑软件被国外"卡脖子"的局面,加速在人才培养中推广国产优秀科学计算和系统建模仿真软件 MWORKS,提供产业界亟需的数字化教育与数字化人才,推动国产工业软件教育、应用和开发是必不可少的因素。进一步讲,我们要在数字化时代占领制高点,必须打造数字化时代的新一代信息物理融合的建模仿真平台，并且以平台为枢纽，连接产业界与教育界，形成一个完整生态。为此，哈尔滨工业大学、北京航空航天大学、北京理工大学、哈尔滨工程大学与苏州同元软控信息技术有限公司携手合作，2022 年 8 月 18 日在哈尔滨工业大学正式启动"新型工业化·科学计算与系统建模仿真系列"教材的编写工作，2023 年 3 月 11 日在扬州正式成立"新型工业化·科学计算与系统建模仿真系列"教材编委会。

首批共出版 10 本教材，包括 5 本基础型教材和 5 本行业应用型教材，其中基础型教材包括《科学计算语言 Julia 及 MWORKS 实践》《多领域物理统一建模语言与 MWORKS 实践》《MWORKS 开发平台架构及二次开发》《基于模型的系统工程（MBSE）及 MWORKS 实践》《MWORKS API 与工业应用开发》；行业应用型教材包括《控制系统建模与仿真（基于 MWORKS）》《通信系统建模与仿真（基于 MWORKS）》《飞行器制导控制系统建模与仿真（基于 MWORKS）》《智能汽车建模与仿真（基于 MWORKS）》《机器人控制系统建模与仿真（基于 MWORKS）》。

本系列教材可作为普通高等学校航空航天、自动化、电子信息工程、机械、电气工程、计算机科学与技术等专业的本科生及研究生教材，也适合作为从事装备制造业的科研人员和技术人员的参考用书。

感谢哈尔滨工业大学、北京航空航天大学、北京理工大学、哈尔滨工程大学的诸位教师对教材撰写工作做出的极大贡献，他们在教材大纲制定、教材内容编写、实验案例确定、资料整理与文字编排上注入了极大精力，促进了系列教材的顺利完成。

感谢苏州同元软控信息技术有限公司、中国商用飞机有限责任公司上海飞机设计研究院、上海航天控制技术研究所、中国第一汽车股份有限公司、工业和信息化部人才交流中心等单位在教材写作过程中提供的技术支持和无私帮助。

感谢电子工业出版社有限公司各位领导、编辑的大力支持，他们认真细致的工作保证了教材的质量。

书中难免有疏漏和不足之处，恳请读者批评指正！

编委会

2023 年 11 月

前　言

在工业化和信息化深度融合的大背景下，工业互联网等新技术层出不穷，工业技术软件化理念被持续推动，企业需要通过软件化方式积累沉淀工业技术知识以获得创新能力，共享共用的需求持续凸显。工业应用是指通过诸如工业互联网等平台提供的技术引擎、资源、模型和业务组件，将工业机理、技术、知识、算法与最佳工程实践组织起来，形成的一种应用程序（App），其旨在解决具体的工业问题。科学计算类与系统建模仿真工业应用技术是指利用科学计算和系统建模仿真技术解决工业应用中存在的复杂问题。MWORKS 是苏州同元软控信息技术有限公司（简称"同元软控"）基于国际知识统一表达和互联标准打造的系统智能设计与仿真验证平台，是面向数字工程的科学计算与系统建模仿真系统。本书以 MWORKS 平台为核心，重点讲解科学计算类与系统建模仿真工业 App 的开发方法、开发流程及实践案例，便于读者更快速更高效地理解和掌握科学计算类和系统建模仿真类工业 App 开发技术。

本书主要内容如下：

（1）工业应用的定义与内涵、国内外现状、发展趋势、分类，以及科学计算类工业应用技术和系统建模仿真类工业应用技术，重点介绍了 MWORKS 科学计算架构和系统建模仿真架构。

（2）MWORKS 平台及其 API，介绍了 MWORKS 系列产品，包括 Syslab 与科学计算、Sysplorer 与系统建模仿真，以及 MWORKS 系列工具箱，并且详细介绍了 MWORKS 开放平台架构，重点介绍了科学计算 API 及其技术架构、系统建模仿真 API 及其技术架构。

（3）科学计算类和系统仿真建模类工业 App 开发，重点介绍了它们的开发模式及开发流程，通过曲线拟合工业 App 和质量-弹簧-阻尼系统建模仿真 App 两个案例分别介绍了两类工业 App 的开发实践。

（4）综合类工业 App 开发，按照需求分析、设计、实现、测试验证、部署发布全生命周期，利用前驱纯电车 App 实践案例，详细地演示了综合类工业 App 开发的全过程。

本书由李晋、李超、程建华、冯光升、吕宏武编著，李晋负责本书的编写组织和大纲编制，冯光升、程建华参与了大纲编制，李超和吕宏武协助统稿并负责工业应用开发实践案例的设计及校对。各章编写任务的具体分工如下：第 1 章由冯光升编写；第 2 章由李超编写；第 3 章由李晋和吕宏武编写；第 4 章由李晋编写；第 5 章由李晋、程建华编写；附录 A 由李超编写；附录 B 由冯光升编写。

在本书的编写过程中，周凡利博士（同元软控）及郭俊峰、鲍炳瑞、惠立新、王天飞、周雯等老师给予了大力的支持，他们在本书大纲编制、课程教学案例设计，以及文献和参考资料等方面给予了很多建设性的意见，极大地促进了本书的完成，在此深表感谢。

本书在编写过程中得到了哈尔滨工业大学王忠杰教授和聂兰顺教授，北京航空航天大学张莉教授，北京理工大学许承东教授和贺媛媛教授的无私帮助，他们给了很多建议和修改意见，在此表示衷心的感谢。

由于作者水平有限，加之时间仓促，书中错漏之处在所难免，恳请广大读者批评指正。如果你有更多宝贵的意见，欢迎发邮件联系作者：lijinokok@hrbeu.edu.cn。本书为读者免费提供相关资料，读者可扫描封底二维码并使用刮刮码兑换。

编著者

目 录

第1章 工业应用概述 ··········· 1

1.1 工业应用的定义与内涵 ··········· 2
- 1.1.1 工业应用的定义 ··········· 2
- 1.1.2 工业应用开发的三类主体 ··········· 2
- 1.1.3 工业应用承载的工业技术知识对象 ··········· 3

1.2 工业应用的国内外现状 ··········· 3
- 1.2.1 国内工业应用现状 ··········· 3
- 1.2.2 国外工业应用现状 ··········· 7

1.3 工业应用的发展趋势 ··········· 9
- 1.3.1 线下定制向线上开发模式转变 ··········· 9
- 1.3.2 开发者社区助推工业应用开发 ··········· 10
- 1.3.3 开源为工业应用提供基础、部署和技术支持 ··········· 10
- 1.3.4 工业企业逐渐成为工业应用开发第一大主体 ··········· 11
- 1.3.5 工业应用与大数据结合 ··········· 12
- 1.3.6 传统工业软件微服务化重构 ··········· 12

1.4 工业应用分类 ··········· 13
- 1.4.1 按照业务环节分类 ··········· 13
- 1.4.2 按照适用范围分类 ··········· 14

1.5 科学计算类与系统建模仿真类工业应用技术 ··········· 14
- 1.5.1 科学计算 ··········· 14
- 1.5.2 系统建模仿真 ··········· 15
- 1.5.3 科学计算类与系统建模仿真类工业应用发展意义 ··········· 15
- 1.5.4 MWORKS 科学计算和系统建模仿真 ··········· 17

1.6 本书结构组织 ··········· 19

本章小结 ·· 20
　　　习题 1 ·· 20

第 2 章　MWORKS 平台及其 API ··· 21
　2.1　MWORKS 系列产品 ·· 22
　　　2.1.1　Syslab 与科学计算 ·· 23
　　　2.1.2　Sysplorer 与系统建模仿真 ··· 25
　　　2.1.3　MWORKS 系列工具箱 ··· 28
　2.2　MWORKS 开放平台架构 ·· 30
　2.3　科学计算 API 及其技术架构 ··· 31
　　　2.3.1　基础 API ·· 32
　　　2.3.2　数学 API ·· 34
　　　2.3.3　图形 API ·· 36
　　　2.3.4　App 构建 API ·· 37
　2.4　系统建模仿真 API 及其技术架构 ·· 37
　　　2.4.1　模型文件操作 API ·· 38
　　　2.4.2　模型参数操作 API ·· 38
　　　2.4.3　模型属性获取 API ·· 39
　　　2.4.4　元素及属性判定 API ··· 39
　　　2.4.5　模型属性查找 API ·· 39
　　　2.4.6　编译仿真 API ·· 40
　　　2.4.7　结果查询 API ·· 41
　　　2.4.8　图形组件 API ·· 41
　　　2.4.9　系统配置 API ·· 42
　　　2.4.10　名词解释 ··· 43
　　　本章小结 ·· 46
　　　习题 2 ·· 46

第 3 章　科学计算类工业 App 开发 ··· 47
　3.1　科学计算类工业 App ·· 48
　　　3.1.1　概述 ·· 48
　　　3.1.2　技术特点和优势 ··· 49
　　　3.1.3　应用示例 ·· 51

3.2 科学计算类工业 App 的开发模式及开发流程 ································ 54
 3.2.1 App 运行架构 ·· 54
 3.2.2 App 生命周期 ·· 57
 3.2.3 App 开发案例 ·· 61
3.3 曲线拟合工业 App 开发实践 ··· 64
 3.3.1 科学计算类工业 App 架构设计 ···································· 65
 3.3.2 曲线拟合工业 App 开发 ·· 67
 3.3.3 曲线拟合工业 App 测试与打包 ···································· 75
 3.3.4 曲线拟合工业 App 可视化管理 ···································· 77
 3.3.5 曲线拟合工业 App 命令式管理 ···································· 86
本章小结 ·· 89
习题 3 ·· 89

第 4 章 系统建模仿真类工业 App 开发 ·· 90

4.1 系统建模仿真类工业 App ·· 91
 4.1.1 概述 ··· 91
 4.1.2 技术特点和优势 ·· 91
 4.1.3 应用示例 ··· 94
4.2 系统建模仿真类工业 App 的开发模式及开发流程 ········· 97
 4.2.1 App 运行架构 ·· 97
 4.2.2 App 生命周期 ·· 98
 4.2.3 App 开发流程 ·· 98
4.3 质量-弹簧-阻尼系统建模仿真 App 开发实践 ··············· 111
 4.3.1 系统建模仿真类工业 App 架构设计 ·························· 112
 4.3.2 构建系统模型库 ·· 113
 4.3.3 App 主窗口设计 ·· 116
 4.3.4 主要功能实现 ·· 123
 4.3.5 轻量化应用集成与部署 ·· 127
 4.3.6 案例所用类和函数汇总 ·· 128
本章小结 ·· 129
习题 4 ·· 129

第 5 章 综合类工业 App 开发 ·········· 130

   5.1 前驱纯电车 App 背景 ·········· 131

   5.2 前驱纯电车 App 需求分析 ·········· 132

   5.3 前驱纯电车 App 设计 ·········· 133

      5.3.1 前驱纯电车 App 界面设计 ·········· 133

      5.3.2 前驱纯电车 App 功能设计 ·········· 134

      5.3.3 前驱纯电车 App 架构设计 ·········· 135

      5.3.4 前驱纯电车 App 接口 ·········· 138

   5.4 前驱纯电车 App 实现 ·········· 140

      5.4.1 前驱纯电车 App 类实现 ·········· 141

      5.4.2 前驱纯电车 App 模型操作模块 ·········· 146

      5.4.3 前驱纯电车 App 模型仿真模块 ·········· 151

      5.4.4 前驱纯电车 App 模型视图切换模块 ·········· 154

      5.4.5 前驱纯电车 App 使用许可模块 ·········· 155

   5.5 前驱纯电车 App 测试验证 ·········· 156

   5.6 前驱纯电车 App 部署发布 ·········· 159

  本章小结 ·········· 160

  习题 5 ·········· 160

附录 A 科学计算 API ·········· 161

   A.1 基础 API ·········· 161

   A.2 典型科学计算 API 应用案例 ·········· 164

附录 B 系统建模仿真 API ·········· 171

   B.1 模型文件操作 API ·········· 171

   B.2 模型参数操作 API ·········· 173

   B.3 模型属性获取 API ·········· 175

   B.4 元素及属性判定 API ·········· 178

   B.5 模型属性查找 API ·········· 179

   B.6 编译仿真 API ·········· 181

   B.7 结果查询 API ·········· 185

   B.8 图形组件 API ·········· 188

  B.9 系统配置 API ·· 198

附录 C Syslab 入门 ·· 202

 C.1 Syslab 安装及界面介绍 ·· 203
  C.1.1 Syslab 的下载与安装 ·· 203
  C.1.2 Syslab 的工作界面 ·· 205
 C.2 Julia REPL 环境的几种模式 ··· 210
  C.2.1 Julia 模式 ··· 210
  C.2.2 Package 模式 ··· 211
  C.2.3 Help 模式 ··· 211
  C.2.4 Shell 模式 ··· 212
 C.3 Syslab 与 Sysplorer 的软件集成 ·· 212
  C.3.1 Syslab 调用 Sysplorer API ··· 212
  C.3.2 Sysplorer 调用 Syslab Function 模块 ································· 214

附录 D Julia 及 Syslab 功能简介 ·· 216

 D.1 Julia ·· 217
  D.1.1 科学计算语言概述 ··· 217
  D.1.2 Julia 简介 ··· 219
  D.1.3 Julia 的优势 ··· 220
  D.1.4 Julia 与其他科学计算语言的差异 ······································· 220
 D.2 Julia Hello World ··· 223
  D.2.1 直接安装并运行 Julia ·· 223
  D.2.2 使用 MWORKS 运行 Julia ··· 225
 D.3 Syslab 功能简介 ··· 226
  D.3.1 交互式编程环境 ··· 226
  D.3.2 科学计算函数库 ··· 226
  D.3.3 计算数据可视化 ··· 227
  D.3.4 库开发与管理 ·· 227
  D.3.5 科学计算与系统建模的融合 ··· 228
  D.3.6 中文帮助系统 ·· 229

第 1 章
工业应用概述

科技的不断发展，带来了工业应用的不断升级和创新。在这个快速发展的时代，MWORKS SDK 作为一个强大的工业应用开发工具，为工业应用的开发和实现提供了更多的可能性和灵活性。MWORKS SDK 是由 MWORKS 内核模块及其服务组件组成的应用开发工具包，支持开发者对 MWORKS 进行扩展，它可用于开发航空、航天、核能、汽车、船舶等领域的专用仿真设计工业应用。MWORKS SDK 的核心功能包括科学计算、系统建模、仿真、结果处理等，能够满足工业应用的各种需求。同时，MWORKS SDK 还支持多种编程语言，如 C++、Python 等，使得开发人员可以使用选定的编程语言高效地开发工业应用。

在本书中，我们将介绍 MWORKS SDK 的各种特性和功能，以及如何将其用于工业应用的开发中。我们将提供详细的指导和实例，并结合官方文档进行讲解。本书将从基础知识开始，逐步引导读者了解 MWORKS SDK 的各方面，重点介绍 MWORKS API 及基于 MWORKS SDK 的工业应用开发等。

下面，我们将从工业应用开始，分节逐步对其进行介绍。

通过本章学习，读者可以了解（或掌握）：
- ❖ 工业应用的定义与内涵
- ❖ 工业应用的国内外现状
- ❖ 工业应用的发展趋势
- ❖ 工业应用的分类
- ❖ 科学计算类与系统建模仿真类工业应用技术
- ❖ 本书组织结构

1.1　工业应用的定义与内涵

在工业化和信息化深度融合的大背景下，企业需要通过软件化方式积累沉淀工业技术知识以获得创新能力，共享共用的需求持续凸显。在此背景下，借鉴消费领域应用的说法，针对工业领域提出了工业应用的概念。那么，什么是工业应用呢？本节将集合工业应用方、平台方、工业软件企业、高校与科研机构等多方视角和观点，从工业应用的定义、开发主体及其所承载的工业技术知识对象三方面介绍工业应用的内涵。

1.1.1　工业应用的定义

工业应用是指基于松耦合、组件化、可重构、可重用思想，通过平台的技术引擎、资源、模型和业务组件，将工业机理、技术、知识、算法与最佳工程实践组织起来，形成的一种应用程序，其具有系统化组织、模型化表达、可视化交互、场景化应用和生态化演进等特点。工业应用所依托的平台可以是工业互联网平台、公有云或私有云平台、大型工业软件平台，甚至可以是通用的操作系统平台，包括用于工业领域的移动端操作系统、通用计算机操作系统、工业操作系统和工业软件操作系统等。

工业应用是一种面向特定工业场景的应用程序，承载了解决特定问题的具体业务场景、流程、数据与数据流、经验、算法、知识等工业技术要素。一个工业应用就是一些具体工业技术与知识要素的集合与载体。工业应用用于解决特定的、具体的工业问题，而不是抽象的问题。通过工业应用，工业技术经验与知识可以得到更好的保护与传承，可以更快地运转、可以更大规模地被应用，从而放大工业技术的效应，推动工业知识的沉淀、复用和重构。

1.1.2　工业应用开发的三类主体

工业应用开发包含三类主体，即IT人员、工业人员和数据科学家。IT人员负责软件开发、测试和维护。工业人员是对具体工业领域有深入了解的专业人士，能够提供行业特定需求和问题解决方案。工业人员掌握着行业特定的知识和技能，在新技术条件下，能够利用各种低代码化手段快速地开发适用于特定场景的工业应用。因此，工业应用的开发主体已逐渐从IT人员向工业人员倾斜。

随着大数据技术的应用与发展，数据科学家成为工业应用开发的重要主体。数据科学家能够基于对海量工业数据的处理分析和数据建模，为工业人员提供更加准确和有效的工业解决方案。数据驱动的工业软件正成为一种新的趋势，它可以基于数据的实时分析和反馈结果，为工业领域带来更加精准的决策支持和效率提升。因此，在工业应用开发中，IT人员、工业人员和数据科学家之间的协作变得越来越重要。他们可以互相补充，形成强大的开发团队，共同推动工业应用的发展和应用。

1.1.3 工业应用承载的工业技术知识对象

工业应用承载的工业技术知识对象主要有特定工业技术知识、业务逻辑、数据对象模型和数据交换逻辑、领域机理知识、数据建模模型及人机界面，下面分别对这六个方面进行介绍。

（1）特定工业技术知识：工业应用是一种让特定工业技术知识在数字世界中得以传播的载体。它能够承载各种基本原理、工业机理、数学表达式、经过验证的经验公式等知识，使这些知识在工业生产中得到高效的应用与重用。

（2）业务逻辑：工业应用所承载的业务逻辑包括产品设计逻辑、计算机辅助设计（CAD）建模逻辑、计算机辅助工程（CAE）仿真分析逻辑、制造过程逻辑、运行使用逻辑及经营管理逻辑等。这些业务逻辑让工业应用成为了一个真正的生产智能化帮手。

（3）数据对象模型和数据交换逻辑：数据对象模型和数据交换逻辑是工业应用不可或缺的部分。这些数据对象模型和数据交换逻辑个仅能让数据得以传递，还能让不同的系统之间互相通信，一定程度上提高了企业内部以及外部的协作能力。

（4）领域机理知识：领域机理知识包括各种行业原理与机理知识、专业知识及工艺制造领域的知识等。这些知识包括机械、电子、液压、控制、热、流体、电磁、光学、材料等专业知识，也包括人对设备操作与运行的逻辑、经验与数据，以及企业经营管理基本原理、知识与经验等。这些知识是工业应用实现生产过程智能化的基础。

（5）数据建模模型：数据建模模型是在大数据技术的推动下出现的新客体，包括经过机器学习和验证的设备健康预测模型、大数据算法模型、人工智能算法模型、优化算法模型等，让工业应用可以更好地进行数据处理、分析和决策。

（6）人机交互界面：工业应用的人机交互界面也非常重要。通过人机交互界面，工业应用可以更好地为用户提供便利，提高工作效率。

1.2 工业应用的国内外现状

工业应用是现代社会发展的重要组成部分，它涵盖了制造、能源、交通、医疗等多个领域。在全球范围内，工业应用技术不断创新，为经济发展和人类生活带来了诸多变革。在国内，随着政策的推进，工业应用领域的发展也得到了前所未有的重视和支持。本节旨在探讨国内外工业应用的现状，分析其发展趋势和面临的挑战，以期为工业应用技术的研究和应用提供一定的参考和借鉴。

1.2.1 国内工业应用现状

根据在"2021中国工业软件大会"上正式发布的《工业App白皮书（2020）》，截至2020年4月，重点工业互联网平台的工业应用数量平均为2329个，其中，由重点平台自己开发的工业应用平均数量为622个，由其他企业或用户上传的工业应用平均数量为1707个；一般工业应用平台的工业应用平均数量为132个，其中，由一般平台自己开发的工业应用平均数量为99个。重点工业互联网平台和一般工业应用平台的工业应用数据如图1-1（a）所示。

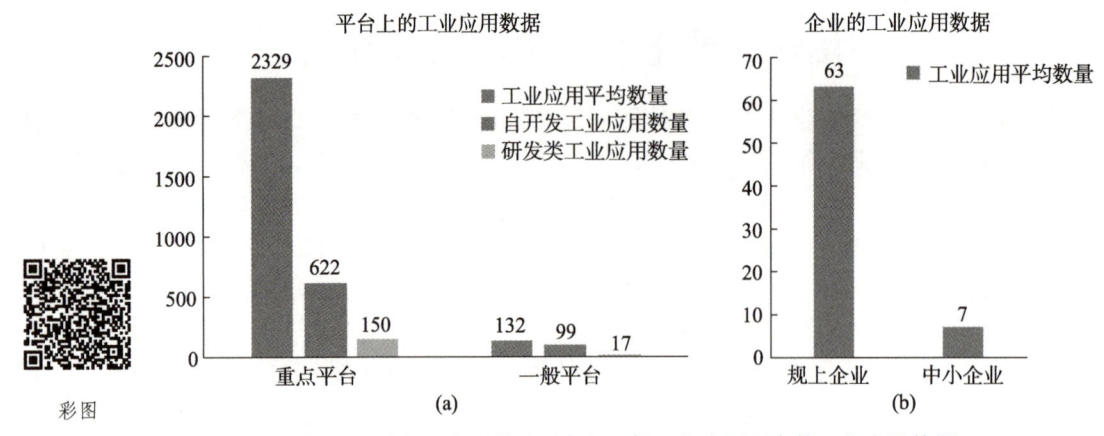

图 1-1 重点工业互联网平台和一般工业应用平台的工业应用数据

为了说明工业互联网平台对工业应用的聚集效应，采用平台上非自研应用数量与自研应用数量的比值作为聚集效应的初步评估，该比值越大，聚集效应越强。重点工业互联网平台的工业应用聚集效应达到 2.7，而一般平台的工业应用聚集效应为 0.33。

根据以上数据可知，从当前的情况来看，重点工业互联网平台在工业应用的聚集效应方面具有相对明显的优势，而一般工业应用平台主要以平台企业所擅长领域自主开发的工业应用为主，服务于特定工业领域。在图 1-1（b）中，规上（规模以上）企业工业应用平均数量为 63 个，中小企业工业应用平均数量为 7 个。中小企业的工业应用平均数量明显偏少。

在工业应用环节分布上，产品设计类工业应用占比 11.97%，工艺流程设计类工业应用占比 9.69%，生产制造类工业应用占比 19.15%，设备管理类工业应用占比 8.93%，运维服务类工业应用占比 8.87%，经营管理类应用占比 35.62%，具体比例数据如图 1-2 所示。由此可知，工业应用在经营管理方面的比例比较高，生产制造次之，其他业务环节还有待加强。

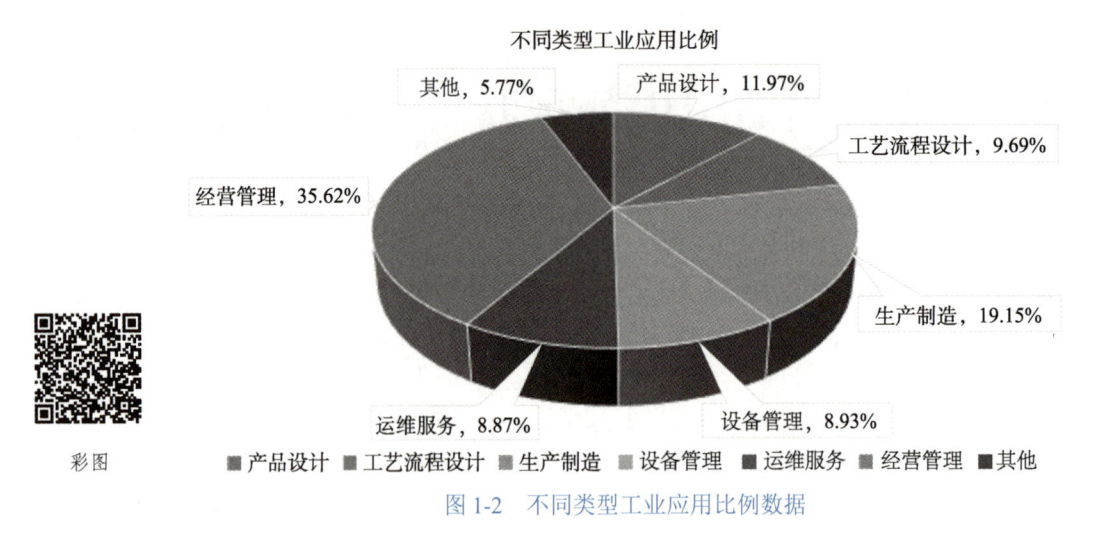

图 1-2 不同类型工业应用比例数据

在"2023 中国工业软件供需大会暨中国（南京）国际软件产品和信息服务交易博览会"上，工业和信息化部电子第五研究所联合行业专家发布了《2023 年我国工业软件产业发展研究报告》。报告显示，2022 年，中国工业软件产品收入达到了 2407 亿元，同比增长 14.3%。2023 年上半年，工业软件产品收入 1247 亿元，同比增长 12.8%，呈现出向好发展的势头。

2022 年，北京华大九天科技股份有限公司、杭州广立微电子股份有限公司等 11 家工业软件企业成功上市，共有近 170 家机构和投资者布局工业软件赛道。

当前，我国工业软件产业的发展机遇与挑战并存。近年来，国家高度重视工业软件的发展，2021 年 11 月工业与信息化部发布了《"十四五"软件和信息技术服务业发展规划》等政策文件，持续地推动了工业软件的发展。江苏的"智转数改"、上海的"工赋上海"，以及广东的"制造业当家"等地方制造业数字化转型的配套政策相继出台，为工业软件的发展提供了政策支持。

通过发挥各自的优势打造工业应用生态系统，离散行业的领先企业和行业巨头能够将多年的经验和行业特点封装成工业应用以解决自身问题，并为同行业的其他企业赋能。此外，行业巨头还可以利用其在行业和领域的优势，提供全生命周期的工业应用，包括研发设计、生产制造、业务管理和运营维护服务，为行业解决方案提供全方位的支持。这种基于优势打造的工业应用生态系统，使得领先企业和行业巨头在市场竞争中更具优势，并推动整个行业的升级和发展。

下面列举三个典型的成功案例。

第一，中国航发集团商发公司基于民用航空发动机研发设计体系，将工业应用作为今后企业数字化转型的关键，构建了完整的民用航空发动机研发应用体系，经过几年的积累，已经开发出航空发动机研发设计不同专业领域的 600 多个工业应用来支撑发动机研发设计。

第二，作为齿轮行业的龙头企业，郑州机械研究所开发了一系列齿轮系列工业应用，涵盖齿轮研发的全流程设计、校核及分析等业务。这些工业应用利用参数化的设计，避免了反复查找各种手册进行设计计算的烦琐过程，并且无须在 CAD 软件中一步步制图，只需要输入相关参数即可得到复杂的三维模型。参数化的有限元分析可以通过参数化输入，得到分析结果，从而提升产品质量。这些工业应用可以改变传统的齿轮研发方式，提高齿轮研发效率及产品质量，为齿轮设计行业提供应用。

第三，航天云网基于多年在航天领域的积累和央企的技术优势，积极完善工业应用生态系统。目前，该生态系统形成了涵盖研发设计、生产制造、经营管理和运维服务等全生命周期的 2000 多个工业应用。这些工业应用能够帮助企业提高效率、降低成本，提高产品质量。在这个生态系统中，用户可以方便地找到所需的工业应用，并根据自己的需要进行使用，使得生产过程更加智能化、高效化、可持续化。

大多数流程型企业都是通过优化资产利用率、增加产量、提高运营效率、实行最优定价等改善运营和财务的措施，进而实现利润的持续增长的。钢铁冶金、石油化工、能源电力等行业通过不断使用工业软件及工业应用，帮助用户在研发设计、工艺配方配料、生产运行控制、设备监控、能源消耗等方面持续改善，实时掌握生产设备运行的真实情况，使生产设备多数运行于高效平稳的状态，大幅提升投资回报率。

例如，钢铁冶金行业的应用可以推广到很多环节，首先，产品设计和优化环节是重点的拓展方向，其次是采购供应、生产制造、运营管理、企业管理、仓储物流、产品服务等环节。经过 20 多年发展，宝山钢铁从工程实践中提炼总结出 200 多个模型，通过软件化形成工业应用，这些工业应用已经可以覆盖所有业务环节。东方国信也基于炼铁云平台孵化了炼铁行业相关工业应用超过 260 个。

又如，在能源电力行业中，当前企业应用到生产领域的工业应用主要以运营管理类和运维服务类为主。随着工业互联网的不断扩大，以生产制造为主的工业应用不断涌现出来。

再如，石化行业是资产密集型行业，具有设备价值高、工艺复杂、产业链长、危险性高、环保压力大的行业特征。面临设备管理不透明、工艺知识传承难、产业链上下游协同水平不高、安全生产压力大等行业痛点，急需加快基于工业互联网平台的工业应用的落地，推进数字化转型步伐，全面提升设备管理、生产管理、供应链管理、安全管理、节能降耗等环节的数字化水平。石化行业的工业应用主要包括设备管理、炼化生产、供应链协同和安全巡检等四类典型应用场景及实践。

领域优势企业基于多年来自身领域的技术和实践经验，不断打造领域工业应用产品，同时赋能同领域的其他企业。

（1）研发设计优势企业积极打造涵盖设计、仿真和分析的产品体系。

例如，索为系统基于自身在研发设计领域的优势，依托 SYSWARE 平台将设计流程、方法、数据、知识、工具软件及各种应用系统封装，形成航空发动机总体、流道、结构、控制系统、机械系统、外部与短舱系统专业应用集，使研发过程规范受控，工作效率提升，大量的数据实现可视化，满足适航审定要求。维拓科技的产品三维模型智能设计应用将图形识别算法、业务规则、实践经验融入企业的研发设计，固化企业业务流程，逐步实现标准化、模块化、自动化、智能化，并且可维护、可配置、可扩展、可学习，为产品研发提供行业专家经验，提升产品质量，缩短研发时间，节省企业成本。云道智造基于其在 CAE 仿真网格剖分、热、电磁、流体、结构等领域核心求解算法、后处理应用等专业领域的积累，通过"平台+仿真"应用模式，为广大企业解决 CAE 仿真成本高和技术难的问题。

（2）生产制造解决方案商积极构建多行业制造领域工业应用产品体系。

例如，东方国信基于其在制造解决方案的领域优势，打造钢铁、风电、能源、水电等行业制造领域的工业应用产品。石化盈科基于其在石油化工领域的优势，打造石油化工设备管理、炼化生产、安全巡检、供应链协同等方面的工业应用体系。台达电子基于其在面板、PCB、半导体领域的长期积累，开发出自动缺陷分类（ADC）应用，通过应用人工智能高效、精准、智能地进行缺陷检测。智能云科基于其数字化制造的优势，推出了涵盖车间管理、生产排程、检验、仓储、设备管理、企业运营等八大应用的 iSESOL WIS 应用簇，同时基于其对铸造行业的知识积累，开发出全流程虚拟铸造应用。鼎捷软件打造水晶球系列工业应用，通过智能设备盒网关采集常见离散行业 PLC（Programmable Logic Controller，可编程逻辑控制器）、CNC（Computer Numerical Control，计算机数字控制机床）设备数据并与 ERP（Enterprise Resource Planning，企业资源计划）、MES（Manufacturing Execution System，制造执行系统）数据融合，构建离散行业机理与数据模型，提供设备异常预警、设备稼动率分析、生产进度分析、设备异常原因分析、数据驱动点检作业等功能。维拓科技面向电动工具行业提供智能制造的解决方案，构建集异常管理、质量管理、计划管理、生产管理、设备监控管理、能源管理、预测性生产、AR 远程维护为一体的工业应用智造平台，助力企业在质量控制、OEE（Overall Equipment Effectiveness，设备综合效率）管控、产能释放等方面技术能力的显著提升，生产效率得到明显改善。

（3）经营管理解决方案提供商积极开拓企业经营管理、供应链管理、销售管理等工业应用产品，透过数据应用，为企业创造收入、降低企业运营成本及有效管控经营风险。

例如，鼎捷软件依托其在企业经营管理领域的积累，开发了企业运营管控应用，完成追溯、监控、检测、洞察、商机挖掘、准确预测任务，让经营能力"可视化"和"透明化"，让数据驱动决策，增强其应对商业变化的敏锐洞察力。用友基于其在企业经营管理领域的积累，形成了 570 个经营管理类的工业应用，帮助企业在运营管理、经营决策、仓储物流、生产、采购、营销等多个领域实现数字化、智能化。研华科技依托其在资产管理领域的积累，开发了资产绩效管理应用，协助客户提升资产管理效率，提高资产可靠性和可用性。江苏斯诺物联基于其在工业供应链领域的专业理解，自主研发货准达企业物流智能应用，解决了制造企业物流业务中信息不对称、流程不透明、标准不规范等影响物流高质量发展的问题，创建了物流新体验。

（4）运维服务开发商提供设备监控、故障诊断、预测性维护等工业应用。

例如，在边缘数据采集刀具生产设备中，富士康采集关键有效微观纳米的生产信息，并通过人工智能、机器学习、大数据分析等技术，为刀具制造商提供设计、制造、应用等一系列刀具全生命周期的服务。徐工集团基于设备监控和分析的丰富积累，开发了设备画像工业应用，广泛应用于机械加工、纺织、化工、机械、核心零部件制造等垂直行业，减少了设备异常损失，优化了生产过程及售后服务效率。太极集团研发的风电机组性能评估及优化应用可降低新能源企业生产成本、提高运营效率，带动相关企业提升发电量 2%～5%。太极集团研发的水电主设备指标监测应用通过覆盖水电主设备全过程评价指标体系，依靠工业互联网平台强大的运算能力，实现对设备指标与状态评价数据的整理、分析，最终构建水电主设备全过程评价指标体系和设备故障预警模型，实现设备检测、指导管理等诸多效益。瀚云科技研发的生产管理应用针对车间内部设备运行状态、生产过程监控及人员排单绩效等实现信息化、智能化管理；西门子结合深度学习算法，为格林机床提供刀具寿命预测应用。北京天泽智云与某高铁研制单位共同研发高铁故障预测与健康管理车载样机，通过工业应用为高速轨道交通系统的不同部门提供服务来优化协同、提高效率，准确率高达 90%。朗坤智慧通过大数据模型与机理模型相结合的创新模式，为设备提供"主动式"远程状态监测服务，为电力、矿业等行业提供设备管理、安全生产、能耗优化方面的应用，保障设备寿命提升了 20%，检修费用降低了 15%。

1.2.2 国外工业应用现状

当前，国外领先企业通过资本并购、软件解决方案的软件运营服务（SaaS）化及平台推广等手段加速产业布局。传统的自动化和软件企业，如德国思爱普（SAP）公司、美国 PTC 公司和美国甲骨文（ORACLE）公司等，正在对基于平台的软件代码进行重写。其中，PTC 公司已经在欧美取消了原有的授权服务方式，全部转变成基于平台的订阅方式。此外，国外传统的工业企业也在积极探索工业互联网平台，如美国通用电气（GE）公司推出的 Predix 平台及德国西门子公司的 MindSphere 平台。这些企业开始打造平台和应用的工业互联网生态。此外，还有一些独角兽企业，如美国 Uptake，利用预测性分析技术和人工智能进行设备检测，近两年在工业大数据和工业物联网领域备受资本界关注。这家成立于 2014 年的物联网公司已成为资本界风头很盛的企业之一。

下面将重点介绍 GE 公司的 Predix 平台和西门子公司的物联网操作系统 MindSphere。

1. GE 公司的 Predix 平台

Predix 是一个工业互联网云平台，它将机器、数据、人员和其他资产连接起来，使用分布式计算、大数据分析、资产数据管理及机器到机器的通信技术，能够帮助企业提高生产率。Predix 平台也是一个面向云应用的软件平台，支持不同用户在其平台控制数据连接，还可以使用第三方开发者提供的工业应用。Predix 平台一方面为大量开发者提供环境，用于开发各种工业应用，另一方面，用户可以使用这些工业应用进行设备管理、运营维护等。Predix 平台已经在全球部署了四个数据中心，装备了超过 1000 万个传感器，每天采集超过 5000 万条数据。

在应用端，GE 公司充分发挥医疗设备和航空领域的丰富经验，开发了 160 多个工业应用。截止到 2020 年，这个数字达到 50 万个。在平台端，GE 采用了开源架构构建工业 PaaS（Platform as a Service），并且已经开发了 150 多种通用算法和 300 多个模型，覆盖了 GE 公司 70%~80%的设备。

根据 Predix 平台提供的资料，Predix 平台采用多租户"封闭式社区"模型，确保云租户属于工业生态系统。Predix 平台架构如图 1-3 所示。Predix 平台通过 Predix 机器与工业设备直接连接，提供与工业资产之间安全的双向云连接并管理工业资产，同时启动处于工业互联网边缘的应用程序。此外，Predix 平台还为终端设备提供安全、身份验证和管理服务。

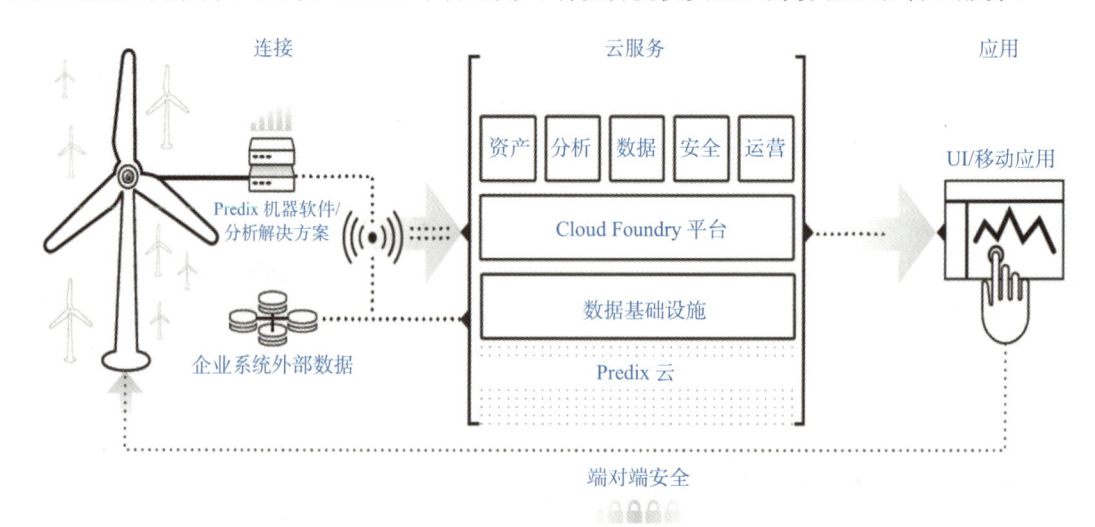

图 1-3 Predix 平台架构

Predix 平台与公共云平台不同，可以降低不利因素进入社区的风险，让 Predix 满足严格的监管要求。Predix 还支持各种数据管控、联邦与隐私保护功能，具有边界安全与数据加密、访问控制、数据可见性等严格安全特性。

工业云平台的安全性是其最基本的要求。Predix 平台不仅在每个层级都实现了安全嵌入，还采用了专门的方法进行漏洞监测和扫描，确保工业等级的安全性。该平台提供了加密、密钥管理、事件响应服务、日志、网络级别安全、代码和数据报告用途的端对端监管链、安全与网络运营中心等一系列安全功能。

在"连接即服务"方面，Predix 平台通过连接各种机器、传感器、控制系统、数据源与设备的方式，消耗并分析海量数据。此外，Predix 平台还采用了多种方式压缩连接时间，包括通过卫星、固定与蜂窝网络进行访问，确保边界与云资产之间的 VPN 服务，通过 VNC、RDP、SSH、HTTP 实现远程控制及端对端连接监测与通知等。

在资产模型、分析与应用方面，Predix 平台能够让开发人员创建实物资产的数据模型，并且在许多情况下使用 GE 公司提供的资产模型。通过对资产模型、高级分析微服务、GE 公司的商用应用进行组合的方式，Predix 平台用户能够获得推动业务成果的关键洞察力，如维护优化，工厂运营效率、机器操作员智能化等方面的提升。

2. 西门子公司物联网操作系统 MindSphere

MindSphere 是一款基于云的物联网操作系统，支持全球访问基于云的应用程序和解决方案，并通过在边缘或云端执行高级流分析，快速跟踪关键和非关键流程的洞察力。通过将物联网数据与来自产品生命周期管理（PLM）、客户关系管理（CRM）、企业资源计划（ERP）、供应链管理（SCM）、服务水平管理（SLM）和制造执行系统（MES）的信息相结合，MindSphere 可以为用户提供新的见解，访问基于工业的应用程序，并从物联网收集的大量数据中获得即时价值。

西门子公司的工业互联网生态构建路线的独特之处不仅在于注重工厂内的智能化改造，还在于与信息通信技术（ICT）企业开展合作。通过与 IBM、SAP 等公司的合作，西门子为 100 多个行业用户打造了约 50 个工业应用，围绕设备预测性维护服务、能耗管理、资源优化等应用场景。这些应用不仅能够提高生产效率，还可以减少资源浪费和能源消耗。MindSphere 是其工业互联网生态构建路线的重要组成部分。

此外，西门子公司还通过合作方式打造核心工业 PaaS 能力，比如，与微软公司合作开发云服务模式，与 IBM 公司合作提供开放工具等。这些合作不仅丰富了西门子公司的工业互联网生态系统，还促进了工业互联网的发展和创新。

西门子公司还在代理商及工程服务提供商中培育第一批微服务及工业应用开发者，为用户提供更加全面的支持。这些开发者通过与西门子公司合作，可以为用户提供定制化的工业应用和解决方案，从而更好地满足用户的需求。

1.3 工业应用的发展趋势

基于传统架构的工业软件与基于新型架构、基于微服务的工业应用将长期并存。从目前工业应用发展基础、发展主体和发展模式来看，工业应用的发展将呈现 6 个方面的趋势：线下定制向线上开发模式转变，开发者社区助推工业应用开发，开源为工业应用提供基础、部署和技术支持，工业企业逐渐成为工业应用开发第一大主体，工业应用与大数据结合，传统工业软件微服务化重构。

1.3.1 线下定制向线上开发模式转变

工业互联网已经成为推动工业智能化的重要驱动力，随着软件开发平台及智能制造云服务平台的不断推广，线下定制开发模式正在向"平台+软件"的线上开发模式转变。这为工业应用的开发和流通带来了新的机遇。

在这一趋势下，海尔 COSMOPlat 作为一家领先的工业互联网平台，已经构建了一个以大规模定制为主线的开放生态体系。这个体系不仅包含了门户、开发者平台、应用市场等基础设施，还设立了开源社区和应用用户自主配置中心 CUBA 等高级服务，为工业应用的开发、流通和应用提供全流程赋能。这一系统屏蔽了底层复杂性，使开发者更聚焦于业务和工业应用的开发创新，让工业应用的使用和开发变得更加简单易行，从而实现应用用户和开发者零距离交互，提升用户体验。

1.3.2 开发者社区助推工业应用开发

工业应用的发展离不开海量第三方开发者的积极参与和创新贡献。随着软件开发平台和工业互联网平台微服务框架的广泛应用，工业应用开发的门槛大大降低，吸引了大量开发者参与其中。

开发者社区的发展已经成为工业应用开发的主要推动力。在开放的第三方开发方式下，工业应用开发已不再局限于平台运营者和客户，而是可以吸引更多有创造力和想象力的开发者加入其中，为工业应用的发展注入新的活力。这些开发者可以通过在线开发者社区共享知识和资源，并进行协作创作，从而使得工业应用开发更加高效和优化。

比较典型的开发者社区有海尔、阿里云和微软的社区，下面将分别进行介绍。

（1）海尔 COSMOPlat 工业应用生态体系汇聚了来自海尔内部 IT 人员、服务提供商、外部企业 IT 人员和个人开发者等各类开发者，共同创造了数千个工业应用，使得工业应用开发者可以充分发挥创造力和想象力，打造工业应用的双创空间。

（2）阿里云推出的"物联网创客计划"是一个鼓励开发者基于阿里云 IoT 平台，构建更加智能、高效的工业应用解决方案的计划。该计划为开发者提供了云资源、技术支持和市场推广等服务，吸引了大量有创意的开发者加入，共同开发出了许多优秀的工业应用解决方案。

（3）微软也在不断扩大其面向第三方开发者的生态系统。微软提供的工业应用解决方案包括 Azure IoT 中心、Power BI、Dynamics 365 等，这些解决方案为开发者提供了一整套的工具和服务，可以帮助开发者快速构建和部署工业应用。微软还建立了一个开发者社区 MSDN，可以让开发者分享知识和经验，并得到其他开发者的支持和帮助，从而使得工业应用的开发更加顺畅和高效。

总之，开发者社区已经成为工业应用开发的重要组成部分，有着不可替代的作用，它可以吸引更多优秀的开发者加入工业应用的开发过程中，推动工业应用的发展和创新。

1.3.3 开源为工业应用提供基础、部署和技术支持

开源技术在工业应用开发中发挥着重要的作用。首先，开源技术提供了对工业应用开发的基础支持，其使得开发者可以利用成熟的技术来快速搭建自己的应用。例如，开源的操作系统、数据库、编程语言和框架等技术可以为工业应用的开发提供必要的基础设施和工具，让开发者能够更加高效地开发出高质量的应用。

开源技术提供了工业应用的部署支持。在工业应用的部署和运维过程中，开源技术可以帮助开发者更加轻松地部署、管理和监控应用程序。例如，Docker、Kubernetes 等容器可以提供快速部署和管理应用程序的功能，而 Prometheus、Grafana 等监控工具则可以提供应用程序的健康状态信息和可视化分析。

开源技术还可以提供持续的技术支持。开发者可以获取来自全球开发者社区的技术支持。例如，GitHub、Stack Overflow 等社区平台提供了大量的代码库、开发文档和技术交流，这些资源可以帮助开发者更快地解决问题并获得反馈和建议。

当前，我国的开源产业相对薄弱，国外企业占据着核心技术制高点，主导着工业应用开发中的开源技术。一些常用的工业应用开源产品如下：Cloud Foundry 和 Openshift 用于快速部署应用基础框架，Kubernetes 用于管理多个主机上的容器化应用，Docker 可以实现轻量级虚拟化和快速部署，Spring 可以简化应用程序的构建和开发过程，Service Mesh 框架下的开源项目 istio 和 linkerd 可以支持微服务治理，Eclipse 开源集成开发环境和 Linux 开源操作系统等也都被广泛应用于工业应用开发中。

同时，国内企业开始加快布局，开源意识逐渐增强，一些传统优势企业和创新型企业开始积极进行开源布局。例如，阿里巴巴凭借自身技术优势积极构建开源社区 Alibaba Open Source，推动国内的软件开源；涛思数据则致力于打造创新性的开源大数据平台，其中包括物联网、车联网和工业互联网等大数据开源平台 TDengine，借助开源力量不断提升产品能力。企业的积极探索和布局，为中国的开源产业发展注入了新的动力和活力。2020 年 6 月，阿里巴巴、百度、浪潮、360、腾讯、招商银行联合成立开放原子开源基金会，这是我国在开源领域的首个基金会，致力于推动全球开源产业发展，旨在"立足中国，面向世界"。

1.3.4 工业企业逐渐成为工业应用开发第一大主体

工业应用的开发和使用已经成为工业企业数字化转型的必然选择，越来越多的工业企业开始将应用开发纳入自身的数字化战略中。随着工业应用生态的不断完善，企业可以在应用平台上构建自己的专属生态系统，将应用作为企业数字化转型的重要工具，实现企业的数字化智能化升级。工业企业对应用的需求也在不断增加，这些工业企业开始在应用开发中发挥重要作用。工业企业在工业应用的开发中具有天然的优势，包括以下两点：

第一，工业企业具备丰富的行业经验和资源，可以更好地理解行业内部的需求和发展趋势。在开发工业应用时，工业企业可以根据自身行业特点和业务需求，对应用进行有针对性的定制和开发，实现高效的生产和管理。例如，工业企业可以基于自身的生产线自动化程度和生产特点，开发定制化的工业应用，实现生产过程的智能化和自动化。

第二，工业企业在应用开发中拥有更多的技术优势和资源，可以更好地掌握应用开发的核心技术，提升应用的质量和性能。工业企业在应用开发过程中可以利用自身的技术资源和经验，结合开源软件和工业互联网平台，快速构建高质量的工业应用，提高应用的可靠性和稳定性。

因此，工业企业将成为工业应用开发的第一大主体。制造业企业的信息化意识越来越强，智能制造的理念不断深入，制造业企业开始利用深厚的制造知识沉淀，逐渐培育信息化团队、规划软件研发能力，有计划地自主开发工业应用，将自身的制造经验、技术和知识采用软件的形式作用于工业过程，从而将成为工业应用培育中的骨干和先锋。

目前，我国规模以上企业的工业应用平均数量为 63 个。上海飞机设计研究院连续在企业内部举办多次工业应用大赛，中国航发集团商发公司已经开发出航空发动机研发设计不同专业领域的工业应用 600 多个，有效支撑了发动机研发设计。天瑞集团以精智工业互联网平台为基础，结合水泥行业的特点和需求，进行针对性改造，开发出一系列适用于客户的工业应用，并将平台部署于混合云上，实现了对水泥行业的赋能。

1.3.5 工业应用与大数据结合

随着工业大数据的不断积累，未来的工业应用必将与大数据密不可分，利用数据分析的结果优化工业过程，可以提高工业生产效率。人工智能的发展将使得机器更好地理解和学习不同工业生产的行为，并将其封装成工业微内核服务，使工业应用具备一定的人工智能，从而实现真正的智能化生产。

在工业应用中，每个用户的行为和操作都会产生一些数据。通过分析这些数据，企业可以了解用户的需求和习惯，进而优化工业应用的使用体验和功能，提升用户满意度和黏性。此外，大数据还可以帮助企业更好地理解自己的业务和生产过程，从而提高效率和质量。例如，通过分析生产线上的数据，企业可以发现生产过程中的瓶颈和问题，并采取相应的措施进行改善。在产品销售方面，大数据也可以帮助企业了解市场需求和趋势，从而优化产品设计和营销策略，提高产品竞争力。

工业应用所产生的大数据可以为企业提供重要的优化机会和竞争优势。因此，在工业应用的开发和使用过程中，企业越来越注重数据的收集和分析，充分利用数据的价值，实现应用优化和效率提升。以用友采购、供应链工业应用所产生的海量数据为例，通过大数据分析，企业可以优化采购和供应链相关业务；东方国信则利用 Cloudiip 提供的五类大数据计算引擎和六类数据治理工具，通过优化各种复杂控制过程，叠加大数据和智能算法，实现优化企业多工况工艺参数，从而保障企业的稳定高效生产。这两个实例表明，未来工业应用的发展将紧密结合大数据和人工智能技术，为企业带来更高的效益和更高效的生产方式。

1.3.6 传统工业软件微服务化重构

传统工业软件在微服务化改造的推动下，逐渐向由一系列工业应用集组成的可解耦工业软件转变，这是工业应用开发的新趋势。通过将单一的工业软件拆分成多个小的服务，可提高灵活性和可维护性。

这种新趋势在工业自动化领域尤其明显。传统的自动化系统通常需要使用专有的编程语言和工具进行编程，而现在越来越多的自动化系统采用基于工业应用的开发方式。例如，ABB Ability 工业应用平台提供了许多预制的工业应用，用户可以通过拖放的方式快速创建自己的工业 App，这极大地降低了工业软件的开发难度和时间成本。在制造业领域，随着智能制造技术的不断发展，越来越多的企业开始采用工业应用集成生产线和设备。例如，西门子的工业应用 Store 提供了许多与西门子自动化系统兼容的工业应用，这些应用可以用于监控和控制生产线的设备状态、运行时间、生产数据等。总之，采用工业应用可以使企业快速适应变化，提高生产效率，降低成本。

传统的工业软件，如 CAD、CAE、ERP、MES、设备管理、绩效管理等软件，通过微服务化改造，可变成更加灵活、高效的工业应用，为工业生产提供了更为便捷的解决方案。下面介绍用友畅捷通、研华科技、航天云网三个公司微服务化改造案例。

（1）用友畅捷通对原有的 IT 系统进行了大量的微服务化改造，推出了 SaaS 化企业管理云服务，以适应互联网大型应用快速迭代和频繁发布的需求。

（2）研华科技对传统的资产绩效管理系统进行微服务改造，改造后，其可部署在开源 PaaS 云平台 Cloud Foundry 和开源 Kubernetes 平台下，并使用分布式、高可用服务发布和注册软件 Consul 作为服务注册和发现组件，在高并发场景下通过高性能 HTTP 和反向代理 Web 服务器 Nginx 实现负载均衡，同时使用分布式键值数据库 Etcd 实现分布式任务协同及调度，以保证应用性能管理（APM）服务的可靠性和准确性。

（3）航天云网与南京优倍合作，对企业 PDM 和 MES 系统进行云化，改造后，设计人员可以在线使用产品资料，生产人员可以在线跟踪产品进度，管理人员可以在线使用一体化的看板了解企业应用的模式。这些微服务化改造带来的灵活性和高效性，促进了工业应用的发展和推广，为工业生产的智能化和数字化提供了新的解决方案。

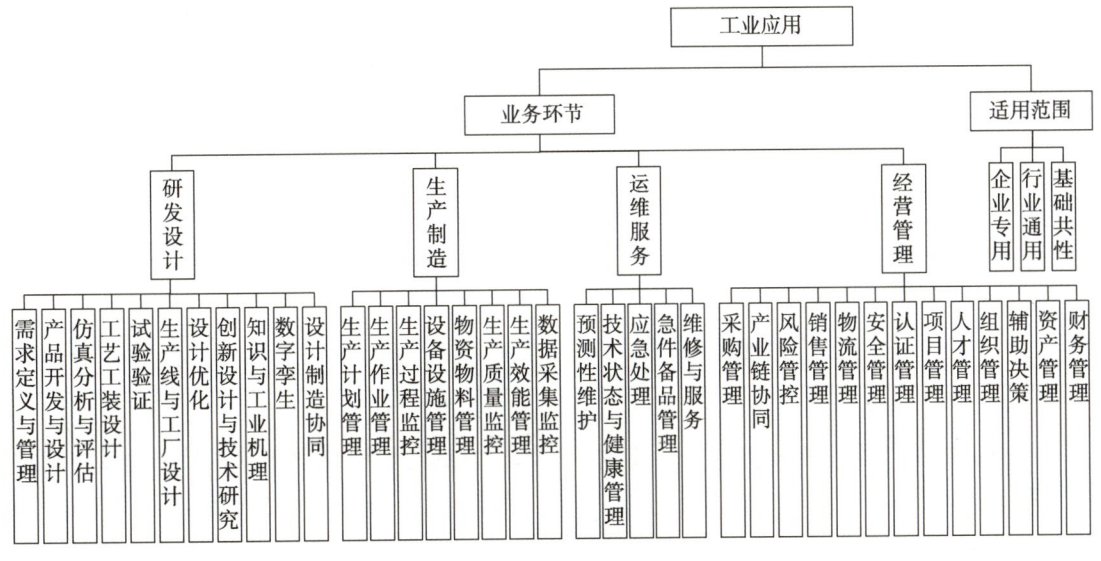

1.4 工业应用分类

工业应用分类是工业应用开发、共享、交易、质量评测和应用等各项活动的基础，是构建工业应用标识体系的重要组成部分。本书工业应用分类主要从业务环节和适用范围两个维度出发，构建工业应用分类体系。工业应用分类如图 1-4 所示。

图 1-4　工业应用分类图

1.4.1 按照业务环节分类

从业务环节角度，可将工业应用分为研发设计、生产制造、运维服务、经营管理四大类。

（1）研发设计类工业应用：研发设计工业应用包括需求定义与管理子类、产品开发与设计子类、仿真分析与评估子类、工艺工装设计子类、试验验证子类、生产线与工厂设计子类、设计优化子类、创新设计与技术研究子类、知识与工业机理子类、数字孪生子类、设计制造协同子类。

（2）**生产制造类工业应用**：生产制造工业应用包括生产计划管理子类、生产作业管理子类、生产过程监控子类、设备设施管理子类、物资物料管理子类、生产质量监控子类、生产效能管理子类、数据采集监控子类。

（3）**运维服务类工业应用**：运维服务工业应用包括预测性维护子类、技术状态与健康管理子类、应急处理子类、急件备品管理子类、维修与服务子类。

（4）**经营管理类工业应用**：经营管理工业应用包括采购管理子类、产业链协同子类、风险管控子类、销售管理子类、物流管理子类、安全管理子类、认证管理子类、项目管理子类、人才管理子类、组织管理子类、辅助决策子类、资产管理子类、财务管理子类。

1.4.2 按照适用范围分类

从适用范围角度，工业应用分为基础共性、行业通用、企业专用三大类。

（1）**基础共性工业应用**：基础共性工业应用包括面向关键基础材料、核心基础零部件（元器件）、先进基础工艺、产业技术基础等"工业四基"领域的工业应用，以及各种基础的自然科学知识形成的工业应用。该类工业应用在工业应用领域发挥着基础作用，适用范围广。

（2）**行业通用工业应用**：行业通用工业应用包括面向具体行业及其细分子行业的工业应用，如汽车、航空航天、石油化工、机械制造、轻工家电、信息电子等行业，以及各种行业通用知识形成的工业应用。该类工业应用适用于特定行业，在行业相关的领域和活动中发挥作用。

（3）**企业专用工业应用**：企业专用工业应用是基于企业专业技术、工程技术等形成的工业应用。该类工业应用是企业的核心竞争力，在企业内部发挥作用，适用范围有限。

在工业应用发展中，分类标准和分类体系的建立对于推动工业应用的开发、共享、交易、质量评测和应用具有重要的意义。

1.5 科学计算类与系统建模仿真类工业应用技术

科学计算类与系统建模仿真类工业应用技术的内涵是利用科学计算和系统建模仿真技术来解决工业应用中的问题。这些技术可以用来模拟和分析各类不同的工业系统，如材料特性、流体动力学、结构力学、电磁场等。这些模拟和分析可以帮助工程师更好地了解系统的行为，优化设计方案，提高产品质量和生产效率，降低成本和风险。

1.5.1 科学计算

科学计算是指利用计算机技术还原、预测和探索客观世界运动规律与演化特性的全过程。这个过程包括建立物理模型、研究计算方法、设计并行算法、开发应用程序及模拟计算和分析计算结果等环节。

在科学计算中，首先需要确定研究对象，并深入了解其主要特征，抓住主要矛盾，进而建立相应的物理模型。物理模型是描述研究对象的方程和约束条件的组合，包括对应的物理参数；其次，在物理模型的基础上，科学家需要采用与其相适应的计算方法和算法，研制相应的应用程序来实现物理模型的计算和分析。总之，科学计算是一个高度复杂、多步骤的过程，科学家只有充分理解其研究对象，精通计算机技术，掌握计算方法和算法，以及具备良好的编程能力，才能在科学计算领域取得成功。

在科学计算中，常用的计算机语言有 FORTRAN 语言和 C 语言。科学家可以利用这些编程语言在计算机上求解方程组，获得研究对象在特定约束条件下的运动规律和演化特性。计算机求得的解不是一个表达式或一组表达式，而是一个海量数据集，因此科学家还需要对数据进行分析和评估，以判断结果的正确性。通过对数据的分析和评估，科学家可以发现新的现象和规律，认识新的机制，再现和预测研究对象的运动规律与演化特性。最终，科学家可以进行真实实验或产品的理论设计，产生新的知识、新的成果和新的生产力。

在科学计算的过程中，应用程序研制之前的工作主要依靠研究人员，是"人脑"的事情。应用程序之后的工作不仅仅依靠研究人员，还需要有计算机硬件作为基础与前提，是"人脑"加"电脑"的事情。高性能的计算机系统和数据分析处理系统是做好科学计算的必要条件，是科学计算的重要组成部分。特别要强调的一点是，对于科学计算来说，"电脑"是不可或缺的，但是只有充分发挥了"人脑"的作用，才能最大限度地发挥"电脑"的作用，才能做好科学计算，达到科学计算的根本目的。

1.5.2 系统建模仿真

系统建模仿真也称为系统模拟，泛指基于实验或以训练为目的，将原本真实或抽象的系统、事务、流程建立为模型，以表征其行为、功能等关键特性，并予以系统化与公式化，以便对关键特征做出模拟。

系统建模仿真是一个利用模型研究系统性能的过程，也是一种使用模型进行模拟的过程。通常称这类模型为仿真模型。仿真模型是现有或拟建系统的数学逻辑形式，例如，为了研究飞行器系统的动力学特性，在地面上只能用计算机来仿真。为此首先要建立飞行器系统的数学模型，然后将它转换成适合计算机处理的形式，即仿真模型。仿真模型强调系统的结构和逻辑的直接表示，而不是将系统抽象成严格的数学形式。

通过使用仿真模型进行实验，生成数值结果，有助于分析现有或拟建系统的性能。通过对模型和实验结果进行解释，可得出有关现有或拟建系统的结论。

1.5.3 科学计算类与系统建模仿真类工业应用发展意义

作为工业应用的一部分，科学计算类与系统建模仿真类工业应用对于我国多方面的发展具有十分重要的作用。这些工业应用可以提高生产效率和节约成本，优化产品设计和改进，还可以改善产品质量并提高可靠性，同时可以推动相关工业领域的技术创新和发展。

具体来说，工业应用的价值可以体现在促进制造业发展（国家层面）、促进地方经济发展（地方政府层面）、促进企业数字化转型、提高企业效益、体现个人价值5个方面，图 1-5

描述了工业应用对不同主体的价值体现。

1. 工业应用是我国发展工业软件的新路径

工业应用可提升制造业发展起点，在工业软件发展的传统路径上，尤其是在产品研发设计领域的工业软件方面，我国与外国已经形成了比较大的差距，这种差距的弥补需要在较长的时间内，通过持续积累和努力来完成。工业应用作为工业软件的一种新形态，代表未来工业软件发展的新趋势和新方法。针对这种新形态工业软件的发展，可以聚合我国庞大的工业人才基数，通过对工业机理和工业"Know-how"的高度凝练与抽象，将工业技术和知识系统化、模型化、软件化形成工业应用，从而开辟出一条中国发展工业软件的新路径。

工业应用的发展可以带动工业技术知识的积累，积累越多，企业的核心竞争力越强，制造业发展起点会越来越高。

工业应用的价值

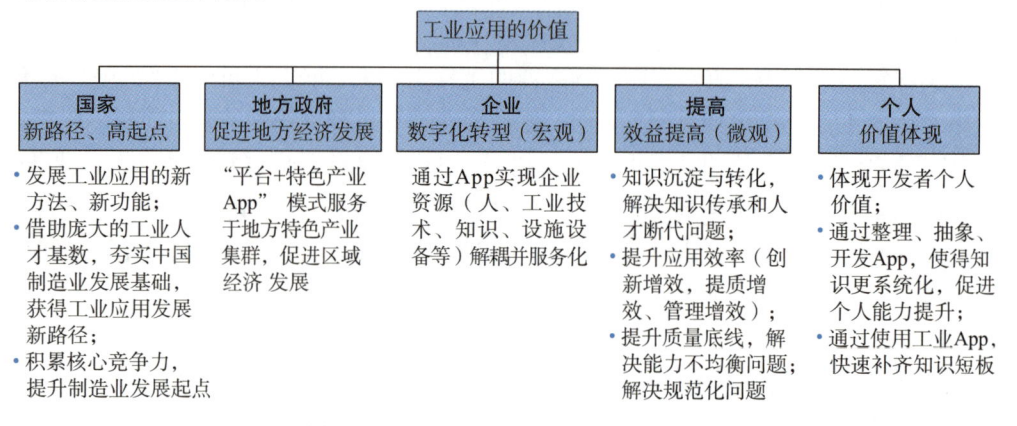

国家 新路径、高起点	地方政府 促进地方经济发展	企业 数字化转型（宏观）	提高 效益提高（微观）	个人 价值体现
• 发展工业应用的新方法、新功能； • 借助庞大的工业人才基数，夯实中国制造业发展基础，获得工业应用发展新路径； • 积累核心竞争力，提升制造业发展起点	• "平台+特色产业App"模式服务于地方特色产业集群，促进区域经济发展	• 通过App实现企业资源（人、工业技术、知识、设施设备等）解耦并服务化	• 知识沉淀与转化，解决知识传承和人才断代问题； • 提升应用效率（创新增效、提质增效、管理增效）； • 提升质量底线，解决能力不均衡问题；解决规范化问题	• 体现开发者个人价值； • 通过整理、抽象、开发App，使得知识更系统化，促进个人能力提升； • 通过使用工业App，快速补齐知识短板

图 1-5　工业应用对不同主体的不同价值

2. 工业应用可以促进地方经济发展

通过"平台+特色产业App"模式，服务于地方特色产业集群，促进区域经济发展。这种区域性平台和工业应用模式能够促进地方特色产业集群经济转型升级。通过扶持地域性工业互联网平台，开发针对地方特色产业（集群）的工业应用，服务于当地经济，尤其是服务于地方中小企业，既让地方中小企业减少软硬件资源投入，避免中小企业在人才（尤其是研发人才）上的短板，还可以利用特色产业工业应用，让地方中小企业在产品研发设计、产品质量、经营管理等多方面快速提升，从而促进地方经济发展。

3. 工业应用是促进企业数字化转型的有效手段

企业资源通常包括人、工业技术、知识、设施设备等工业要素。在数字化的基础上，工业应用可以将企业资源解耦和软件化，并面向整个价值链提供服务，将企业内部业务链融入整个价值链中，通过对内数字化与对外服务化，获得企业在整个产业链中的价值定位和体现，实现企业的数字化转型。

4. 工业应用可以提高企业效益

在企业中，工业应用可以解决企业知识传承与人才断层问题，还可以解决企业知识积累的问题。工业应用承载了经过实践验证的可信工业技术与知识，使用工业应用可以提升产品质量水平。通过工业应用可以实现知识共享，让一般员工使用专家知识和技能，从而解决员工能力不均衡问题。工业应用有助于统一标准，促进产品规范化，提高产品质量稳定性水平。

综上所述，工业应用可以实现企业基于知识积累的创新增效、基于可信知识的提质增效、基于知识复用的降本增效、基于规范化的管理增效。

5. 工业应用可以实现个人价值

开发工业应用是个人在某项特定工业领域的能力体现，可以充分体现个人对企业、对社会的贡献与价值；为了开发满足特定工业需求的工业应用，开发者需要对相关工业领域知识进行系统的整理、抽象和反复思考，这个过程往往也是系统化地提升个人知识，促进个人能力发展的过程。

开发者通过对工业应用的使用，可以借鉴和学习工业应用所承载的知识，在使用中快速补足自身知识的短板。

当前我国工业领域的建模仿真、科学计算正处于一个关键的发展时期。科学计算的重要性在于其能够通过计算机的计算能力，对客观世界中的复杂问题进行模拟、预测和发现，并为实验或产品的理论设计提供有力支撑。

为了缩小我国的科学计算及各类系统建模软件与世界现有的同类软件之间的差距，我们需要开发属于自己的科学计算与系统建模仿真软件，提升我国在这一领域的核心竞争力。这需要充分发挥人才和技术的优势，积极推进计算方法和算法的研究，提高软件设计和开发的水平，以满足我国工业领域对于科学计算和系统建模仿真应用日益增长的需求。

1.5.4 MWORKS 科学计算和系统建模仿真

同元软控是一家高科技企业，经过十余年的技术沉淀，专业从事新一代系统级设计与仿真工业应用产品研发，为工程服务及系统工程提供解决方案，目前产品已广泛应用于航天、航空、能源、车辆、船舶、教育等行业。在海南文昌发射的梦天实验舱、天和核心舱，以及问天实验舱，背后都有同元软控的加持。

同元软控推出的 MWORKS 平台是一款基于建模规范 Modelica 的系统建模仿真软件，它全面支持各种基础数学、函数及矩阵计算，具备微分代数方程、插值运算、概率与统计算法、逻辑运算等数学运算模型。MWORKS 平台的优势在于它具有面向对象和非因果的建模特点，对层次化、多物理域复杂系统的建模仿真具有先天优势，可以为复杂系统工程研制提供全生命周期支持，并已经通过大量工程验证。

在现代科学和工程技术中，经常会遇到大量复杂的数学计算问题，这些问题利用一般的计算工具解决非常困难，而利用计算机处理却非常容易。针对这些大规模复杂的数学计算问题，同元软控推出了科学计算环境 MWORKS.Syslab，其通过与系统建模仿真环境 MWORKS.Sysplorer 的一体化集成，形成了完整的科学计算与系统建模仿真底座平台，即一个高级的数学计算环境，以应对科学与工程中遇到的诸如矩阵运算、微分方程求解、数据分析、信号处理、控制设计与优化等问题。

同时，MWORKS 平台提供了一个支持脚本开发和调试的环境，通过脚本驱动系统建模仿真环境，实现科学计算与系统建模仿真过程的自动化运行。该平台还提供一个面向现代信息物理融合系统的设计、建模与仿真环境，支持基于模型的信息物理系统（CPS）开发。

同元软控推出的科学计算与系统建模仿真底座平台如图 1-6 所示。

1. 科学计算环境 MWORKS.Syslab

MWORKS.Syslab 是基于高性能科学计算语言 Julia 的科学计算环境，可以提供交互式编程环境的完备功能。它支持多范式统一编程，内置通用编程、数学、符号数学、曲线拟合、信号处理、通信等函数库，用于科学计算、数据分析、算法设计、机器学习等领域，并通过内置的图形函数库实现数据可视化。MWORKS.Syslab 与 MWORKS.Sysplorer 的双向深度融合，形成了新一代科学计算与系统建模仿真平台，支持信息物理系统的一体化研制及各类设计与分析活动，其提供的四大核心功能，具体内容如下。

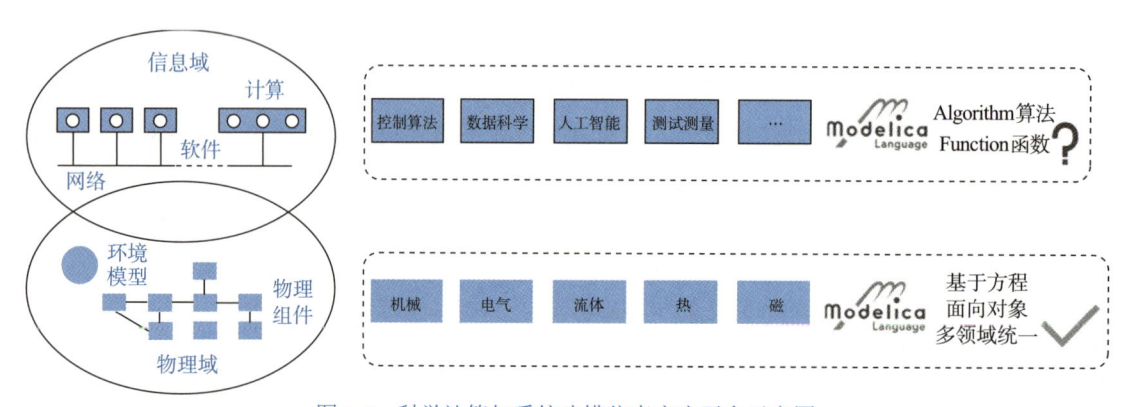

图 1-6 科学计算与系统建模仿真底座平台示意图

（1）交互式编程环境：利用资源管理器、代码编辑器、命令行窗口、工作空间等组件，以及窗口管理等功能，提供了功能完备的交互式编程、调试与运行环境。

（2）科学计算函数库：提供数学、线性代数、矩阵与数组运算、插值、数值积分与微分方程、傅里叶变换与滤波、符号数学、曲线拟合、信号处理、通信等丰富的高质量、高性能科学计算函数。

（3）计算可视化图形：内置大量易用的二维和三维绘图函数，支持数据可视化与图形界面交互，为数据分析及可视化提供工具支撑。

（4）库开发与管理：支持函数库的注册管理、依赖管理、安装卸载、版本切换，同时提供函数库开发规范，以支持用户自定义函数库的开发与测试；提供完整易用的中文帮助系统，包含"帮助主题"和大量示例，以帮助用户快速上手。

2. 系统建模仿真环境 MWORKS.Sysplorer

随着工业产品的自动化与智能化发展，多领域耦合已成为当前工业产品的一个显著特征，因此多专业设计协同与模型集成已经成为工业产品系统设计的必需技术。构建系统模型的优点是可以有效提高产品设计的效率，缩短产品开发周期，尽早发现问题并改进整体设计。

然而，传统的单一学科建模工具难以实现多学科特性的统一表达，工程师面临着标准不统一、表达不直观、使用难度大等诸多挑战。面对上述问题，需要基于被仿真界广泛采用、已成为多领域统一建模仿真国际标准语言的 Modelica 开发系统级建模仿真环境。

Modelica 具有以下特点：
（1）支持面向对象的非因果建模，与真实物理拓扑一致，具有良好的扩展性；
（2）基于方程，支持陈述式建模，无须方程推导；
（3）面向对象的多领域统一物理建模，直观、易于重用和扩展，便于模型知识的积累；
（4）支持物理系统建模仿真接口（FMI）标准，具有很好的开放性，实现便捷的模型交换和协同仿真。

MWORKS.Sysplorer 是一个面向多领域工业产品的系统级综合设计与仿真验证环境。它完全支持 Modelica 语言，遵循现实中拓扑结构的层次化建模方式，支撑基于模型的系统工程应用。MWORKS.Sysplorer 支持工业设计知识的模型化表达和模块化封装，支持多方案优选及设计参数优化，以知识可重用、系统可重构方式，为工业企业的设计知识积累与产品创新设计提供有效的技术支撑，对及早发现产品设计缺陷、快速验证设计方案、全面优化产品性能、有效减少物理验证次数等具有重要价值。

MWORKS.Sysplorer 具有的核心功能如下。
（1）系统建模环境：支持仿真结果数据的受控管理和仿真结果数据的可视化。
（2）编译分析环境：提供 Modelica 模型词法语法分析环境，支持模型检查、模型方程分析、变量分析、模型方程结构分析、单位推导与检查和显示单位的定制与扩展等。
（3）求解计算环境：提供仿真求解配置、仿真调度控制、仿真结果回收等基本功能，支持实时仿真控制功能，支持二维动画与物理时间同步求解与显示；目前内置有 23 种积分算法的算法包，并支持算法包扩展。
（4）实时代码生成：提供实时代码生成功能，通过模型编译、模型推导、符号简化生成模型求解器，进而生成模型的标准 C 代码，针对实时操作系统 VxWorks、开源操作系统 Linux、实时测试软件 NI VeriStand、嵌入式软件 ETAS 等生成实时代码。
（5）后处理环境：提供丰富实用的后处理功能，支持仿真实例管理、参数编辑、结果比较、仿真数据监控功能、结果实时和离线曲线显示、曲线双 Y 轴显示，支持常用曲线运算、数据导入导出等功能。
（6）扩展接口：提供丰富的扩展接口，支持对外部 C/FORTRAN 函数的嵌入与调用；提供 MATLAB/Simulink、FMI、三维 CAD 等接口，支持异构模型的集成与仿真；提供命令与脚本功能，支持批量处理；提供丰富的 API 接口，支持插件开发。
（7）支持模型驱动的仿真程序自动生成。
（8）支持结果数据的同步与动画展示。

1.6　本书结构组织

本书的组织结构如图 1-7 所示，本书分为 5 章，分别是工业应用概述、MWORKS 平台及 API、科学计算类的工业 App 开发、系统建模仿真类工业 App 开发、综合类工业 App 开发。

```
        ┌──────────────┐
        │ 工业应用概述  │
        └──────┬───────┘
               │
        ┌──────▼───────┐
        │MWORKS平台及其API│
        └──────┬───────┘
             服务于
        ┌──────┴───────┐
┌───────▼──────┐  ┌────▼─────────┐
│ 科学计算类     │  │ 系统建模仿真类 │
│ 工业App开发   │  │ 工业App开发   │
└───────┬──────┘  └────┬─────────┘
        └──────┬───────┘
             包含
        ┌──────▼────────┐
        │ 综合类工业App开发 │
        └───────────────┘
```

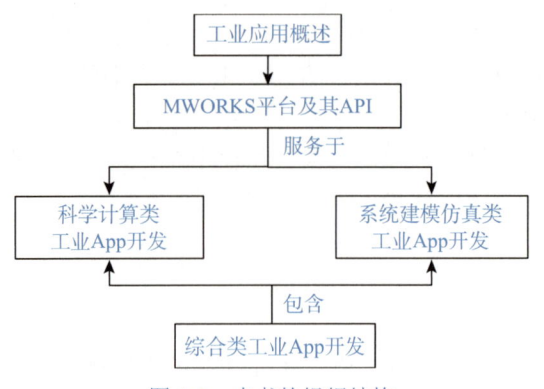

图 1-7 本书的组织结构

其中，第 1 章工业应用概述主要介绍本书的主题和目的，便于读者对本书的主要内容有初步的了解，对工业应用的定义与内涵、国内外研究现状及当前国内的 MWORKS 平台等内容有初步的认识。

第 2 章 MWORKS 平台及 API 主要对 MWORKS 平台的特点和功能，以及其使用的 API 等进行介绍，便于读者更好地理解和使用 MWORKS 平台。同时，本章的各类工具及 API 也服务于后续的章节，在后续章节的示例中都有所展示。

第 3 章科学计算类工业 App 开发结合实例讲解如何使用 MWORKS 平台和 API 进行科学计算方面的工业 App 开发。

第 4 章系统建模仿真类工业 App 开发同样结合实例讲解如何使用 MWORKS 平台和 API 进行系统建模仿真方面的工业 App 开发。

第 5 章综合类工业 App 开发主要介绍如何开发一个包含科学计算和系统建模仿真功能的综合类工业 App。该章介绍了一个完整的综合类工业 App 开发过程，包括案例分析和实践经验总结等方面。

本 章 小 结

本章提供了工业应用的基础概念和框架，深入探讨了工业应用的核心概念、国内外现状、未来趋势、分类、科学计算与系统建模仿真技术，最后给出了本书组织结构。本章为后续内容打下了坚实基础，使读者能更好地理解和应用 MWORKS 平台及 API。随后的章节将深入介绍 MWORKS 平台的特点和功能，以及如何在科学计算和系统建模仿真领域进行工业 App 开发，将带领读者将这些知识应用到综合类工业 App 开发中。

习 题 1

1. 什么是工业应用？
2. 工业应用和工业软件有什么异同？
3. 工业应用应该如何进行分类？
4. 工业应用的发展对我国有什么意义？
5. MWORKS 所使用的编程语言是什么？有什么特点？

第 2 章
MWORKS 平台及其 API

基于模型的系统工程（MBSE）以模型为载体，用数字化模型作为研发要素的载体，实现描述系统架构、功能、性能、规格需求的各个要素的数字化模型表达，依托模型可追溯、可验证的特点，实现基于模型的仿真闭环，为方案的早期验证和知识复用创造了条件。

MWORKS 是同元软控基于国际知识统一表达与互联标准打造的系统智能设计与验证平台，是 MBSE 方法落地的使能工具。该平台自主可控，为复杂系统工程研制提供全生命周期支持，并已经过大量工程验证。

MWORKS 提供了支持 Python、C++、Julia 等多种开发语言 API，允许用户使用各种编程语言编写应用程序，本书主要讲解 C++语言版的 MWORKS API。MWORKS API 提供了一组函数和类，用于与 MWORKS 交互，实现模型加载、参数设置、编译仿真、结果分析等功能等。

通过本章学习，读者可以了解（或掌握）：
- ❖ MWORKS 系列产品
- ❖ MWORKS 开放平台架构
- ❖ 科学计算 API 及其技术架构
- ❖ 系统建模仿真 API 及其技术架构

2.1　MWORKS 系列产品

MWORKS 由四大系统级产品及相关工具箱、模型库、函数库等组成。科学计算与系统建模仿真平台 MWORKS 架构图如图 2-1 所示。

| Toolbox 工具箱 | AI与数据科学
统计、机器学习、深度学习 | 信号与通信
基础信号处理、DSP、基础通信 | 控制系统
基础控制系统、基于模型的控制设计 | 机械多体
CAD导入、可视化多体建模环境、刚柔耦合模块 | 代码生成
物理对象模型代码生成、控制策略模型代码生成、实时仿真 | 校核、验证与确认
参数灵敏度分析、模型标定、设计优化与置信度评估 | 模型集成与联合仿真
CAE模型降阶工具箱、分布式联合仿真工具箱 | 接口工具
FMI导入导出、SysML转Modelica |

基于标准的函数+模型+API拓展体系

| 需求导入 | 架构建模 | Sysbuilder 系统架构设计环境 | 逻辑仿真 | 分析评估 |

Functions 函数库		Syslab 科学计算环境			Sysplorer 系统建模仿真环境			Models 模型库
曲线拟合	编程	数学	图形	工作空间共享	物理建模	框图建模	状态图建模	标准库 机、电、液、控、热
符号数学								同元专业库 液压、传动、电机、热流等
优化与全局优化	Julia科学计算语言			并行计算	Modelica系统建模语言			同元行业库 航空、航天、车辆、能源、船舶等

| Syslink 协同设计仿真环境 | 多人协同建模 | 模型技术状态管理 | 云端建模仿真 | 安全保密管理 |

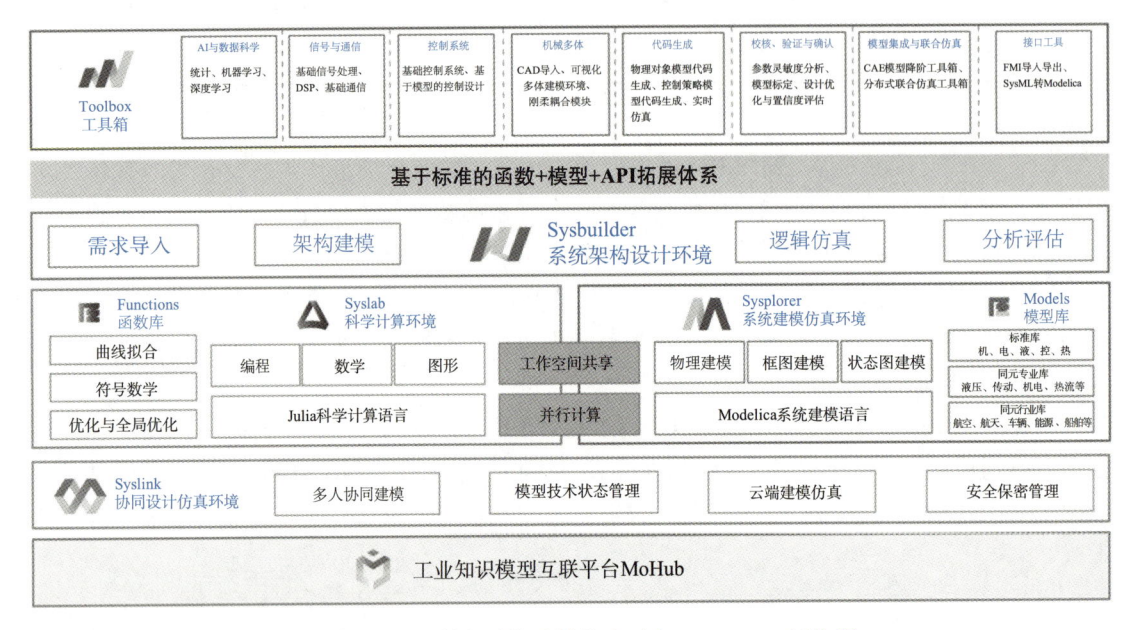

工业知识模型互联平台MoHub

图 2-1　科学计算与系统建模仿真平台 MWORKS 架构图

MWORKS 的四大系统级产品有系统架构设计环境 MWORKS.Sysbuilder（简称 Sysbuilder）、科学计算环境 MWORKS.Syslab（简称 Syslab）、系统建模仿真环境 MWORKS.Sysplorer（简称 Sysplorer）、协同设计仿真环境 MWORKS.Syslink（简称 Syslink）。

（1）系统架构设计环境 Sysbuilder：Sysbuilder 全面支持 SysML 规范，提供需求导入、架构建模、逻辑仿真、分析评估功能，支持用户开展基于需求的自顶向下的系统设计与基于模型库的自底而上的系统架构组装设计，并进一步实现基于模型的系统设计仿真一体化。

（2）科学计算环境 Syslab：Syslab 基于新一代高性能科学计算语言 Julia 构建，提供通用编程与算法开发、数据分析与可视化等功能，如科学计算编程、编译、调试和绘图功能，内置符号数学、曲线拟合、优化与全局优化等函数库，支持用户开展算法开发、数值计算、数据分析和可视化、信息域计算分析等，并进一步支持信息物理融合系统（CPS）的建模仿真。

（3）系统建模仿真环境 Sysplorer：Sysplorer 完全支持多领域统一建模语言 Modelica，提供物理、框图、状态图等多范式系统建模、编译分析、仿真求解、可视化处理、模型驱动的代码生成与实时仿真等功能及丰富的集成与扩展接口，支持用户开展产品多领域物理模型开发、虚拟集成、方案仿真验证、方案分析优化，并进一步为数字孪生、基于模型的系统工程及数字工程等应用提供全面支撑。

（4）协同设计仿真环境 Syslink：Syslink 提供多人协同建模、模型技术状态管理、云端建模仿真和安全保密管理功能，以及开发的集成接口，为系统研制提供面向云端的系统协同建模与模型数据管理环境，打破单位与地域障碍，为模型跨层次协同管理与系统工程全流程模型贯通提供支撑。

MWORKS 还包括相关的函数库、模型库和系列工具箱，其中系列工具箱依赖函数库和模型库。

（1）MWORKS 函数库（Functions）：MWORKS 函数库提供基础数学和绘图等基本功能函数，内置曲线拟合、符号数学、优化与全局优化等函数库。函数库支持用户自行扩展，从而可以支持教育、科研、通信、芯片、控制等行业用户开展教学科研、数据分析、算法设计和产品分析。

（2）MWORKS 模型库（Models）：MWORKS 模型库涵盖液压、传动、机电、热流等多个典型专业，覆盖航天、航空、汽车、能源、船舶等多个重点行业，支持用户自行扩展。该模型库提供的基础模型可以大幅降低复杂产品模型开发门槛，减少模型开发人员的开发成本。

（3）MWORKS 系列工具箱（Toolbox）：MWORKS 系列工具箱提供 AI 与数据科学、信号处理与通信、控制系统、机械多体、代码生成、校核&验证与确认、模型集成与联合仿真及接口工具等多个类别的工具箱，满足多样化的数字化设计、分析、仿真及优化需求。

下面主要介绍 Syslab、Sysplorer、MWORKS 系列工具箱三个部分。

2.1.1　Syslab 与科学计算

Syslab（以下简称 Syslab）是同元软控推出的新一代科学计算环境。Syslab 基于新一代高性能科学计算语言 Julia 构建，提供交互式编程环境的完备功能。Syslab 可用于科学计算、数据分析、算法设计、机器学习等领域，并通过内置的丰富图形实现数据可视化。

在 MWORKS 中，开发模块的方式有 Syslab Function 与 Syslab FMI 两种。

1. Syslab Function

Syslab Function 是一种将用外部语言（C/C++、Julia、Python）编写的函数封装为 Modelica 函数模块的机制。Syslab Function 基于 Modelica 外部函数语义实现，在数据映射、接口模块和工具功能方面都做了增强。

Syslab Function 包含 syslabGlobalConfig 与 syslabFunction 两个组件。

（1）syslabGlobalConfig 组件：用于为系统中的 Julia 函数提供全局声明，如导入包或声明全局变量。创建 SyslabGlobalConfig 组件后，单击鼠标右键，选择弹出菜单中的"Syslab 初始化配置"选项，可以在 Syslab 中打开编辑器，如图 2-2 所示。在编辑器中，可以编写全局声明的 Julia 脚本。

（2）syslabFunction 组件：用于嵌入 Julia 函数，并将 Syslab Function 模块的输入和输出数据指定为参数和返回值。系统仿真每推进一步都会调用该 Julia 函数。创建 syslabFunction

组件之后，单击鼠标右键，选择弹出菜单中的"编辑 Syslab 脚本函数"选项，可以在 Syslab 中打开编辑器，编写 Julia 脚本，编辑器界面示例如图 2-3 所示。

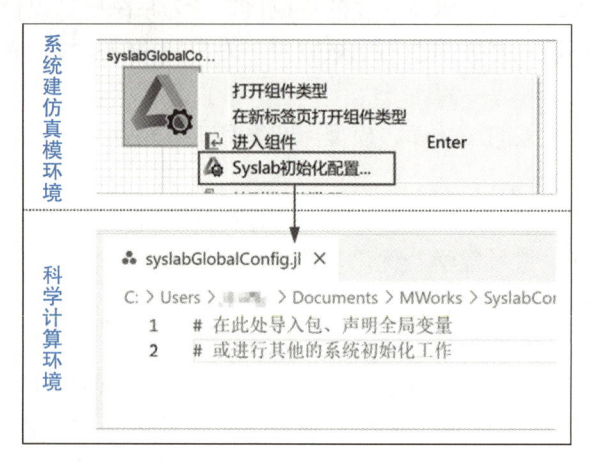

图 2-2　syslabGlobalConfig 初始化配置示意图

图 2-3　syslabFunction 编辑器界面示例

图 2-3 中的 Julia 脚本完成了一个 Syslab Function 定义，syslabFunction 组件将生成一个名为 in_t 输入端口和两个分别名为 out_x、out_y 的输出端口。

syslabFunction 组件认为脚本中的第一个函数为本组件的主函数，其他函数均为服务于主函数的辅助函数。根据主函数的内容，组件从函数声明中的输入参数中，获取组件的输入端口的数量及名称；从返回值语句中获取组件的输出端口的数量及名称。Syslab 主函数的定义规则如下。

规则 1：模型的输入端口数量由 Julia 函数的声明决定，类型和维度由用户在设置对话框中指定。

规则 2：模型的输出端口数量由 Julia 函数的返回值决定，类型和维度由用户在设置对话框中指定。

规则 3：端口类型支持实型、整型、布尔型，维度字段如果空缺，则认为端口为标量端口。

规则 4：主函数必须使用关键字 function 定义。

规则 5：主函数的输入不需要指定类型和参数。

规则 6：主函数的输出必须使用关键字 return 指定，且必须使用函数体中已经出现的变量符号。

规则 7：在同一个系统模型中，函数名必须是唯一的。

2. Syslab FMI

系统包含时间联系、离散的变量和方程，要在仿真过程中同时考虑时间推进和事件处理，这种系统模块属于物理系统，此时应采用 Syslab FMI 机制。该机制提供了一套完整的工具，支持用外部语言实现 FMI 接口，并将其导出功能模拟单元（FMU）模型，然后进一步将其封装为系统模块，如图 2-4 所示。

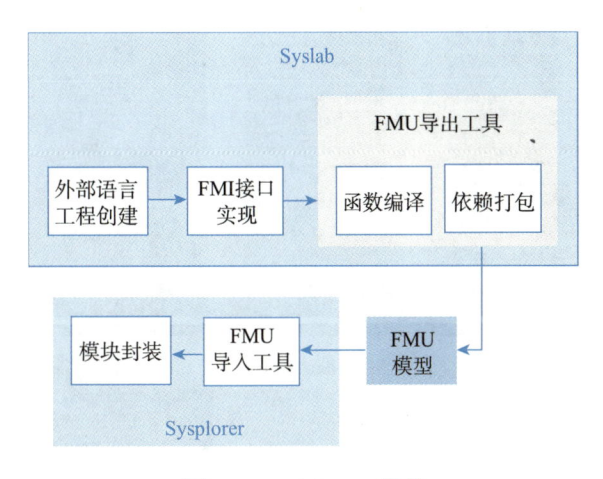

图 2-4　Syslab FMI 架构

Syslab FMI 在 FMI 的基础上进一步工程化，针对不同的语言提供特定的接口模板和工具向导，能够自动将外函数导出为 FMU 模型，填加到系统建模环境中并生成模块。用户只需简单地操作即可创建工程，实现相关接口，进行简单封装，完成模块构建。

2.1.2　Sysplorer 与系统建模仿真

1. Sysplorer 概述

Sysplorer 是新一代多领域工程系统建模、仿真、分析与优化通用 CAE 平台，基于多领域统一建模语言 Modelica，提供了从可视化建模、仿真计算到结果分析的完整功能，支持多学科多目标优化、硬件在环（Hardware-In-the-Loop，HIL）仿真及与其他工具的联合仿真，其架构如图 2-5 所示。

Sysplorer 利用现有大量可重用的 Modelica 领域模型库，可以广泛地满足机械、电子、控制、液压、气压、热力学、电磁等领域，以及航空、航天、车辆、船舶、能源等行业的知识积累、建模仿真与设计优化需求。

Sysplorer 作为多领域工程系统研发平台，能够实现不同的领域专家与企业工程师在统一的开发环境中对复杂工程系统进行多领域协同开发、试验和分析。

2. Sysplorer 功能特征

Sysplorer 具有多领域、多文档多视图、多种建模方式等九大功能特征，下面分别进行介绍。

（1）支持多领域的系统建模。Sysplorer 具备多领域的系统建模和仿真能力，能够在同一个模型中融合相互作用的多个领域的子模型，构建描述一致的系统级模型，适用于机械、电子、控制、液压、气压、热力学、电磁等众多领域。

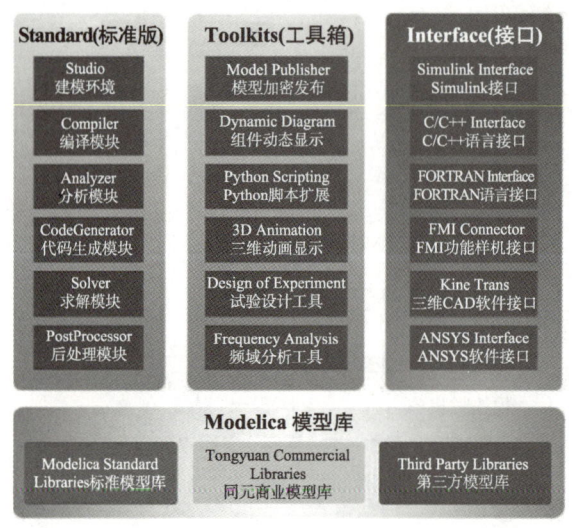

图 2-5 Sysplorer 架构

（2）提供多文档多视图建模环境。Sysplorer 提供多文档多视图的建模环境，支持同时打开多个文档，编辑和浏览多个不同模型。每个文档具有模型文本、模型图标、组件连接图、信息说明等多个视图，支持多视图切换的模型浏览与编辑形式。

（3）支持多种建模方式。Sysplorer 支持组件拖放式、文本编辑式、类型向导式等多种建模方式，提供代码框架、编码助手、语法高亮、代码折叠、代码规整、连接合法性自动检查、模板式参数编辑、模型逐级展开和回退等多个辅助建模功能。

（4）支持自定制模型库。Sysplorer 提供丰富的领域模型库，并具备开放的模型库定制功能，以满足不同的建模需求，便于模型资源的重用。用户可以通过定制配置文件或动态加载需要的模型库，也可以自由增加、修改、删除模型库中的元器件。

（5）支持物理单位推导与检查。Sysplorer 全面支持国际单位制（SI），提供可靠的单位推导与检查功能。根据模型方程进行单位推导，并自动检测单位不匹配的错误。它还支持计算单位与显示单位的分离，提供显示单位的定制与扩展功能。

（6）支持仿真代码自动生成。Sysplorer 通过模型编译生成模型方程系统，通过模型推导与符号简化生成模型求解序列，基于标准 C 语言，自动生成模型仿真代码；通过对仿真代码的编译，能生成可独立运行的参数化仿真分析程序。

（7）提供结果分析与后处理。Sysplorer 提供结果数据的曲线显示和 3D 动画显示功能，支持不同仿真实例的结果比较。它还提供丰富的曲线运算与操作功能、动画控制与视图操作功能，支持曲线显示自变量的定制选择。

（8）支持硬件在线仿真。Sysplorer 提供硬件在线仿真功能，通过内嵌通信模块的实时信号采集与输出，支持软件模型与实物设备的联合仿真。通过输出模型仿真 C 代码到 dSPACE、xPC 等硬件设备，支持实时硬件在环仿真。

（9）具有良好的可扩展性。Sysplorer 支持嵌入和调用外部 C/FORTRAN 函数及外部应用，提供 MATLAB/Simulink 接口，可以将模型输出为 S-Function 形式，提供命令与脚本功能，支持定制开发、批量处理与 Sysplorer 外部调用。

3. Sysplorer 应用领域

Sysplorer 平台提供的基础元器件模型库覆盖了机械、电子、控制、流体、热力学、电磁等学科领域，并通过了试验验证，如表 2-1 所示。通过基础元器件的组合，用户能够方便快捷地构建高置信度的产品模型，从而有效提高产品设计质量，缩短开发周期，降低研发成本。

表 2-1 基础元器件库展示表

名称	说明
机器元器件库	提供一维移动、一维转动及三维多体系统领域库，支持一维机械系统与多体机械系统的建模与仿真
电子元器件库	提供模拟电子、数字电子、多相电路领域库及电机元器件库，支持模拟数字与多相电路系统的建模与仿真
控制元器件库	提供连续、离散、逻辑、非线性等类型控制元器件库，支持连续、离散、逻辑、非线性等控制系统的建模与仿真
流体元器件库	提供多相介质或混质一维热流模型库，支持一般的多相单质或混质一维热流系统的建模与仿真
热力学元器件库	提供集总（lumped）元素一维传热分析的模型库，支持机械集总元素模型一维传热分析的建模与仿真
电磁元器件库	提供电磁模型库，支持集总磁路中电磁设备的建模与仿真

此外，同元软控自主研发了汽车、能源、航空等行业模型库，不仅提供了专业相关的基础元器件模型库，还内置了常用的标准零部件模型和相关数据，有利于提高零部件选型和方案设计效率。下面将简要介绍车辆动力学库、异步电机模型库和航空液压模型库。

（1）车辆动力学库。车辆动力学库提供了底盘、传动系统、动力系统、发动机、变速箱等汽车关键零部件模型，以及各种标准工况表，适用于篷车及子系统的动力学性能仿真、分析与优化，如操纵稳定性、平顺性、制动稳定性、侧翻稳定性等。

（2）异步电机模型库。异步电机模型库提供了电机转轴、定转子、磁阻等零部件模型，并内置磁化曲线、磁性材料等数据，适用于三相异步电机的动态性能分析，并可解决电磁、控制和机械耦合问题。通过扩展，还适用于水轮发电机、风力发电机和汽轮发电机等大型发电机组的建模与性能分析。

（3）航空液压模型库。航空液压模型库提供了液压系统常规的动力单元、执行单元、液阻、管道等元器件及航空液压系统专用部件模型或数据，如隔离控制阀、整流罩锁、液压作动筒、流液特性数据等，适用于飞机反推力装置、起落架等设备的液压系统动态性能分析、故障模拟及硬件在环仿真。

基于 Modelica 对多领域物理系统统一建模的支持，Sysplorer 平台可广泛应用于航空、航天、汽车、工程机械、能源设备和化工等诸多行业，以解决复杂产品设计中的多领域耦合问题。

- 在航空行业中，用于起落架系统动态性能分析、柔性飞行器飞行动力学性能分析、直升机/旋翼机自动飞行控制系统设计与动态性能分析等；
- 在航天行业中，用于轨道动力学仿真、卫星姿态和轨道控制系统设计与动态分析等；
- 在汽车行业中，用于混合动力汽车快速原型设计、涡轮增压发动机的动态性能仿真与设计、车辆动力性及燃油经济性和排放特性动态分析与优化设计、底盘与传动系统的实时硬件在环仿真等；
- 在工程机械行业中，用于挖掘机液压和传动系统设计与动态仿真、起重机伸缩臂动态性能仿真分析等；
- 在能源动力行业中，用于核电轻水反应堆系统性能分析、太阳能发电设备系统设计与分析、制冷设备设计与分析等；
- 在化工行业中，用于污水处理设备优化设计与仿真分析、流体食品加工设备的仿真等。

2.1.3 MWORKS 系列工具箱

1. Toolbox 概述

依托 MWORKS 平台，Toolbox 提供一系列丰富的实用工具箱，满足系统多样化的数字化设计、分析、仿真及优化需求。

2. Toolbox 工具列表

（1）Sysplorer / 模型优化工具箱。模型优化工具箱采用基于仿真的多目标优化方法，以调节参数为优化变量，以模型性能（与仿真结果有关）为优化目标，进行优化计算，获得最优参数，以解决复杂系统建模与仿真中的参数调节问题。

（2）Sysplorer / 模型标定工具箱。模型标定工具箱以试验得到的测量数据为依据，在某一范围内自动调整参数值并同时进行仿真。通过自动比对模型仿真数据与试验测量数据的差异，使得模型输出与测量结果达到最大程度的吻合。

（3）Sysplorer / 试验设计工具箱。试验设计工具箱以一种方便有效的方式支持用户进行参数研究。该工具箱支持对输入输出参数的样本控件进行探索，还支持随机或自定义的批量仿真试验设计、运行和分析。

（4）Sysplorer / 故障仿真工具箱。故障仿真工具箱通过解析 Modelica 模型，以模型为载体，以故障模式为切入点，动态生成故障模型，实现基于模型的故障分析。该工具箱支持故障注入模拟、故障量化影响性分析、基于故障树的故障推断等功能，对提升复杂系统的设计能力、提高设计质量具有长远的意义。

（5）Sysplorer / 频率估算工具箱。频率估算工具箱在系统稳态工作点（Steady-State Operating Points）处，针对待估算的模型，通过一组由不同频率正弦信号构造而成的 Sinestream 信号进行激励，获取系统在时域上的输出。

（6）Sysplorer / 脚本编程环境工具箱。脚本编程环境工具箱全面支持 Python 语言编程，通过调用内置的高质量模型库进行科学计算。该工具箱可打通科学计算环境与系统建模仿真环境，帮助用户开展更深层次设计、仿真和验证。

（7）Sysplorer / FMI 联合仿真工具箱。FMI 联合仿真工具箱遵照 FMI 规范实现 Modelica 工具与异构软件之间生成和交换模型，如图 2-6 所示。FMI 联合仿真工具箱支持模型交换（Model-Exchange，ME）与协同仿真（Co-Simulation，CS）（包括 1.0 和 2.0）的导入和导出，ME 用来实现一个建模工具以输入、输出块的形式生成一个动态系统模型的 C 代码，供其他建模工具统一求解；CS 模式用于耦合多个建模工具，构建联合仿真环境。

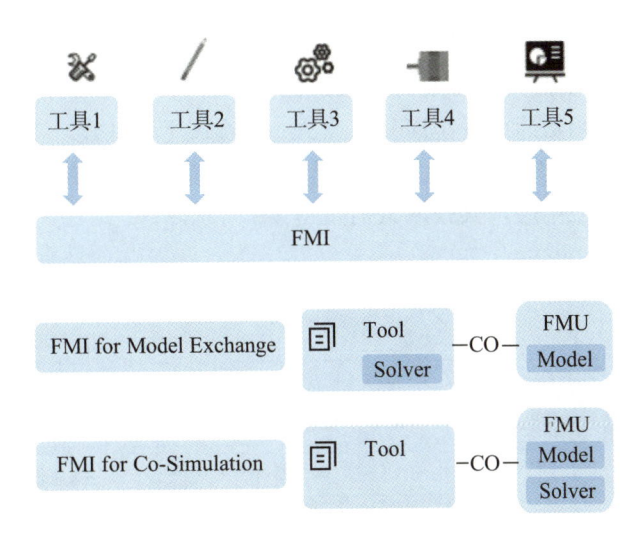

图 2-6　FMI 联合仿真工具箱示例

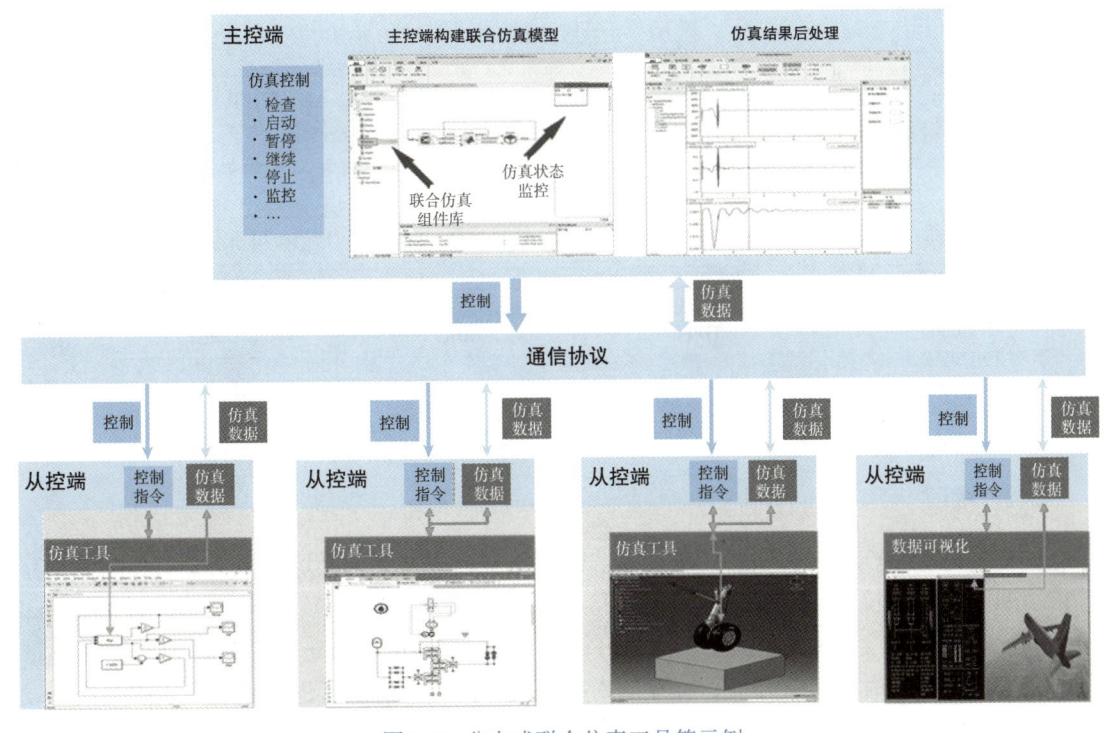

（8）Sysplorer / 分布式联合仿真工具箱。分布式联合仿真工具箱基于开放的分布式通信协议，提供了一个多学科异构模型的联合仿真环境。该工具箱既支持本地仿真也支持远程分布式仿真。该工具箱可以有效连接，并同步和控制各仿真工具，大大提升复杂系统的仿真效率。分布式联合仿真工具箱示例如图 2-7 所示。

图 2-7　分布式联合仿真工具箱示例

2.2　MWORKS 开放平台架构

MWORKS 从底层算法到上层应用均采用完全开放策略,提供开放的系统架构,定义了一套科学计算与系统建模仿真平台架构和接口标准化方案,支持开发者基于统一的接口规范,以一致的方式开发函数库、模型库和工业 App,实现平台共建,丰富应用生态。

MWORKS 的科学计算与系统建模仿真开放系统架构在最高抽象级别上划分为三个层次:内核层、平台层和应用层,其技术架构如图 2-8 所示。

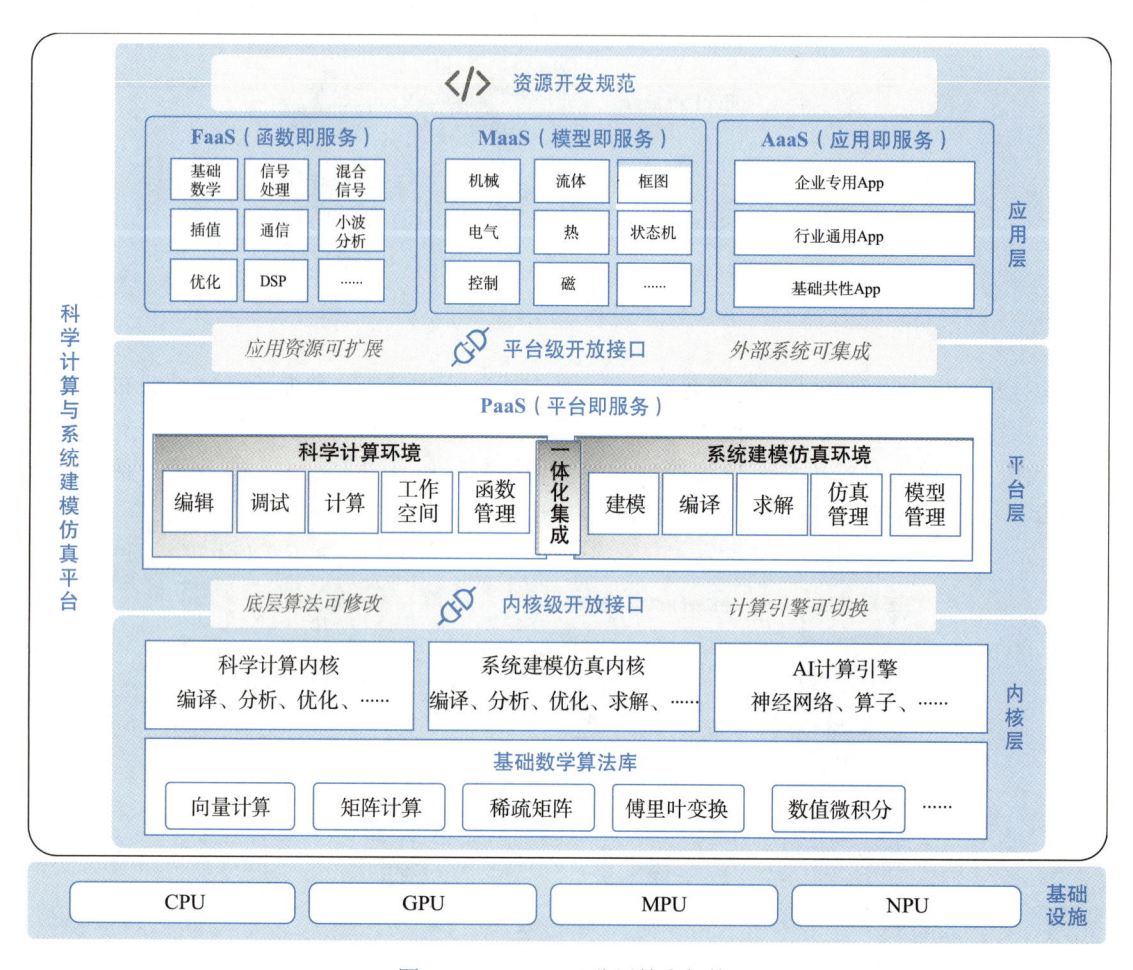

图 2-8　MWORKS 分层技术架构

1. 内核层

内核层是 MWORKS 的底层,负责算法函数和仿真模型的编译运行,主要由基础数学算法库、科学计算内核、系统建模仿真内核和 AI 计算引擎组成。内核层基于 FMI(Functional Mock-up Interface)、Netlib 和 FFTW(the Faster Fourier Transform in the West)等开放、标准的接口开发,并同时提供了开放、标准的内核级接口,可供开发者进行底层算法的二次开发和替换,支持开发者设置、替换科学计算与系统建模仿真平台底层数值算法、数学包、仿真求解算法、求解器等。同时，内核层的接口也可用于外部系统调用。

2. 平台层

平台层是 MWORKS 的集成开发环境，为函数、模型、App（Application）等资源提供开发、调试、集成、测试、部署等全生命周期支持，主要由科学计算环境和系统建模仿真环境组成，为应用层提供开发环境。平台层提供开放、标准的接口，支持应用层函数库、模型库、App 等资源的开发与扩展。同时，平台层开发接口也支持开发者和外部系统调用，或与其他外部系统集成。

3. 应用层

应用层由 MWORKS 的科学计算函数库、系统仿真建模模型库、App 等应用层资源组成，以服务形式支持用户解决基础共性、行业通用、企业专用问题。应用资源基于平台层提供的开放接口，采用统一的资源开发规范开发。同时，应用层支持基于定义的一套开发规范来开发函数、模型和 App 资源。

2.3 科学计算 API 及其技术架构

科学计算 API 支持对平台的界面、业务逻辑、数据等不同层次接口的调用，也支持 App 的扩展开发和集成。科学计算 API 按功能划分为基础 API、数学 API、图形 API、App 构建 API 等组件。科学计算 API 组件视图如图 2-9 所示。

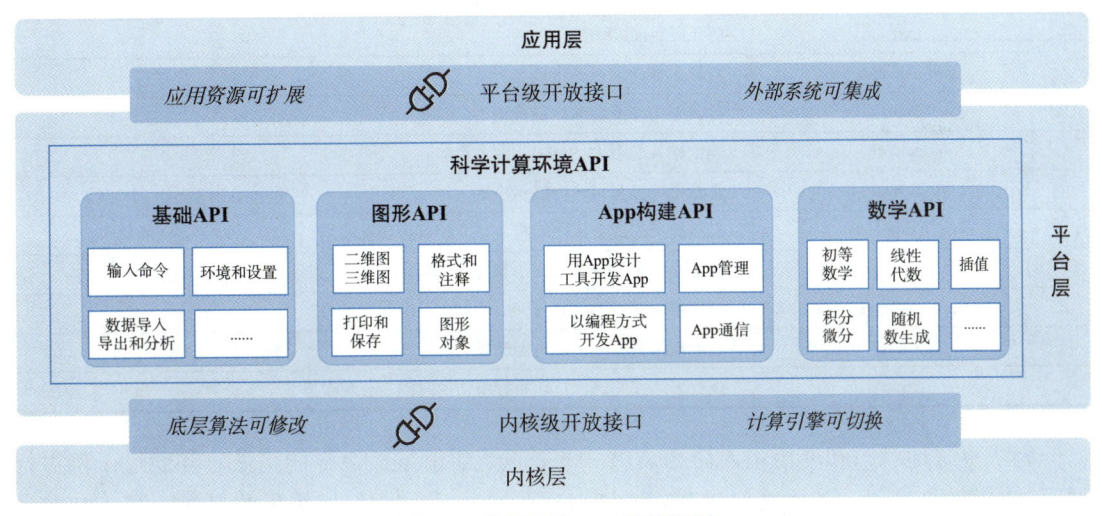

图 2-9 科学计算 API 组件视图

（1）基础 API：提供科学计算的基础功能，包括命令行控制、科学计算语言基础、平台环境和设置操作、数据导入导出和分析、外部语言接入和调用的功能。

（2）数学 API：提供科学计算核心的专业数学计算函数。

（3）图形 API：提供可视化绘图功能。

（4）App 构建 API：提供 App 开发、管理、打包、部署、运行、通信等相关功能。

科学计算 API 中，基础 API、数学 API、图形 API 都是 Julia 语言的函数，用户可以在自己的编程环境中，通过调用 Julia 脚本的形式来使用这些 Julia 函数。在 App 构建 API 中，App 管理 API 是 Syslab 提供的一套 App 管理函数，可以在 Syslab REPL 环境中实现 App 的安装、启动、卸载等管理操作；App 通信 API 支持用户在多种图形应用环境中开发的 App 与 Syslab 平台通信。

2.3.1 基础 API

基础 API 包括输入命令 API、环境和设置 API、数据导入导出和分析 API 等。

1. 输入命令 API

输入命令是指在 Syslab 中创建变量和调用函数的命令，输入命令 API 如表 2-2 所示。

表 2-2 输入命令 API

命令	说明
ans	最近计算的答案
clc	清空命令行窗口
clipboard	在目标与系统剪贴板之间复制和粘贴文本
Ctrl + D	终止 Syslab 程序（与 exit 函数等效）
Ctrl + l	清空命令行窗口
Ctrl+R	打开命令历史记录窗口
diary	将命令行窗口文本记录到日志文件中
exit	终止 Syslab 程序
gethostname	获取本地计算机的主机名
import	导入整个库或者库中的模块
iskeyword	确定输入是否为 Syslab 关键字
ty_format	设置命令行窗口输出显示格式
using	加载整个库或者库中的模块，并使其可直接使用
varinfo	展示模块中的变量及大小和类型
VersionNumber	将字符串解析为版本号
@show	显示表达式和结果，返回结果
@time	执行表达式的宏，打印执行所需的时间、分配数及其字节总数

为了更好地学习和使用输入命令 API，下面重点讲解 ans 命令的用法，并通过示例进行说明，如表 2-3 所示。其他输入命令 API 请参见附录 A 及同元软控提供的科学计算 API 参考文档。

2. 环境和设置 API

环境和设置 API 主要包括完成系统预设和设置的相关函数，如表 2-4 所示。

下面重点讲解 ispc 函数的用法，如表 2-5 所示，其他环境和设置 API 请参见附录 A 及同元软控提供的科学计算 API 参考文档。

表 2-3　ans 命令的用法

功能	在未指定输出参数的情况下，返回输出时创建的变量
说明	（1）ans 命令用于在未指定输出参数的情况下，返回输出时创建的变量。Julia 创建了 ans 变量，并用该变量存储输出。建议不要在脚本或函数中更改或使用 ans 的值，因为该值可能会经常变化 （2）ans 特定于当前工作区，基础工作区和每个函数工作区可以有自己的 ans 实例
示例	**1. 存储简单计算的结果** 在命令行窗口中执行简单计算，而不将结果赋给变量，Julia 将结果存储在 ans 中： 　　2 + 2 　　ans = 4 在命令行窗口中执行简单计算，并将结果赋给变量 result： 　　result = 4 + 4 　　result = 8 显示 result 的值，然后显示 ans 的值。Julia 显示 result 的值并返回输出，因此，ans 的值发生改变： 　　result 　　result = 8 　　ans 　　ans = 8 **2. 调用返回输出的函数** 假设有函数 testFunc，它返回输出但不指定输出变量： 　　function testFunc() 　　　　a = 75 　　end 调用 testFunc 函数，Julia 将返回的结果存储在 ans 中： 　　testFunc() 　　ans = 75

表 2-4　环境和设置 API

函数名	说明
ispc	确定版本是否适用于 Windows (PC)平台
pause	暂时停止执行 Syslab 命令
perl	使用操作系统可执行文件调用 Perl 脚本
system	执行操作系统命令并返回输出

表 2-5　ispc 函数的用法

功能	确定版本是否适用于 Windows (PC) 平台
说明	如果 Syslab 软件的版本适用于 Windows 平台，Sys. ispc 将返回 true；否则，将返回 false
示例	根据平台执行 Syslab 命令： 　　if Sys.isapple() 　　　　#Code to run on Apple platform 　　elseif Sys.isunix() 　　　　#Code to run on Unix platform 　　elseif Sys.ispc() 　　　　#Code to run on Windows platform 　　else 　　　　display("Platform not supported") 　　end

3. 数据导入导出和分析 API

数据导入导出和分析 API 包括数据导入和导出 API、描述性统计量 API、访问和处理文件集合及大型数据集 API、数据预处理 API 等。

（1）数据导入和导出 API 包括用于读取和写入数据的函数，如表 2-6 所示。

表 2-6　数据导入和导出 API

函数名	说明
read_serial_port	从串行端口设备中读取数据
write_serial_port	将数据写入串行端口设备

（2）描述性统计量 API 包括计算数组中最大的 k 个元素、数组中元素的中位数、数组中最小的 k 个元素、数组中出现次数最多的元素、数组的移动总和等函数，如表 2-7 所示。

表 2-7　描述性统计量 API

函数名	说明
maxk	计算数组中最大的 k 个元素
median	计算数组中元素的中位数
mink	数组中最小的 k 个元素
mode	计算数组中出现次数最多的元素
movsum	数组的计算移动总和

（3）访问和处理文件集合及大型数据集 API 中最重要的函数是 add，如表 2-8 所示。

表 2-8　访问和处理大型文件集合及大型数据集 API

函数名	说明
add	向 KeyValue 中添加单个键-值对组

（4）数据预处理 API 包括用于数据的清理、平滑处理和分组的函数，例如，用于填充缺失值、删除缺失条目、插入标准缺失值的函数，如表 2-9 所示。

表 2-9　数据预处理 API

函数名	说明
fillmissing	填充缺失值
rmmissing	删除缺失条目
standardizemissing	插入标准缺失值

2.3.2　数学 API

1. 初等数学 API

初等数学 API 包括算术运算函数（+、-、*、sum、…）、数学常量函数（inf、pi、…）、多项式运算函数（poly、roots、…）及特殊的数学函数（如 gamma 和 beta）等。

下面重点介绍算术运算函数。算术运算函数包括用于简单运算（如加法和乘法）的运算符，以及用于常见计算（如求总和、求累积、做乘法）的函数，如表 2-10 所示。

表 2-10 算术运算函数

函数名	说明
+	加法；添加数字，追加字符串
sum	数组元素总和
cumsum	累积和
-	减法
diff	差分和近似导数
.*	乘法
*	矩阵乘法
cumprod	累积乘积
pagemtimes	按页矩阵乘法
prod	数组元素的乘积
./	数组右除
.\	数组左除
^	矩阵幂
'	复共轭转置
transpose	转置向量或矩阵
pagetranspose	按页转置
pagectranspose	按页复共轭转置

2. 线性代数 API

Syslab 中的线性代数 API 提供快速且稳健的计算函数，其功能包括完成各种矩阵分解、线性方程求解、特征值或奇异值计算等。线性代数 API 如表 2-11 所示。

表 2-11 线性代数 API

函数名	说明
inv	矩阵求逆
pinv	求解 Moore-Penrose 伪逆
\	求解关于 x 的线性方程组 $Ax = B$
/	求解关于 x 的线性方程组 $xA = B$
linsolve	对线性方程组求解
lscov	存在已知协方差的最小二乘解
lsqnonneg	求解非负线性二乘问题
sylvester	求解关于 X 的 Sylvester 方程 $AX + XB = C$

3. 随机数生成 API

在 Syslab 中，随机数生成 API 包括用于创建伪随机数序列的 rand 和 randn 函数，以及用于创建随机置换整数向量的 randperm 函数等，如表 2-12 所示。

表 2-12 随机数生成 API

函数名	说明
mt19937ar	实现 mt19937ar 随机种子算法
rand	生成均匀分布的伪随机数
randi	生成均匀分布的伪随机整数
randn	生成服从标准正态分布的随机数
randg	生成服从标准高斯分布的随机数
randperm	生成随机排列的数，支持在 n 个数里面排序
bitrand	生成一个随机布尔值的位数组 BitArray
randpermk	生成随机排列的数，支持在 n 个数中寻找 k 个数并排序

2.3.3 图形 API

1. 二维图和三维图 API

二维图和三维图 API 用于以可视化形式显示数据。例如，用于比较多组数据、跟踪数据随时间所发生的更改或显示数据分布。二维图和三维图 API 包括 plot、plot3 等绘图函数，如表 2-13 所示。

表 2-13 二维图和三维图 API

函数名	说明
plot	用于绘制二维线图
plot3	用于绘制三维点图或三维线图
stairs	用于绘制阶梯图
errorbar	用于绘制含误差条的线图
ezplot	用于绘制函数曲线
area	用于在填充区中进行二维绘图

在比较数据集或跟踪数据随时间变化方面，线图是一个非常有用的工具。我们可以使用线性刻度或对数刻度在二维图或三维图中绘制数据线图。此外，我们还可以在特定区间上绘制表达式或函数的曲线。

2. 图形对象 API

图形对象是 Syslab 用来创建可视化数据的组件。图形对象绘图是指通过设置底层对象的属性自定义图形。每个对象在图形显示中都具有特定角色。例如，一个线图包含一个图窗对象、一个坐标区对象和一个图形线条对象。常用的图形对象 API 如表 2-14 所示。

表 2-14 图形对象 API

函数名	说明
get	查询图形对象属性
set	设置图形对象属性

2.3.4 App 构建 API

App 构建 API 定义了一系列在科学计算环境中安装、卸载、运行 App 的 Julia 函数，用于管理 App，如表 2-15 所示。

表 2-15 App 构建 API

函数名	说明
init_syslabapp	初始化 App 环境
AppInfo	App 模型定义
install	注册并安装 App
uninstall	卸载名称为 name 的 App
get_apps	查询用户注册的所有 App 列表信息
get_app	查询名称为 name 的 App 的信息
start	启动名称为 name 的 App
disable	禁用名称为 name 的 App
enable	启用名称为 name 的 App

2.4 系统建模仿真 API 及其技术架构

系统建模仿真 API 是 Sysplorer 供开发者和外部系统调用的标准接口。按照工作流分为模型文件操作、模型参数操作、模型属性获取、元素及属性判定、模型属性查找、编译仿真、结果查询、图形组件和系统配置共 9 类 API。系统建模仿真 API 组件视图如图 2-10 所示。

图 2-10 系统建模仿真 API 组件视图

在图 2-10 中，除图形组件 API 外，其他 8 类 API 均可在无界面情况下对模型进行操作、编译、仿真、数据后处理。

图形组件 API 为用户提供了模型可视化界面，包括显示模型视图、建模操作、仿真设置界面、后处理数据显示界面、曲线显示界面，用户可结合其他 API 搭建一个完整的、有界面的模型处理软件。

2.4.1 模型文件操作 API

模型文件操作 API 主要用于对模型文件进行新建、打开、加载、卸载等操作，如表 2-16 所示。

表 2-16　模型文件操作 API

函数名	说明
OpenFile	用于打开模型文件（mo,bmf,mef）
NewModel	新建模型文件
LoadMoLibrary	加载模型库（mo）
SaveModel	将修改内容保存到模型底层文件中
UnloadModel	卸载已加载或打开的模型

为了更好地学习模型文件操作 API，下面重点讲解 OpenFile 函数的用法，其他 API 的具体用法请参见附录 A 及同元软控提供的建模仿真 API 参考文档。

OpenFile 函数的语法格式如下：

```
/**
 *  @brief 打开模型文件(mo,bmf,mef)
 *  @param [in]   strFile   模型文件物理路径
 *  @return 模型是否打开成功
 */
bool MwMoHandler::OpenFile(const std::wstring& str_file);
```

OpenFile 函数的功能、说明、输入输出参数、示例如表 2-17 所示。

表 2-17　OpenFile 函数

功能	用于打开模型文件
说明	mo, bmf, mef 类型的模型，以及加密模型都应该使用该函数打开。调用该函数打开模型之前，需使用 LoadMoLibrary 加载相关依赖的模型库
输入参数	strFile 模型文件物理路径
输出参数	ture 或 false，表示模型是否打开成功

示例	MwClassManager* classMgr = new MwClassManager();
	classMgr->Initialize();
	QString str_file = "C:\\Users\\admin\\Documents\\MWORKS\\PID_Controller.mo";
	classMgr->GetMoHandler()->OpenFile(str_file.toStdWString());

2.4.2 模型参数操作 API

模型参数操作 API 主要用于获取、设置模型参数值，如表 2-18 所示。

表 2-18　模型参数操作 API

函数名	说明
GetParamValue	获取模型值
SetParamValue	设置模型参数值

2.4.3　模型属性获取 API

模型属性获取 API 主要用于获取模型内部相关属性，如获取模型的 key、模型或元素的全名和名称、模型所在文件路径、指定模型的注解或描述、文件中的顶层，以及模型的顶层父类等属性，如表 2-19 所示。

表 2-19　模型属性获取 API

函数名	说明
GetKeyByTypeName	根据模型的名称获取模型 key
GetFullnameProp	获取模型或元素的全名
GetNameProp	获取模型或元素的名称
GetFullFileName	获取模型所在文件路径
GetPropAsString	获取指定模型的注解或描述
GetTopClassInFile	获取文件中的顶层
GetTopClassInFileByKey	获取顶层父类

2.4.4　元素及属性判定 API

元素及属性判定 API 主要用于判定模型的类型，如模型是否为内置类型、package 类型和 model 类型，如表 2-20 所示。

表 2-20　元素及属性判定 API

函数名	说明
IsBuiltInType	判断模型是否是内置类型
IsPackageType	判断模型是否是 package 类型
IsModelType	判断模型是否是 model 类型

2.4.5　模型属性查找 API

模型属性查找 API 主要用于在模型中查找相关属性，如通过组件的全名查找组件类型 key、查找组件端口连接等，如表 2-21 所示。

表 2-21　模型属性查找 API

函数名	说明
LookupCompAndTypeEx	通过组件的全名查找组件类型 key
LookupConnectionsOfPort	查找端口连接

2.4.6 编译仿真 API

编译仿真 API 包括检查模型文本 API 和编译模型 API，如表 2-22 所示。

表 2-22 检查模型文本 API 和编译模型 API

函数名	说明
CheckModel	检查模型文本
CompileModel	编译模型

编译仿真 API 还包括仿真控制 API，用于控制仿真的开始、暂停、继续、单步执行、停止等，如表 2-23 所示。

表 2-23 仿真控制 API

函数名	说明
RebindSimData	绑定仿真数据
GetSimData	获取仿真数据
IsSimIdle	判断仿真是否停止
IsSimRunning	判断仿真是否运行
IsSimPausing	判断仿真是否暂停
IsSimStarting	判断仿真是否启动
IsSimLocked	判断仿真是否占用
StartSimulate	开始仿真
PauseSimulate	暂停仿真
ResumeSimulate	继续仿真
SimulateNextStep	仿真执行一步
StopSimulate	停止仿真
KillSimulate	立即终止仿真
SigBeforeSimStart	仿真启动信号
SigSimPaused	仿真暂停信号
SigSimStopped	仿真停止信号
SigSimResumed	仿真继续信号
SigSimTime	仿真时间点信号
SigSimLog	仿真日志信号
SigSimStep	仿真单步信号

2.4.7 结果查询 API

结果查询 API 主要用于查询所有变量的仿真结果数据，如应用仿真设置、获取根节点、初始化仿真实例、读取结果变量等，如表 2-24 所示。

表 2-24　结果查询 API

函数名	说明
SetExperimentData	应用仿真设置
GetVarTreeRoot	获取根节点
InitializeSimInst	初始化仿真实例
GetVarData	读取结果变量

2.4.8　图形组件 API

1. 模型视图管理 API

模型视图管理类 API 主要用于显示模型的图标视图、组件视图和文本视图，并提供模型编辑功能，如表 2-25 所示。

表 2-25　模型视图管理 API

函数名	说明
CloseMoWindow	关闭模型窗口
OpenMoWindow	打开模型窗口
CloseCurrentWindow	关闭当前窗口
CloseAllWindow	关闭所有窗口
SetMdiInterface	设置视图接口
SetClassDirty	设置脏标
GetCurrentClassKey	获取当前模型 key
SaveCurrentWindow	保存当前模型
SigUpdate	模型视图更新信号
SigClassDirtyChanged	脏标变化信号
SigAPPendClass	添加模型信号
SigRemoveClass	移除模型信号
SigReplaceClass	替换模型信号

2. 模型树数据 API

模型树数据 API 主要用于将内核的模型数据操作同步到界面模型中，并将模型设置到模型树界面 QTreeView 中使用，如表 2-26 所示。

表 2-26　模型树数据 API

函数名	说明
SetClassifyName	设置分类
APPendTopClass	增加顶层模型
GetTopItems	获取所有顶层节点
InsertClass	插入模型
RemoveClass	移除模型

3. 模型参数面板 API

模型参数面板 API 主要用于显示选中模型或组件参数，并且支持对各种类型的参数进行编辑，能够与中央视图进行联动，如表 2-27 所示。

表 2-27　模型参数面板 API

函数名	说明
GetParamEditMode	获取参数编辑模式
SlotUpdate	更新面板

4. 仿真曲线视图 API

仿真曲线视图 API 主要用于显示仿真变量曲线，如表 2-28 所示。

表 2-28　仿真曲线视图 API

函数名	说明
AddCurveToCurrentView	添加变量到曲线图
SigWindowClosed	窗口关闭信号

5. 模型仿真设置控件 API

模型仿真设置控件 API 主要用于获取、显示和修改模型仿真设置，例如，获取仿真设置 API 如表 2-29 所示。

表 2-29　获取仿真设置 API

函数名	说明
GetSimConfig	获取仿真设置

2.4.9　系统配置 API

系统配置 API 主要用于对软件或模型设置相关系统环境，如设置软件工作路径、设置编译器信息等，如表 2-30 所示。

表 2-30　系统配置 API

函数名	说明
SetWorkPath	设置软件工作路径
WorkPath	获取软件工作路径
SetSimResultPath	设置仿真结果路径
SimResultPath	获取仿真结果路径
SetCompileInfo	设置编译器信息
GetCompileInfo	获取编译器信息
SwitchSolverPlatform	切换求解器平台

2.4.10 名词解释

为了帮助用户更好地使用各种 API，并理解相关名词，本节将解释 API 描述或者说明中出现的名词。

利用 Modelica 标准库中的 PID_Controller 模型来对模型的 key、模型名称、模型全名、模型路径、模型描述等名词进行解释，示例模型如图 2-11 所示。

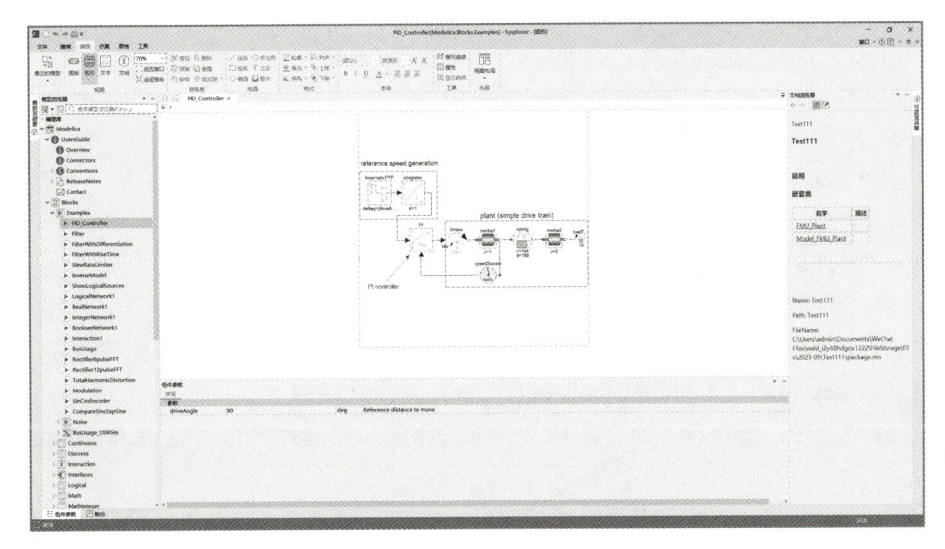

图 2-11　示例模型

（1）模型 key：模型的 ID，用于标识模型，每个模型都会对应一个 int 类型的 key。
- 软件从启动一直到关闭，模型的 key 都唯一且不变，可用模型 key 来定位模型、获取属性等；软件重新启动后，模型 key 与上次软件启动时的模型 key 不一致；
- PID_Controller 模型对应唯一的模型 key，也称主模型 key；
- 模型 key 可通过 GetKeyByTypeName 函数并传入模型全名进行查询。

（2）组件 key：模型内会存在组件，每个组件名称都对应唯一的组件 key。
- 例如，PID_Controller 模型有一个名为 PI 的组件，该组件会存在一个组件 key；
- 组件 key 可通过 GetKeyByTypeName 函数并传入组件全名进行查询。

（3）组件类型 key：组件是由另一个主模型声明而来的，所以每个组件会对应一个类型，该类型也会存在一个 key。
- 例如，名称为 PI 的组件，其类型为 Modelica.Blocks.Continuous.LimPID，该类型会对应一个 key，该 key 为 PI 组件的类型 key；
- 组件 key 可通过 GetKeyByTypeName 函数并传入组件对应的类型全名进行查询；
- 通过组件 key 查询的模型相关属性称为该组件所在模型的属性，通过组件类型 key 查询的相关属性称为该类型对应模型的相关属性。

（4）模型描述：对模型使用的描述；模型描述可通过 GetPropAsString 函数并传入模型 key 进行查询。

（5）组件描述：模型内组件对应的描述；组件描述可通过 GetPropAsString 函数并传入

组件 key 进行查询。

（6）模型全名：包含模型所在的类及模型本身名称，用"."分割。
- 例如，图 2-11 所示模型的全名为 Modelica.Blocks.Examples.PID_Controller；
- 模型全名可通过 GetFullnameProp 函数来查询。

（7）模型名称：
- 例如，PID_Controller 是模型名称；
- 模型名称可通过 GetNameProp 函数查询。

（8）组件全名：模型内组件的全名；
- 例如，组件 PI 的全名为 Modelica.Blocks.Examples.PID_Controller.PI；
- 组件全名可通过 GetFullnameProp 函数查询。

（9）组件名称：
- 例如，PI 是组件名称；
- 组件名称可通过 GetNameProp 函数查询。

（10）组件列表 key：模型内有多个组件，每个组件都有唯一的组件 key，所有的组件 key 形成一个列表，该列表具有组件列表 key，通过组件列表 key 可循环操作组件并获取相关属性；组件列表 key 可通过 LookupCompAndTypeEx 函数来查询。

（11）模型路径：是指模型所在本地文件夹的路径。模型路径可通过 GetFullFileName 函数查询；

用户可以在 Sysplorer 界面中查看模型属性，例如，在 PID_Controller 模型中的空白处单击鼠标右键，在弹出的菜单中选择"属性"选项，会弹出"模型属性"对话框，具体内容如图 2-12 所示。

在图 2-12 中，模型类别是 model，对应一个模型类别 key；模型名称是 PID_Controller；模型描述是…the usage of a Continuous.LimPID Controller；模型类型层次是 Modelica.Blocks.Examples；模型基类是 Modelica.Icons.Example，即 PID_Controller 继承于 Modelica.Icons.Example；模型文件（路径）是…\Library\Modelica 4.0\Modelica_Blocks\ packge.mo。

用户还可以选择其他相应的组件，单击鼠标右键，在弹出的菜单中选择"属性"选项，弹出该组件的"组件属性"对话框，具体内容如图 2-13 所示。

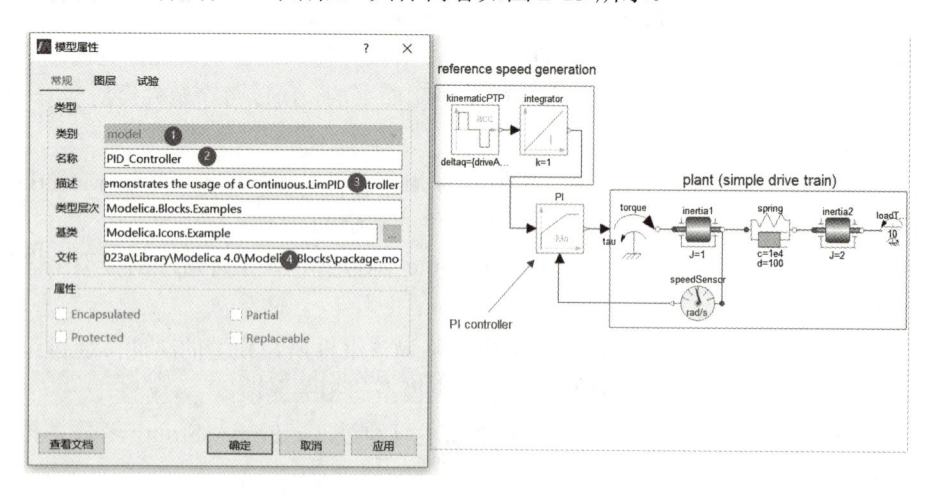

图 2-12 "模型属性"对话框

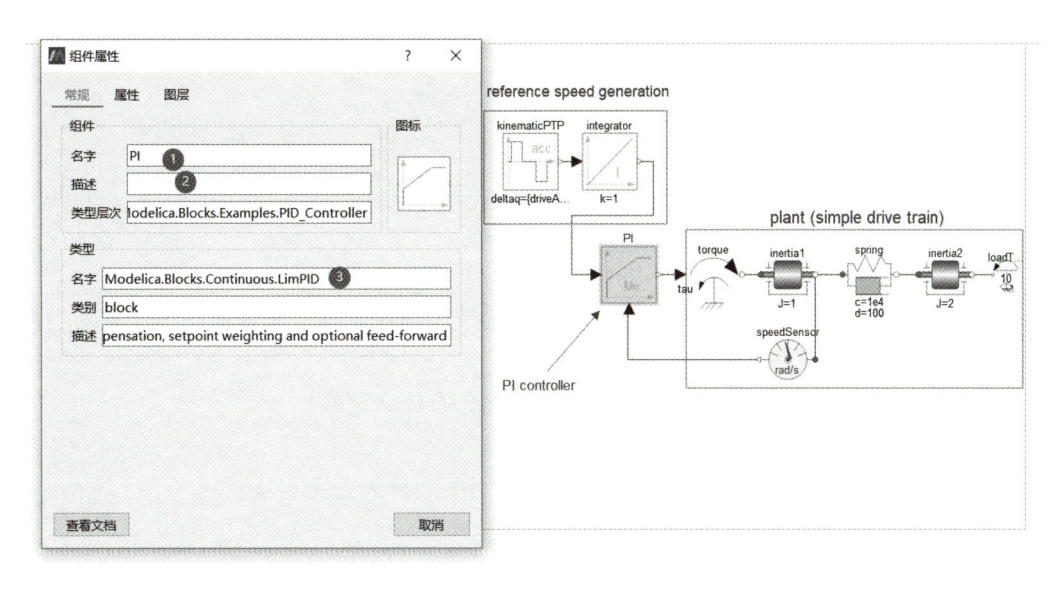

图 2-13 "组件属性"对话框

在图 2-13 中，组件名称是 PI；组件描述是空白的；组件类型层次是 Modelica.Blocks.Examples.PID_Controller；组件类型名字是 Modelica.Blocks.Continuous.LimPID；组件类别是 block；组件类型描述是…pensation, setpoint weighting and optional feed-forwar。

用户可以单击"组件浏览器"窗格查看模型内的所有组件，如图 2-14 所示。这些组件会有一个组件列表 key。在"组件浏览器"窗格中，PID_Controller 模型有 9 个组件，分别是 PI、inertia1、torque、spring、inertia2、kinematicPTP、integrator、speedSensor 和 loadTorque。

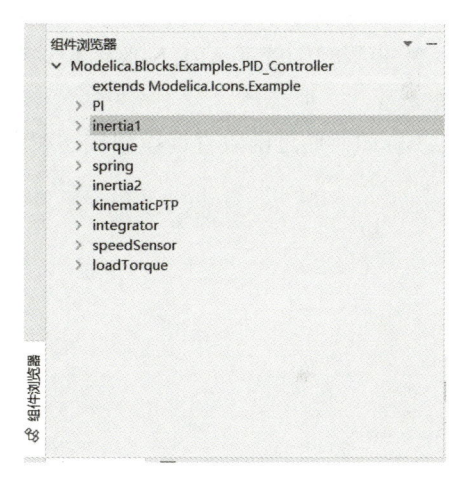

图 2-14 查看模型内的所有组件

本 章 小 结

本章介绍了 MWORKS 平台及其 API。MWORKS 是一个包括 Syslab、Sysplorer 和 Toolbox 等在内的系列产品，用于科学计算和系统建模仿真。MWORKS 平台采用分层架构，包括内核层、平台层和应用层，提供核心功能、外部系统接口和特定领域的应用。科学计算 API 主要包括基础 API、数学 API、图形 API，以及 App 构建 API 等，系统建模仿真 API 包括模型文件操作 API、模型参数操作 API、模型属性获取 API、元素及属性判定 API、模型属性查找 API、编译仿真 API、结果查询 API、图形组件 API 和系统配置 API 共 9 类 API，这些 API 为用户提供了丰富的操作和控制能力。通过本章的学习，读者可以了解 MWORKS 平台的特点和应用，以及如何利用 API 进行科学计算和系统建模仿真。

习 题 2

1. MWORKS 包括相关的_____、_____和_____，其中系列工具箱依赖_____和_____。

2. MWORKS 平台中的 Syslink 提供了_____、_____、_____、和_____功能，为系统研制提供基于模型的在线计算与仿真协同环境。

3. MWORKS 中的 Syslab Function 和 Syslab FMI 有什么区别？

4. Sysplorer 具有哪些功能特征？

5. MWORKS 平台的技术架构在最高抽象级别上划分为三个层次：_____、_____和_____。

6. 使用初等数学 API 进行一个操作：计算一个数组的累加和。

7. 使用模型文件操作 API 中的哪个函数可以打开模型文件？请简要说明其功能。

8. GetKeyByTypeName 函数和 GetFullnameProp 函数分别用于什么操作？

9. 模型视图管理 API 下都有哪些可调用的函数？请列举四个，并解释它们分别具有什么功能。

10. 如何通过函数查询模型描述和组件描述？

第 3 章
科学计算类工业 App 开发

在传统的工业 App 开发中，开发人员面临着极高的要求。他们需要掌握多种编程语言、理解计算机原理，并具备数据算法等方面的知识，以共同完成一个 App 的开发。然而这种开发方式也存在一些问题。

首先，开发人员需要学习和熟悉多种编程语言。每种语言都有其独特的语法和开发环境，这使得学习曲线较陡，并且开发人员需要投入大量时间和精力。此外，配置适当的开发环境也可能是一项挑战，因为不同语言可能需要不同的工具和设置。其次，传统的工业 App 开发要求开发人员具备广泛而深入的技术知识。他们需要熟悉计算机体系结构、操作系统原理和网络通信等基础知识，同时还需要了解数学算法和数据结构等领域的概念。这种技术广度和深度对开发人员的要求很高，需要开发人员不断学习和更新知识。

另外，传统工业 App 开发通常需要多个开发人员进行协作。然而，由于每个开发人员可能具有不同的技术背景和专业领域知识，沟通和协调变得困难。不同开发人员之间需要为了相互理解而付出额外的努力，以确保开发过程顺利进行。

为了解决上述问题，科学计算类工业 App 的开发方式可以有效地克服传统开发方式的局限性。这种方式使科学计算部分与软件开发部分相互独立，使软件开发者只需调用已有的函数库实现核心算法部分。

通过本章学习，读者可以了解（或掌握）：
- 科学计算类工业 App
- 科学计算类工业 App 的开发模式及开发流程
- 曲线拟合工业 App 开发实践

3.1 科学计算类工业 App

3.1.1 概述

科学计算是指利用计算机再现、预测和发展客观世界运动规律和演化特征的全过程。科学计算是指为解决科学和工程中的数据问题而利用计算机进行的数值计算。科学计算是一个基于数学和计算机科学的领域，旨在通过数值分析、模拟和算法设计解决科学与工程领域中的复杂问题。它结合了数学建模、数据处理和计算机编程等技术，用于研究和分析现实世界中的物理、化学、生物和工程等系统。

科学计算的主要目标是利用计算机的计算能力模拟和预测自然现象，优化设计，进行数据分析和决策支持。它涵盖了诸多领域，如数值方法、优化算法、统计分析、数据挖掘和机器学习等，为科学研究、工程设计和决策制定提供了强大的工具。

在科学计算中，研究人员和工程师利用数值模型和数学算法来描述和解决问题，并将其转化为计算机程序，通过运用高效的数值方法和优化算法，对复杂的数学模型进行求解和仿真，以获得系统的行为特征和性能预测。科学计算还涉及大规模数据处理和分析，帮助开发人员从实验数据、观测数据或模拟结果中提取有用的信息。

科学计算类工业 App 是指在工业领域中利用科学计算方法和技术来解决问题、优化流程或改进产品的工业 App。科学计算类工业 App 在科学研究、工程设计、数据分析等领域发挥重要作用，常见的科学计算类工业 App 有：数据分析与可视化 App、工程模拟与仿真 App、科学计算工具 App、数据科学与机器学习 App、科学教育与学习 App 五大类。

（1）数据分析与可视化 App 提供数据的导入、清洗、处理和分析等功能，可作为高质量的数据可视化工具。该类 App 可用于统计分析、趋势分析、图表绘制等任务，帮助用户从数据中发现模式、趋势和关联性。

（2）工程模拟与仿真 App 通过数值模拟和仿真技术，模拟和预测工程系统的行为，可用于系统优化设计、系统性能评估和系统行为预测。例如，电路设计 App 可以模拟电路的电压、电流分布，机械仿真 App 可以模拟结构的应力、变形等。

（3）科学计算工具 App 提供数值计算、优化算法、数学建模等工具，用于解决科学研究和工程中的数学问题。例如，线性代数 App 可用于求解线性方程组，微分方程 App 可用于求解微分方程，优化 App 可用于寻找最优解等。

（4）数据科学与机器学习 App 提供数据科学和机器学习的工具和算法，用于数据挖掘、模式识别和预测建模，以及用于分类、聚类、回归分析等任务，支持用户进行数据驱动的决策和预测。

（5）科学教育与学习 App 面向学生、教师和科学爱好者，提供交互式的科学计算和实验环境，用于学习数学、物理、化学等科学知识，以及进行实验模拟和可视化，着力培养用户的科学思维和解决问题的能力。

Syslab 是一款基于新一代高性能科学计算语言 Julia 的科学计算开发环境，提供交互式编程环境，可广泛应用于科学计算、数据分析、算法设计和机器学习等领域。MWORKS 提供了一个科学计算开发工具包 Syslab.SDK（Software Development Kit），可以帮助开发人员实现上述科学计算类 App。通过使用 Syslab.SDK，开发人员可以利用现有的科学计算资源和算法库，快速开发出专业水平且功能齐全的科学计算应用，广泛应用于科学研究、工程设计、数据分析等领域，为用户提供高效、准确的计算和分析工具。

Syslab.SDK 提供了一系列接口和工具，用于与科学计算函数库进行交互。开发人员可以使用这些接口导入数据、执行数值计算、优化和建模，以及数据分析和可视化。开发人员还可以利用科学计算的强大功能和算法，通过编程实现自定义的科学计算应用。

通过 Syslab.SDK，开发人员可以快速构建科学计算应用的核心功能，并集成其他相关的功能和界面。该工具包提供了丰富的文档和示例代码，以帮助开发人员快速上手并实现所需的功能。同时，Syslab.SDK 还支持跨平台开发，使得 App 可以在不同的设备和操作系统上运行，具有较强的可移植性。

3.1.2 技术特点和优势

Syslab 平台作为科学计算应用开发的基础环境，具有快速原型开发、丰富的计算函数库、便捷的库开发与管理等特点，下面将分别展开介绍。

（1）快速原型开发。Syslab 提供了丰富的内置函数和工具箱，可以快速地实现算法和模型的原型开发。开发人员可以利用 Syslab 的高级语法和交互式环境，迅速验证和调整应用的功能和性能。

（2）丰富的科学计算函数库。Syslab 提供数学、线性代数、矩阵与数组运算、插值、数值积分与微分方程、傅里叶变换与滤波、符号计算、曲线拟合、信号处理、通信等丰富的高质量、高性能科学计算函数。

（3）便捷的库开发与管理。Syslab 支持函数库的注册管理、依赖管理、安装卸载、版本切换，同时提供函数库开发规范，支持用户自定义函数库的开发与测试。

（4）与系统建模环境深度融合。Syslab 与系统建模环境 Sysplorer 之间实现了双向深度融合，优势互补，形成新一代科学计算与系统建模仿真平台。

（5）用户界面设计。Syslab 结合 Qt Designer 等工具，可以用于设计和构建友好的用户界面。开发人员可以通过拖放和自定义组件，快速创建交互式的用户界面，使得 App 易于使用和操作。

（6）与其他编程语言集成。Syslab 支持与其他编程语言（如 C/C++、Python）集成，可以通过 Julia API 与其他编程语言进行交互。开发人员可以利用 Syslab 的算法和分析功能，与用其他编程语言编写的 App 进行无缝集成。

（7）平台和操作系统的兼容性。Syslab 支持在多个平台和操作系统上运行，包括 Windows、Linux；Syslab 具有较强的灵活性和可移植性，支持工业 App 在不同平台和设备上广泛使用。

（8）提供应用部署工具。Syslab 可以将工业 App 打包成独立的可执行文件，方便部署和将工业 App 分享给其他用户，促使工业 App 的分发和使用更加便捷。

传统的工业 App 开发过程中存在一些挑战，具体如下：

（1）领域专业知识的转化。工程人员通常拥有深入的领域专业知识，但将这些知识转化为可编程的逻辑和算法是一个挑战；开发人员需要与工程人员进行密切合作和沟通，以确保正确理解专业知识。

（2）复杂性和难以理解性。工业 App 通常涉及复杂的工艺流程、控制逻辑和数据处理。将这些复杂性转化为可编程的代码需要开发人员具备较强的理解和分析能力。开发人员需要花费大量的时间和精力来理解工程人员提供的专业原理，并将其转化为可执行的软件逻辑。

（3）沟通成本的增加。由于领域知识和编程知识之间存在一定的鸿沟，工程人员和开发人员之间具有较高的沟通成本。工程人员需要详细解释专业原理和需求，而开发人员需要通过反复沟通和代码迭代来确保正确理解知识和实现原理。

（4）要求严格。开发工业 App 要求开发人员具备优秀的编程技能，且需要熟悉工业领域的特定要求和规范，并能够将其转化为高效和可靠的软件解决方案。开发人员还需要具备良好的分析和问题解决能力，以应对复杂的工业场景和需求。

科学计算类工业 App 通常以科学原理和数学模型为理论基础，具有较高的科学性，能够为工业决策提供可靠的依据。这些工业 App 具有许多特点和优势，使其在工业领域得到广泛应用。此外，这些工业 App 依赖于实时或历史数据，支持模型构建和验证，能够反映真实世界的变化和不确定性，从而为问题解决和优化提供坚实的基础。

科学计算类工业 App 还具有强大的可视化能力，能够将复杂的数据和分析结果以直观的方式呈现，帮助用户进行决策制定和问题理解。它们不仅适用于多个工业领域，如制造业、能源、医疗保健和环境保护，还可以与实时监测系统集成，支持工厂和生产线的自动化、实时反馈和决策支持。当然，要实现这些工业 App，通常需要整合多个技术领域，包括数值模拟、数据分析、传感技术和软件开发，以适应不同规模和需求的工业环境，保持其灵活性和可扩展性。这些特点和优势促使科学计算类工业 App 成为现代工业中不可或缺的工具，用于优化资源、提高效率、改进产品和保护环境。

采用科学计算类工业 App 开发方式可以有效地解决传统工业 App 开发过程中遇到的问题。该方式将专业知识函数库和编程开发相隔离，使工程人员能够专注于领域计算工作，而不需要深入了解编程细节。工程人员只需提供领域知识和原理，通过使用函数库进行科学计算的基本逻辑实现，便可以与开发人员协同完成一个工业 App 开发。

科学计算类工业 App 开发方式的优势在于：

（1）分工明确，提高效率。工程人员只需专注于领域知识，而无须具备深入的编程技能，还可以使用函数库提供的高级功能和算法，快速实现科学计算的逻辑。开发人员则负责 App 的整体架构、界面设计和与函数库的集成，从而提高开发效率。

（2）降低沟通成本。由于工程人员和开发人员的工作相互隔离，他们之间的沟通成本大大降低。工程人员无须详细解释编程细节，而开发人员也无须深入理解专业知识。这样可以减少沟通阻碍，提高合作效率。

（3）提高代码质量和可维护性。由于工程人员使用函数库进行科学计算的基本逻辑实现，这些函数库经过严格测试和验证，具有较高的代码质量和可靠性。开发人员则可以专注于 App 的整体架构和代码结构，保证代码的可维护性和扩展性。

（4）缩短 App 开发周期。通过将专业知识和编程开发相互隔离，开发团队可以并行工作，缩短应用开发周期。工程人员可以在函数库的支持下快速实现核心功能，而开发人员则可以同时进行界面设计和其他开发任务，从而加快整个开发过程。

例如，在开发曲线拟合工业 App 时，利用科学计算类工业 App 开发方式，开发人员无须关注拟合算法的具体实现方式。相反，开发人员可以通过调用已有的拟合函数库来完成开发工作。在开发过程中，开发人员可以专注于以下几方面：

- 参数传递：开发人员需要确定拟合函数库的参数要求，并将实际数据作为输入参数传递给拟合函数。这可能包括要拟合的曲线类型、拟合方法、输入数据等。
- 结果解析：开发人员需要确定函数库的返回值，以便正确解析拟合结果。这可能涉及拟合曲线的系数、拟合优度指标、拟合误差等。
- 可视化和用户界面：开发人员设计和实现用户界面，以便用户通过 App 输入数据、选择拟合参数，并可视化展示拟合结果。这包括绘制原始数据曲线和拟合曲线、显示拟合指标等。

通过调用已有的拟合函数库，工程人员可以直接利用函数库提供的高效算法和优化技术，而无须关注算法的具体实现细节。这种开发方式可以大大简化开发过程，并降低对开发人员的技术要求。同时，工程人员可以负责提供领域知识和原始数据，定义拟合的目标和要求。他们无须深入了解函数库的内部实现，只需要与开发人员进行沟通，传递所需的拟合参数和结果。这种协同工作方式可以提高开发效率，减少沟通成本，并确保开发出满足专业需求的曲线拟合工业 App。

3.1.3 应用示例

科学计算类工业 App 在多个领域实现了应用，下面将从制造、能源、医疗保健、环境保护，以及交通和物流五大领域分别论述。

（1）制造领域。在制造领域，科学计算类工业 App 可以利用数值模拟来预测产品的性能，优化设计和制造过程，减少产品开发周期和成本。例如，在航空领域，计算流体力学（CFD）模拟可用于改进机翼设计，以提高燃油效率和飞行性能。在汽车制造领域，数值模拟可用于碰撞测试和空气动力学分析，改进车辆安全性和燃油经济性。

（2）能源领域。能源领域也受益于科学计算类工业 App。例如，电力系统分析利用数学模型来预测电网的负载需求，以确保电力供应的稳定性。能源消耗预测则通过分析历史数据和建立模型，帮助能源公司更好地规划电力生产和分配，降低资源浪费。此外，可再生能源建模和优化可用于确定最佳的太阳能和风能发电机安装位置，最大限度地利用可再生能源。

（3）医疗保健领域。医疗保健领域也可利用科学计算类工业 App 来改善患者护理和进行药物研发。例如，通过数学建模，工作人员可以模拟疾病的传播和治疗效果，帮助医生制定更好的治疗方案。在药物研发过程中，分子模拟和虚拟筛选可用于加速新药物的发现和测试，从而减少开发时间和成本。

（4）环境保护领域。在环境保护领域，科学计算类工业 App 有助于监测和减少污染。例如，构建大气模型和水质模型，用于模拟空气污染物和水体污染物的传播，帮助环保部门进行决策制定。构建气候模型，用于预测气候变化趋势，帮助政府和企业采取减缓措施，以减少气候变化对地球的不利影响。

（5）交通和物流领域。在交通和物流领域，科学计算类工业 App 通过分析交通流量和货物运输路线，可提供实时的决策支持。例如，供应链优化 App 使用数学模型来协调供应链的不同环节，以降低库存成本，提高交付效率。

总之，科学计算类工业 App 在制造、能源、医疗保健、环境保护、交通和物流等领域可利用先进的数学模型和数据分析技术，改进流程、提高效率、降低成本，并为可持续性发展提供有力支持。这些工业 App 的范围和影响力持续扩大，对多个工业领域产生了积极的影响。

同元软控利用 Syslab 平台研发了四款工业 App，即滤波器设计工具、线性系统分析器、控制系统设计器和系统辨识，下面将分别进行介绍。

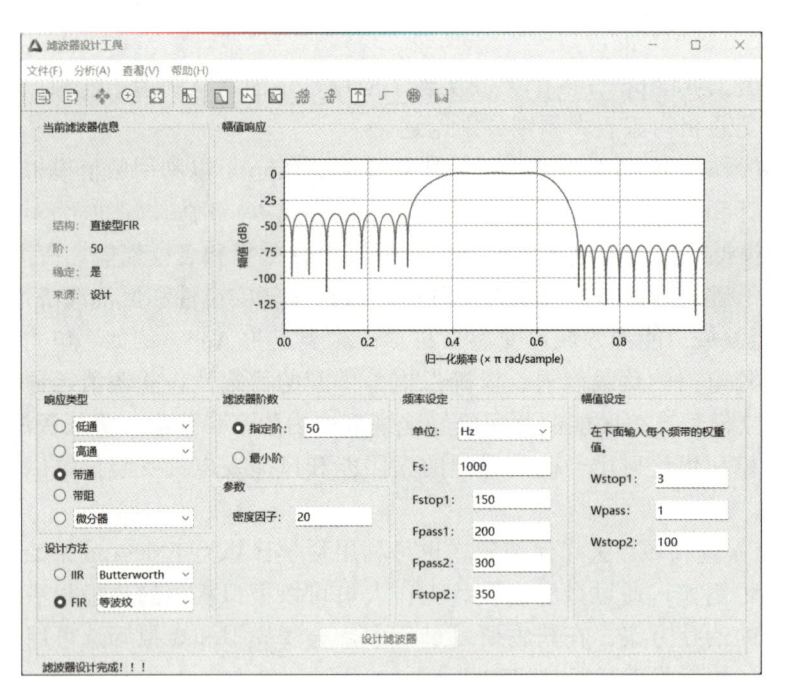

1. 滤波器设计工具

滤波器设计工具是一款基于同元软控 TySignalProcessing 和 TyDSPSystem 库开发的工业 App，主要用于设计和分析离散数字滤波器。滤波器设计工具还提供了用于分析滤波器的工具，如幅值和相位响应图及零极点图。滤波器设计工具主窗口如图 3-1 所示，其主要功能如下：

（1）选择滤波器响应类型和滤波器设计方法进行滤波器设计；
（2）查看各类滤波器响应；
（3）将滤波器系数导出至 Syslab 工作区，或导出为文本文件及 MAT 文件。

图 3-1　滤波器设计工具主窗口

2. 线性系统分析器

线性系统分析器用于支持分析和查看线性时不变系统（Linear Time Invariant，LTI）

的时域和频域响应。线性系统分析器主窗口如图 3-2 所示,其主要功能如下:
(1) 查看和比较 LTI 系统的响应;
(2) 将时域响应可视化,如阶跃响应、脉冲响应等;
(3) 将频域响应可视化,如波特图、奈奎斯特图、尼克尔斯图等;
(4) 获取系统关键响应特性指标,如上升时间、调整时间、稳定裕度等。

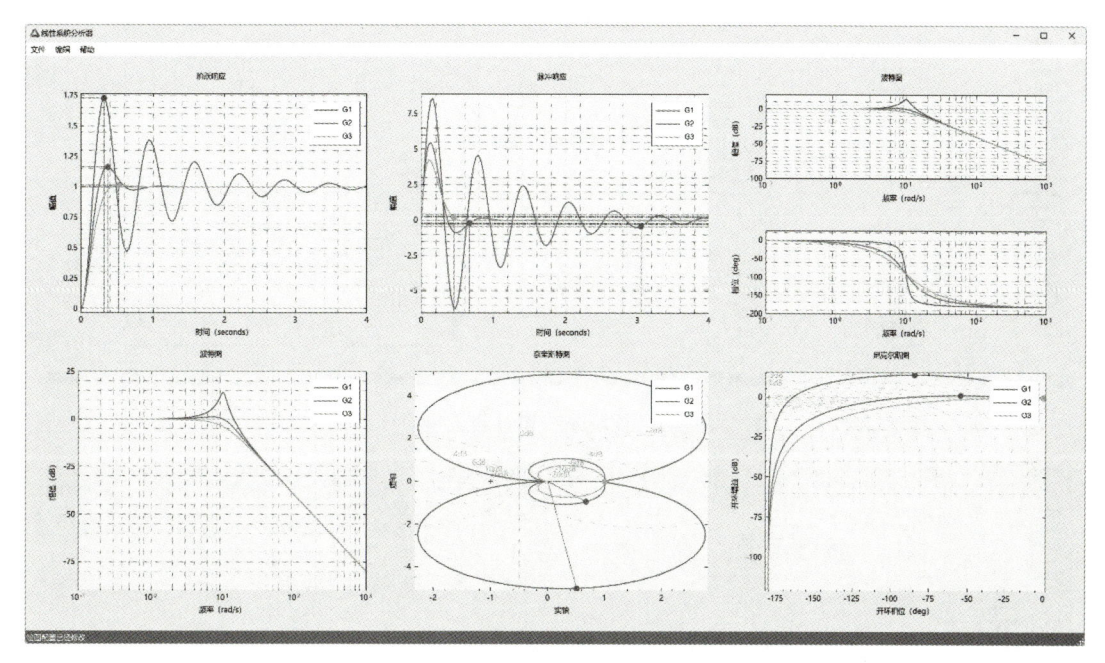

图 3-2　线性系统分析器主窗口

3. 控制系统设计器

控制系统设计器主要用于调整反馈控制系统的补偿器,其主窗口如图 3-3 所示。控制系统设计器主要功能如下:
(1) 定义时域、频域和极点/零点响应图的控制设计要求;
(2) 通过波特图和根轨迹等图形化方式调整极点和零点来优化补偿器,可视化闭环和开环响应,动态更新以显示控制系统性能。

4. 系统辨识

系统辨识支持根据测量的输入/输出数据来估计动态系统的模型,同时支持比较不同模型的响应。这些模型可以是线性模型,也可以是非线性模型。系统辨识主窗口如图 3-4 所示,其主要功能如下:
(1) 导入测量的输入/输出数据,支持对数据进行可视化和预处理;
(2) 利用数据估计系统模型,包括状态空间模型、传递函数模型和零极点增益模型;
(3) 分析与验证估计得到的模型;
(4) 将估计得到的模型导出至 Syslab 工作区,或利用控制系统工具箱的线性系统分析器进行进一步分析。

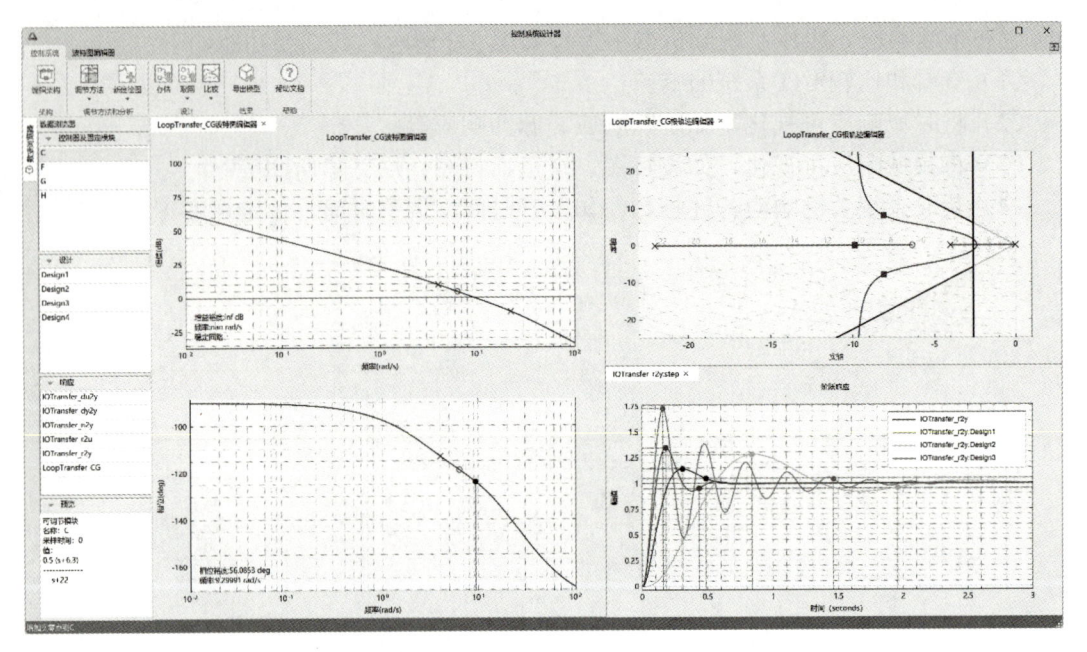

图 3-3 控制系统设计器主窗口

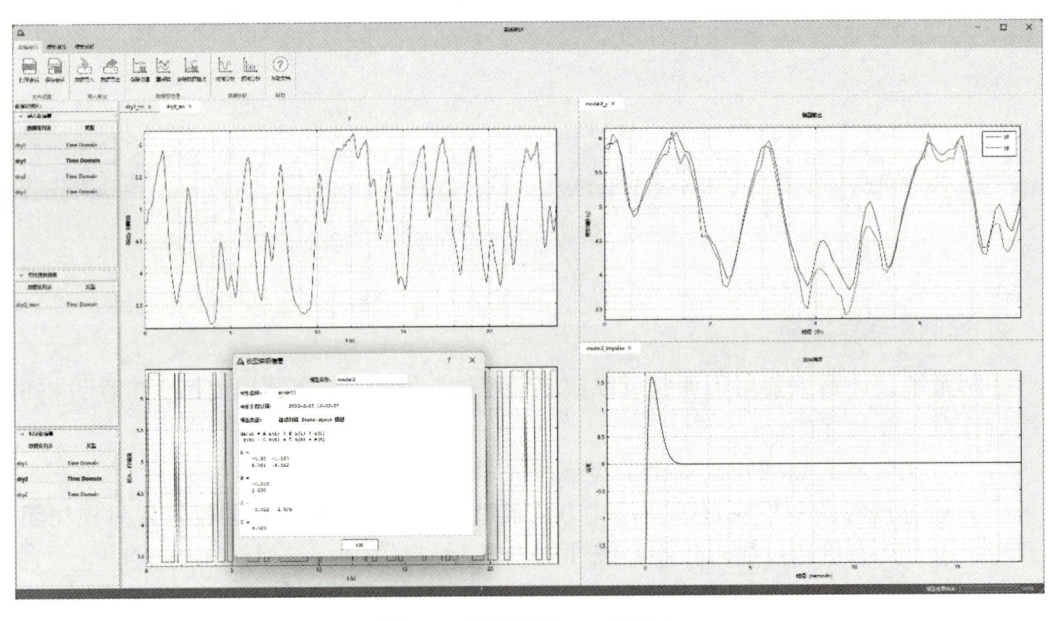

图 3-4 系统辨识 App 主窗口

3.2 科学计算类工业 App 的开发模式及开发流程

3.2.1 App 运行架构

科学计算类工业 App 是具有交互界面的 App，提供面向特定场景的专业应用，如控制系统设计与分析工业 App。科学计算类工业 App 通常依赖函数库或模型库，具备图形用户界面（GUI），提供交互入口，通过专业算法调用底层函数。科学计算类工业 App 作为专业工具，需要在 Syslab 平台的基础计算能力上，构建面向特定应用的专业计算能力。

SDK 是指由 MWORKS 内核模块及其服务组件构成的应用开发工具包，是一系列程序接口、帮助文档、开发范例、实用工具的集合。其中，MWORKS 内核模块包括 Modelica 编译器、分析器、代码生成器和求解器，服务组件包括基于内核模块构建的原子操作接口和组合接口。

科学计算类工业 App 运行过程中，通过 App SDK 与 Syslab 平台交互。Syslab 平台提供了多种 App SDK，支持利用多种图形应用开发平台（PyQt、C++/Qt、JavaScript 等）开发 App，包括 Python SDK、C++ SDK、JavaScript SDK。

App SDK 提供了通信 API，用于实现 App 与 Syslab 平台之间的数据交互和功能调用，包括 App 从 Syslab 工作区中获取数据，App 将数据写入 Syslab 工作区，App 调用 Syslab 执行科学计算等。科学计算类工业 App 组件关系如图 3-5 所示。

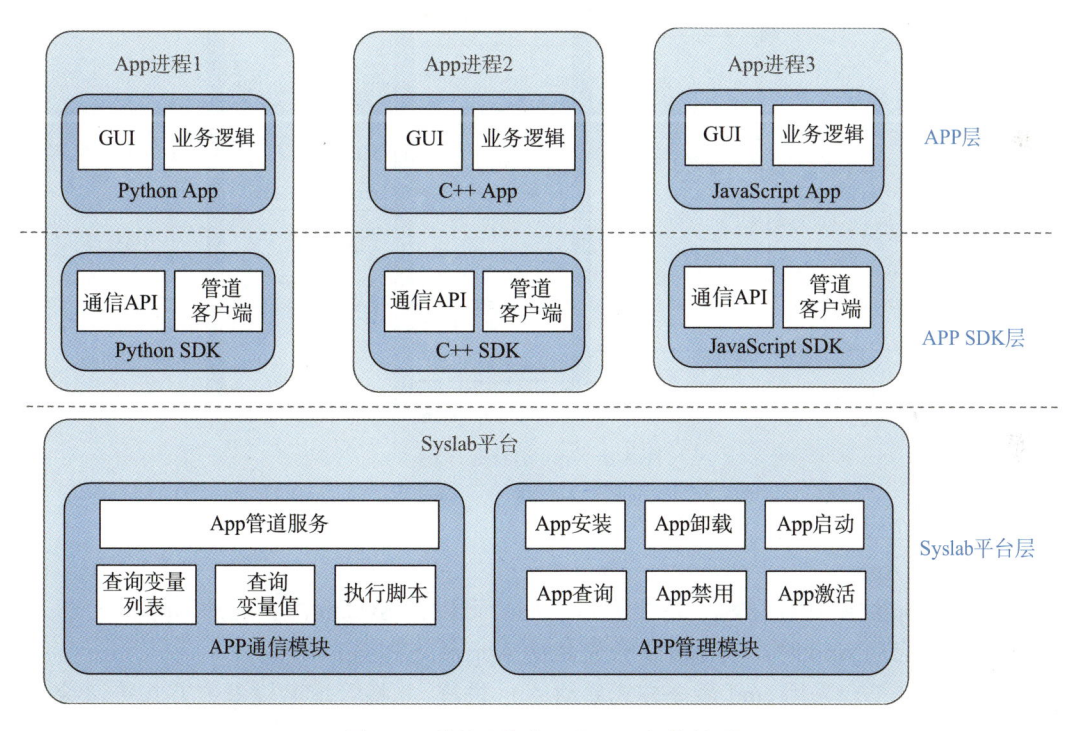

图 3-5 科学计算类工业 App 组件关系

科学计算类工业 App 组件关系由上到下共分为三层，即 App 层、App SDK 层和 Syslab 平台层。

（1）App 层。App 层负责开发图形用户界面和 App 的业务逻辑。用户可以使用主流的图形应用开发平台（PyQt、C++/Qt、JavaScript 等）开发 App，并使用 App SDK 实现与 Syslab 平台的集成和通信。

（2）App SDK 层。App SDK 层负责 App 与 Syslab 平台之间的通信，实现了进程间通信的管道客户端，并提供了通信 API。Syslab 提供多款 App SDK，包括 Python SDK、C++

SDK、JavaScript SDK 等，便于用户快速开发。

（3）Syslab 平台层。Syslab 层包含 App 通信与 App 管理两个模块。App 通信模块提供了 App 管道服务，提供了查询变量、执行脚本等服务功能。App 管理模块提供了 App 的注册安装、卸载、启动、查询、禁用、激活等相关功能，实现 App 的全生命周期管理。

下面通过介绍 App 运行时序图的形式来介绍 App 的运行全过程。App 运行时序图如图 3-6 所示。

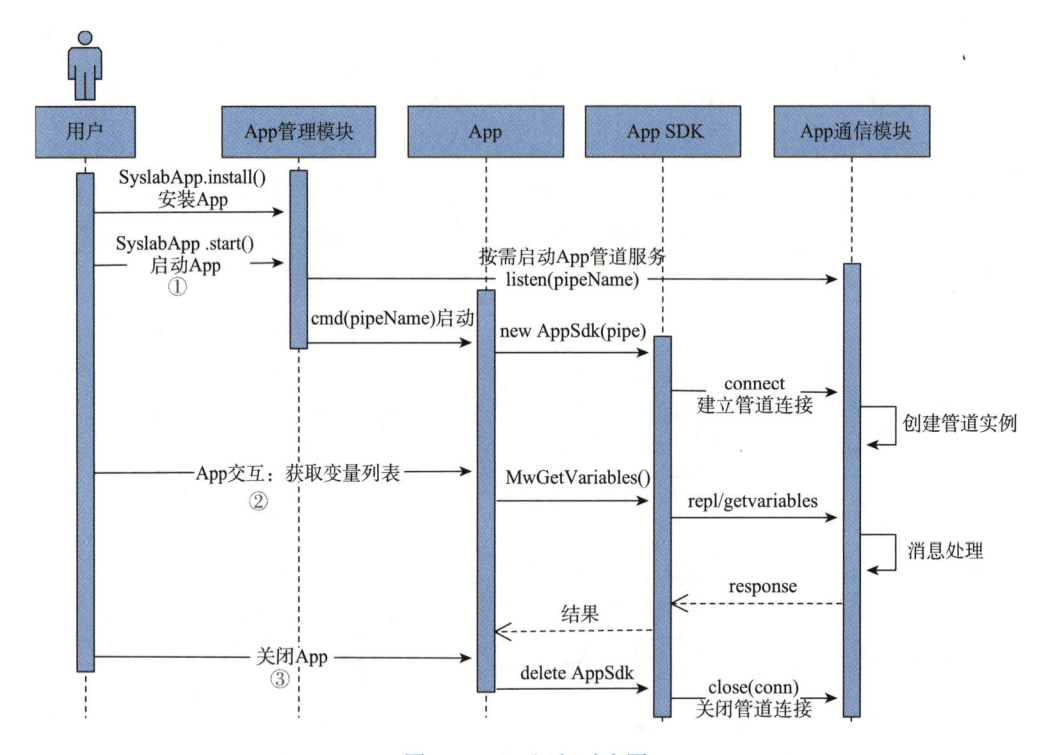

图 3-6 App 运行时序图

App 运行全过程主要包含以下 3 个步骤：

（1）启动 App。
- 将 App 注册安装到 Syslab 平台后，用户可以在 Syslab 平台启动 App；
- 用户启动 App 时，Syslab 平台先启动 App 管道服务；
- Syslab 平台采用 cmd 命令方式启动 App 进程，并将管道名以参数方式传递给 App 进程，如 cmd(pipeName)；
- App 调用 App SDK 在 App 进程内启动 App 管道客户端，与 Syslab 建立管道连接。

（2）App 交互。
- 用户在 App 的图形界面上操作，以获取 Syslab 变量列表为例，App 调用 App SDK 中的获取变量列表 API：MwGetVariables()；
- App SDK 向 Syslab 平台发送消息 repl/getvariables；
- Syslab 平台处理消息后，将结果发送给 App SDK；
- App 获取到结果后，在图形界面中将变量列表展示给用户。

（3）关闭 App。
- 用户关闭 App；
- App 删除 App SDK 实例；
- App SDK 向 Syslab 平台发送 App 关闭的通知，Syslab 关闭管道连接，同时关闭其他通信输入/输出（I/O）资源。

3.2.2 App 生命周期

科学计算类工业 App 遵循软件开发的生命周期，可实现完整、高效的应用开发。软件开发的生命周期包括需求分析、方案设计、技术选型、开发实现、测试验证和应用改进 6 个主要阶段，如图 3-7 所示。

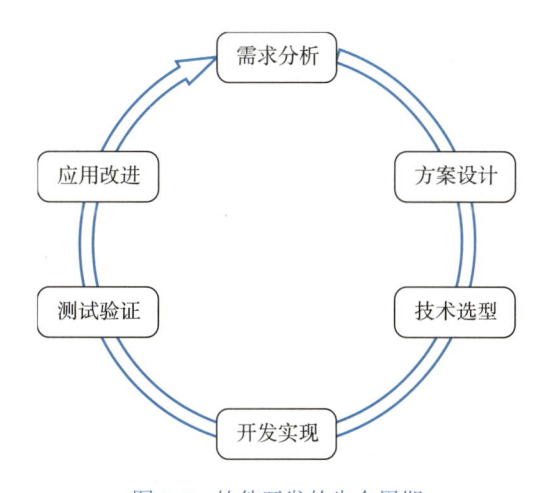

图 3-7 软件开发的生命周期

1. 第 1 阶段：需求分析

需求分析阶段旨在理解用户的需求和期望，确定软件系统的功能和特性。开发团队与用户和利益相关者进行沟通，收集和分析需求，以便明确软件开发的目标和范围。科学计算类工业 App 开发，需要将科学计算相关需求结合起来，从以下 7 个方面考虑：

（1）功能需求。确定所需的科学计算功能，如数值计算、优化算法、数据分析等；界定所需的数学模型和算法，包括线性代数、微分方程、统计分析等；确定数据处理和可视化功能，如数据导入、清洗、图表绘制等；确定用户界面和交互功能，使用户能够输入参数、运行计算、查看结果等。

（2）平台和兼容性需求。确定目标平台，如桌面操作系统环境（Windows、Linux）；考虑不同操作系统和设备的兼容性要求，确保 App 在各种环境下正常运行。

（3）性能需求。确定计算速度、精度和可扩展性等要求，确保 App 能够高效地处理大规模计算任务；考虑资源利用和优化，以提高计算效率并减少能耗。

（4）数据安全和隐私需求。确定数据保护需求，包括数据传输、存储和访问控制等方面；遵循相关的数据保护法律法规，并采取适当的安全措施，确保用户数据的安全性和隐私性。

（5）用户体验需求。考虑用户友好的界面设计和交互方式，使用户能够轻松使用 App 并完成科学计算任务；考虑多语言支持、主题定制等功能，以适应不同用户的需求和偏好。

（6）可维护性和扩展性需求。考虑 App 的可维护性，包括代码结构、文档、测试和错误处理等方面；考虑 App 的扩展性，使其能够容易地增加新的功能和模块。

（7）需求优先级和里程碑。确定需求的优先级，以便在开发过程中进行合理的任务安排和优先级管理；制定里程碑和里程碑交付物，以监控开发进度和达成重要目标。

上述 7 个方面是常见的需求分析内容，具体的需求分析应根据项目的情况进行调整和补充。需求分析是一个迭代的过程，需要与利益相关者进行充分的沟通和反馈，以确保开发出满足实际需求的科学计算类工业 App。

需求分析在任何软件项目中都是至关重要的阶段，一般初级的开发人员经常会忽略此阶段。需求分析是软件开发的基石，因为它确定了整个项目的方向和目标，这个阶段的主要目的是确保开发团队和利益相关者充分理解软件的期望功能、性能和特性。需求分析之所以至关重要，有以下 5 个重要原因：

（1）明确目标：需求分析有助于开发人员明确项目的范围和目标。它将抽象的概念转化为可执行的任务和功能，为项目提供了清晰的方向。

（2）减少风险：通过详细的需求分析，开发人员可以在项目早期发现和解决潜在的问题和矛盾，这有助于减少软件后期开发中的错误和成本。

（3）提高用户满意度：需求分析确保开发团队充分理解用户的期望，从而提高了最终软件的质量，满足用户需求，提高用户满意度。

（4）有效管理项目资源：明确的需求分析有助于开发人员有效地规划项目资源，包括时间、人员和预算。这样可以避免浪费和延误。

（5）进行变更和管理：需求分析为项目中的任何后续更改提供了坚实的基础。它确保了更改的影响被全面评估，以避免破坏原有的设计和功能。

综上所述，需求分析是软件开发项目成功的关键因素之一。它有助于明确目标、减少风险、提高用户满意度、有效管理项目资源、进行变更和管理。没有明确的需求分析，软件项目容易陷入混乱，导致不必要的问题和成本增加。因此，需求分析是软件项目生命周期中不可或缺的一环。

2. 第 2 阶段：方案设计

根据需求分析的结果，设计软件系统的架构和各个组件之间的关系。方案设计阶段是科学计算应用开发过程中的关键阶段，它涉及对 App 的架构、界面设计、功能定义等方面进行详细说明。以下是方案设计阶段的一些详细说明，以帮助开发团队更好地设计科学计算类工业 App。

（1）架构设计。确定 App 的整体架构，包括所需使用的科学计算函数库，若缺少所需函数库，则需开发扩展函数库；考虑使用模块化、分层和可扩展的设计，以便独立开发和维护不同功能和组件；考虑采用 MVC（模型-视图-控制器）或 MVVM（模型-视图-视图模型）等架构模式，以实现良好的代码结构和可维护性。

（2）界面设计。根据目标用户和使用场景，设计直观、简洁和易用的用户界面；考虑使用可视化图表、图形界面和交互元素，以便用户能够直观地输入参数、查看结果和操作 App；考虑使用适应性布局和响应式设计，使得界面在不同设备和屏幕尺寸上都能正常显示。

（3）功能定义。根据需求分析阶段确定的功能需求，详细定义每个功能的具体实现方式和交互逻辑；确定各个功能模块之间的依赖关系和数据流动，确保功能模块之间的协调和一致性；考虑功能的可配置性和可定制性，使用户能够根据自己的需求和偏好进行个性化设置。

（4）数据处理与算法选择。确定如何处理输入数据和输出结果，包括数据格式、数据验证和处理流程等；根据科学计算的需求，选择合适的数学模型、算法和库，以实现所需的计算功能；考虑性能优化和高效计算，适当采取并行计算、缓存策略和算法改进等措施。

（5）用户体验设计。考虑用户的使用场景和目标，设计流畅、直观和符合用户习惯的操作方式；进行用户测试和反馈，以不断改进和优化用户体验；考虑提供帮助文档、教程和提示，以帮助用户更好地理解和使用 App。

（6）安全性和稳定性设计。考虑数据安全和隐私保护的措施，包括进行数据加密、访问控制和权限管理等；考虑进行充分测试和验证，确保 App 的稳定性和可靠性；考虑进行错误处理和异常情况处理的方式，以提供良好的用户体验和应对不可预见的情况。

在方案设计阶段，开发团队应该与利益相关者进行紧密的合作，收集反馈和建议，并根据实际情况进行迭代设计。方案设计阶段的输出是一份详细的设计文档，其中包括系统架构图、界面原型、功能说明等，以指导开发团队进行后续的开发工作。

3. 第 3 阶段：技术选型

针对开发实现、测试验证等后续步骤进行技术选择，主要包括开发语言、开发工具、测试框架等的选择，在通信、信息、数据拟合等领域中可以选择 Julia 语言。针对科学计算的工业 App 开发，建议使用 C++和 Qt 编程语言进行界面开发，开发工具一般使用 Microsoft Visual Studio 2017，也可以使用 Qt Creator。

4. 第 4 阶段：开发实现

根据方案设计阶段的规划，开发团队选定编程语言和工具，编写代码，实现系统的各个功能模块。开发实现阶段的详细流程可以帮助开发团队顺利完成科学计算工业 App 的开发，具体开发实现流程主要分为两个步骤：第一，在开发前确认所需的函数库是否已经存在，若函数库已存在，则直接进行工业 App 开发；若函数库不存在，则需要先开发科学计算函数库；第二，开发科学计算类工业 App。

科学计算类工业 App 开发流程如图 3-8 所示。

在图 3-8 中，开发科学计算函数库主要使用 Julia 语言和 Syslab 平台，主要开发流程如下：

（1）定义库的目标和功能：明确所需开发的函数库的

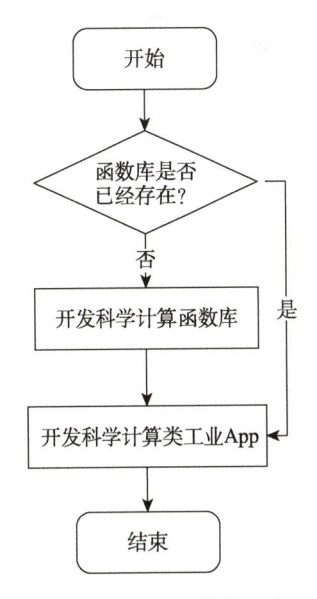

图 3-8 科学计算类工业 App 开发流程

目标和功能；确定库的用途、所要解决的问题，以及需要提供的特性和功能。

（2）确定库的依赖：确定所需函数库是否依赖其他库或模块。若存在依赖库，需要将它们添加到项目的依赖项中，并确保函数库可以正确地调用它们。

（3）创建项目结构：在项目目录中创建相关的文件和文件夹，包括源代码文件夹、测试文件夹、文档文件夹和示例文件夹等。

（4）编写函数库代码：根据库的功能和目标，编写函数库的代码。采用 Julia 语言编写函数、结构体、模块等，并将它们组织成相应的层次结构；确保代码的可读性、可维护性。

（5）编写单元测试代码：针对函数库编写单元测试代码，以验证函数的正确性和预期行为。采用 Julia 语言的测试框架（如 Test 模块）编写测试用例，并确保完成对核心功能的全面测试。

（6）添加文档：针对函数库编写文档，提供函数和类型的说明、使用示例、参数说明和返回值描述等文档，便于其他用户理解和使用。建议使用 Julia 的文档生成工具（如 Documenter.jl）生成文档。

（7）构建和发布：使用相应的构建工具（如 Pkg）构建函数库，并确保它可以在其他项目中使用。将函数库发布到相应的包管理器（如 Julia 的官方包管理器）或版本控制系统中，便于其他用户安装和使用。

开发科学计算函数库详细步骤可参照 Syslab 帮助手册。

为了更简单地理解科学计算类工业 App 开发实现阶段，我们结合使用 Qt Creator（创建界面）和 Syslab.SDK（调用函数库），总结了该阶段的核心流程，具体内容如下：

（1）确定应用需求和功能：明确所要开发的科学计算类工业 App 的功能和需求，包括科学计算的基本逻辑、界面设计和与 Syslab 进行数据通信的需求等。

（2）设计应用界面：使用 Qt Creator 创建应用界面；通过拖动和放置控件、设置布局等方式设计用户界面；考虑用户友好性和易用性，使界面与应用的功能相匹配。

（3）集成 Syslab.SDK：将 Syslab.SDK 集成到科学计算类工业 App 中。根据 Syslab.SDK 提供的文档和示例，掌握如何调用函数库进行科学计算，以及如何使用 Syslab.SDK 提供的数据通信接口与 Syslab 进行数据交互。

（4）实现科学计算逻辑：根据科学计算类工业 App 的需求和功能，实现科学计算的逻辑。使用 Syslab.SDK 提供的函数库进行数值计算、数据处理等操作，并根据需要进行结果展示和可视化。

（5）实现与 Syslab 的数据通信：利用 Syslab.SDK 提供的接口，实现与 Syslab 之间的数据通信。可以根据需求进行数据的传输、同步、异步通知等操作，确保应用能够与 Syslab 进行数据交互和协作。

科学计算类工业 App 开发实现详细步骤可以参考 Qt Creator 和 Syslab.SDK 的文档和示例，根据项目具体需求进行相应的配置和开发。

5. 第 5 阶段：测试验证

针对开发的科学计算类工业 App 进行系统测试和验证，以确保其功能的正确性和质量，包括单元测试、集成测试、系统测试和验收测试等。

6. 第 6 阶段：应用改进

在科学计算类工业 App 开发完成并通过测试后，将其部署到目标环境中，以供最终用户使用。该阶段包括安装、配置、培训用户等活动。在使用工业 App 过程中，用户会逐步提出改进建议，开发人员会从软件的易用性、稳定性等方面对工业 App 进行迭代升级与优化。

3.2.3 App 开发案例

下面将通过一个 App 开发案例详细介绍科学计算类工业 App 开发的具体工作，重点介绍函数库构建过程。

下面介绍开发一个简单的 Juila 函数库 MyExample 的案例。该案例编写函数模拟实现勾股定理，并使用该函数计算给定直角三角形的斜边长。

1. 第 1 步：函数库构建

开发人员主要基于 Julia 语言开发函数库，函数库中共编写了 3 个函数：greet、domath、pythagoras，本案例分别展示用不同方法对函数库进行开发，并演示如何为函数添加帮助说明，如何编写一个函数的项目文件。相关代码详见本书配套资源包中的 MYEXAMPLE。

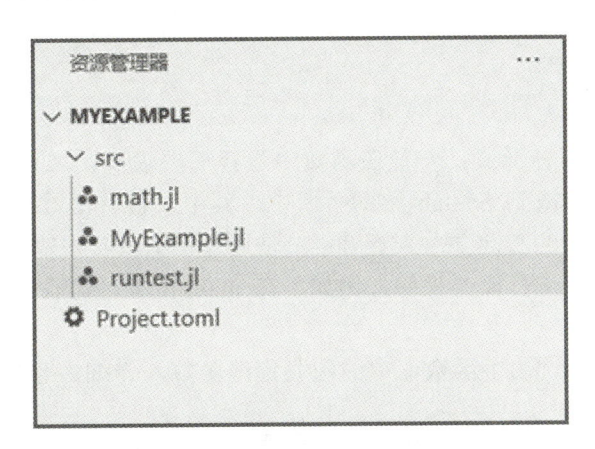

MyExample 函数库结构如图 3-9 所示。

图 3-9 MyExample 函数库结构

MyExample 函数库包括 MyExample.jl、math.jl、runtest.jl 和 Project.toml 共 4 个文件，其中：

- MyExample.jl 是函数库入口文件，该文件用于引入本库中的所有函数；
- math.jl 提供了一个勾股定理函数，并提供帮助注释；
- runtest.jl 是测试文件，用于调用函数库中的函数；
- Project.toml 是库的项目文件，用于记录函数库相关信息；

下面将分别介绍上述四个文件。

（1）MyExample.jl 为函数库入口文件。MyExample 包中添加了 greet、domath 和 pythagoras 函数，并引入 math.jl 中的函数，如下所示。

```
module MyExample

export greet, domath, pythagoras
greet() = print("Hello World!")

"""
domath(x::Number)
Return `x + 5`.
"""
domath(x::Number) = x + 5
include("math.jl")
end # module
```

（2）math.jl 文件中编写了一个实现勾股定理的函数，部分关键代码如下：

```
"""
    pythagoras(a,b)
勾股定理，英文名为 Pythagoras，也称为毕达哥拉斯定理。
在平面上的一个直角三角形中，两个直角边边长的平方加起来等于斜边长的平方。
如果设直角三角形的两条直角边长度分别是`a`和`b`，斜边长度是`c`，那么数学公式为：
``{\\rm{c = }}\\sqrt {{a^2} + {b^2}} ``
返回斜边长`c`
"""
function pythagoras(a, b)
    c = sqrt(a^2 + b^2)
end
```

函数帮助主要有两种形式：一是在函数中进行简要说明；二是写入帮助手册，需要用户手工编写说明并集成到 Syslab 帮助手册中。其中，查看函数帮助也有两种方法：一是通过开发库面板提供的右键菜单来查看；二是通过在 REPL 中输入"?函数名"来查看。

本案例中在函数中进行简要说明，例如，在 math.jl 中对勾股定理函数进行了简要说明，如图 3-10 所示。

（3）runtest.jl 文件调用了函数库中的勾股定理函数，详细内容如下：

```
using Test
using MyExample

@testset "math" begin
    @testset "计算勾股定理" begin
        ans = pythagoras(3, 2)
        @test all(abs.(ans - 3.605551275463989) < 1e-10)
    end
end
```

（4）Project.toml 文件是 MyExample 包的项目文件，用于记录函数库的相关信息，其内容解释如下。

- name：包的名称；

- uuid：包的唯一标识；
- authors：包的作者，书写规则为"[NAME <EMAIL>, NAME <EMAIL>]"；
- version：包的版本。必须遵守 SemVer 语义化版本。

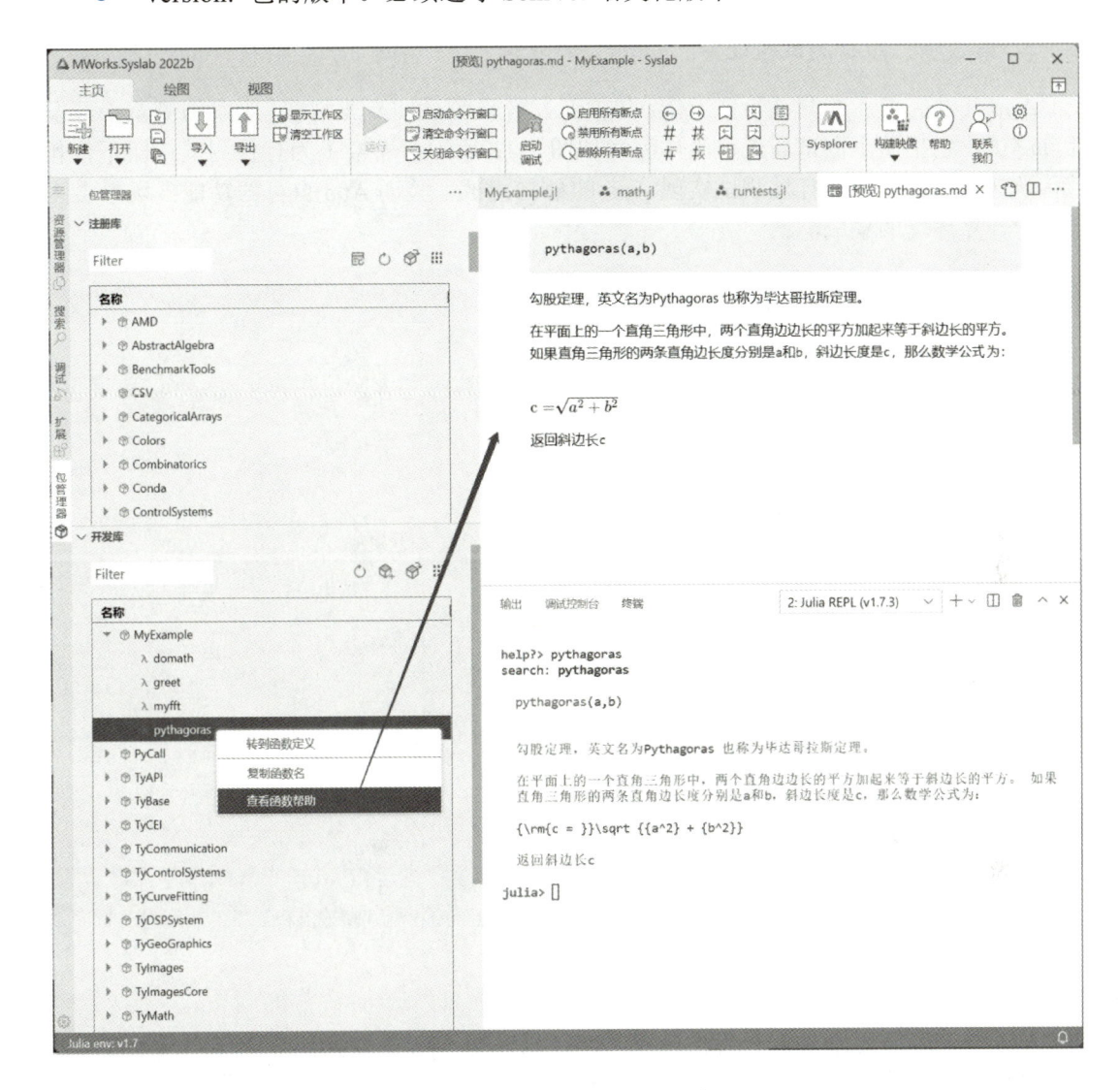

图 3-10　查看函数帮助

Project.toml 文件详细内容如下：

```
name = "MyExample"
uuid = "ee4926cd-0e13-4d01-ab5a-2b1175775046"
authors = ["TongYuan <syslab@tongyuan.cc>"]
version = "0.1.0"
```

2. 第 2 步：App 开发

用户可以利用多种主流的图形应用开发平台开发 App。App 开发具体过程包括搭建开发环境、集成 App SDK、开发 GUI 界面、开发业务逻辑、开发读写 Syslab 变量、开发调用 Syslab 函数，从而实现与科学计算环境的数据交互，调用科学计算环境的函数和算法。App 开发流程如图 3-11 所示。

3. 第 3 步：App 测试验证

App 开发完成后的测试验证工作，包括开发者自测试和专业测试。本案例侧重于开发者自测试，包括两个测试场景，具体流程如图 3-12 所示。场景 1 为打桩测试，即不依赖于科学计算环境，通过打桩测试实现 App 的独立测试，验证 App 自身的功能；场景 2 为与科学计算环境的集成测试。

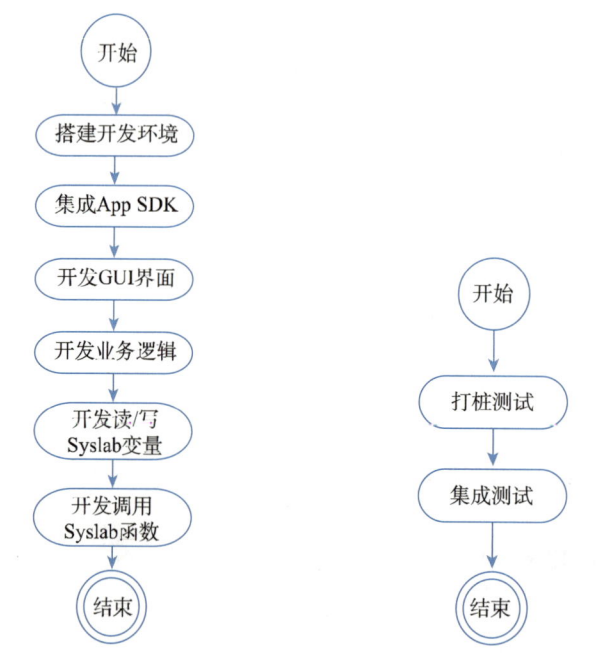

图 3-11　App 开发流程　　图 3-12　App 测试验证流程

4. 第 4 步：App 打包

App 打包遵循具体 App 开发环境要求，打包好的 App 需要独立可运行，无须再另外安装软件或执行其他的操作。

5. 第 5 步：App 安装与运行

App 打包好后，将 App 安装和集成到科学计算环境中，实现 App 可查询、可运行、可管理。App 安装和卸载都在 Syslab 中操作，App 安装成功后才能在 Syslab 平台中查询到 App 信息，用户可以在 Syslab 中启动 App。

3.3　曲线拟合工业 App 开发实践

曲线拟合（Curve Fitting）工业 App 是一个科学计算工具，其主要目的是协助用户将一组数据点拟合成数学曲线或函数，从而更好地理解数据的趋势、模式和相关关系。

曲线拟合工业 App 广泛应用于科学研究、工程、金融分析、医学研究和教育等领域。它们在这些领域中用于分析和解释数据，拟合数学模型，验证假设，并预测未来趋势。其通常具有用户友好的界面，以便用户能够轻松选择满足其需求的模型，导入数据并清晰地可视化分析结果。不同的曲线拟合工业 App 可能具有不同的功能，以满足不同用户的需求。

曲线拟合工业 App 通常提供以下核心功能。首先，用户可以轻松地输入数据，通常以表格形式输入或通过文件导入。其次，用户可以选择合适的拟合模型，这些模型包括线性模型、多项式模型、指数模型、对数模型、幂函数模型等。App 使用数学算法来拟合所选模型，以确定最佳拟合参数，从而最佳地逼近输入的数据点。再次，其能够生成拟合曲线、散点图及误差分析图表等，以直观的方式展示数据和拟合结果。此外，其还提供有关拟合质量、残差和相关统计数据的信息，以帮助用户评估模型的适应性。最后，用户可以将拟合结果导出为图形或数据文件，以供进一步分析或分享。

下面以 Syslab 平台自带的曲线拟合工业 App 为例，重点介绍开发和使用该 App 的方法。曲线拟合工业 App 主窗口如图 3-13 所示，用户可以在界面中使用拟合算法来拟合数据并查看曲线。

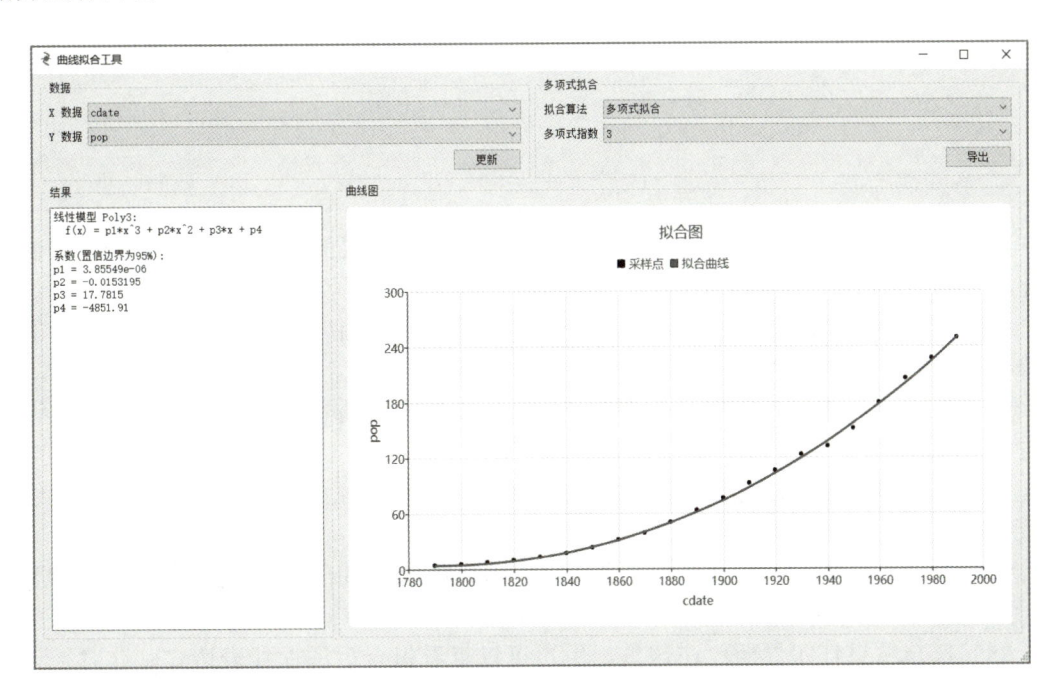

图 3-13　曲线拟合工业 App 主窗口

3.3.1　科学计算类工业 App 架构设计

在进行曲线拟合工业 App 开发之前需要先进行 App 架构设计，根据一般工业 App 的架构，可将科学计算类工业 App 架构分为三层：界面层、功能层、Syslab.SDK 层，具体架构如图 3-14 所示。

```
┌─────────────────────────────────────────────────────────────┐
│                        界面层                                │
│  ┌──────────────┐  ┌──────────────┐  ┌──────────────┐      │
│  │  变量显示界面 │  │拟合算法选择界面│  │  曲线显示界面 │      │
│  └──────────────┘  └──────────────┘  └──────────────┘      │
│  ┌──────────────┐  ┌──────────────┐  ┌──────────────┐      │
│  │  导出结果按钮 │  │拟合结果打印界面│  │   App主窗口  │      │
│  └──────────────┘  └──────────────┘  └──────────────┘      │
└─────────────────────────────────────────────────────────────┘

┌─────────────────────────────────────────────────────────────┐
│                        功能层                                │
│  ┌──────────────┐  ┌──────────────┐  ┌──────────────┐      │
│  │获取Syslab工作区变量│ │输出数据到Syslab│ │初始化Julia环境│      │
│  └──────────────┘  └──────────────┘  └──────────────┘      │
│  ┌──────────────┐  ┌──────────────┐  ┌──────────────┐      │
│  │调用曲线拟合计算函数│ │  拟合结果显示 │ │ 退出Julia环境 │      │
│  └──────────────┘  └──────────────┘  └──────────────┘      │
└─────────────────────────────────────────────────────────────┘

┌─────────────────────────────────────────────────────────────┐
│                      Syslab.SDK层                            │
│  ┌──────────────┐  ┌──────────────┐  ┌──────────────┐      │
│  │获取工作区变量列表│ │获取工作区变量值API│ │工作区执行Julia脚本API│ │
│  │     API      │  │              │  │              │      │
│  └──────────────┘  └──────────────┘  └──────────────┘      │
│  ┌──────────────┐  ┌──────────────┐  ┌──────────────┐      │
│  │初始化Julia环境API化│ │Julia函数调用API│ │退出Julia函数API│   │
│  └──────────────┘  └──────────────┘  └──────────────┘      │
└─────────────────────────────────────────────────────────────┘
```

图 3-14　科学计算类工业 App 架构

1. 界面层

界面层是用户与 App 互动的地方，它的设计是非常重要的。我们可以使用 Qt 来快速创建用户界面。

（1）变量显示界面：在这里，用户可以看到从 Syslab 中获取的变量数据，从而能够了解和分析这些数据。

（2）拟合算法选择界面：这个界面让用户能够轻松地选择不同的拟合算法，并设置相关的拟合参数，以满足用户的需求。

（3）曲线显示界面：这是一个关键的界面，它展示了原始数据点和拟合后的曲线，将数据可视化，能够帮助用户更加直观地获取信息。

（4）导出结果按钮：通过单击这个按钮，用户可以将拟合数据导出到 Syslab 的工作区，以便进一步分析和处理。

（5）拟合结果打印界面：在这里，用户可以查看拟合后的曲线表达式，这对于记录和撰写报告非常有用。

（6）App 主窗口：App 功能的集成窗口。

2. 功能层

在功能层，通过调用底层 SDK 接口可实现各种功能，可确保 App 能够有效地工作。以下是其中一些关键功能：

（1）获取 Syslab 工作区变量：这个功能允许开发者检索 Syslab 工作区中的变量和数据，为进一步处理提供基础数据。

（2）输出数据到 Syslab：通过这个功能，开发者可以将 App 生成的数据输出到 Syslab，以便在 Syslab 中进一步分析和计算。

（3）初始化 Julia 环境：这个功能确保了 Julia 编程环境的顺利启动，以准备进行曲线拟合计算。

（4）调用曲线拟合计算函数：这个功能使开发者调用 Julia 编程环境中的曲线拟合计算函数，进行拟合操作。

（5）退出 Julia 环境：在拟合完成后，通过这个功能，开发者可以顺利退出 Julia 编程环境，确保程序结束。

3. Syslab.SDK 层

Syslab.SDK 层是关键的链接层，它提供了 App 与 Syslab 进行通信的 API。具体包括：

（1）获取工作区变量列表 API：通过这个 API，开发者可以获得 Syslab 工作区中的变量列表，了解可用的数据。

（2）获取工作区变量值 API：这个 API 用于获取工作区变量的实际数值，以便在 App 中使用。

（3）工作区执行 Julia 脚本 API：通过这个 API，开发者可以在 Syslab 工作区中执行 Julia 脚本，为拟合计算做好准备。

（4）初始化 Julia 环境 API：这个 API 确保 Julia 编程环境的正确初始化。

（5）Julia 函数调用 API：通过这个 API，开发者可以调用 Julia 环境中的函数，进行曲线拟合计算。

（6）退出 Julia 函数 API：在完成拟合计算后，通过这个 API，开发者可以顺利退出 Julia 函数。

3.3.2 曲线拟合工业 App 开发

1. App 工程搭建

（1）准备好开发环境，所需的开发环境如下：
- Visual Studio 2017
- Qt 5.14.2

需要配置环境变量如下：
- QTDIR = <Qt 安装路径>\Qt5.14.2\5.14.2\msvc2017_64
- Qt 插件：Qt Visual Studio Tool 2.9.0

（2）新建 Qt 图形应用工程：在 Visual Studio 中，选择"新建项目→Qt→Qt Widgets Application"选项，在"名称"框中输入 CurveFitTool，然后单击"确定"按钮，创建新项目 CurveFitTool，如图 3-15 所示。

2. App 开发与集成

（1）集成 C++ AppSdk。SyslabAppSdk 是负责与 Syslab 平台通信交互的 SDK，SyslabAppSdk 在路径<Syslab 安装路径>\Examples\10 AppDemos\cpp\下可以找到。

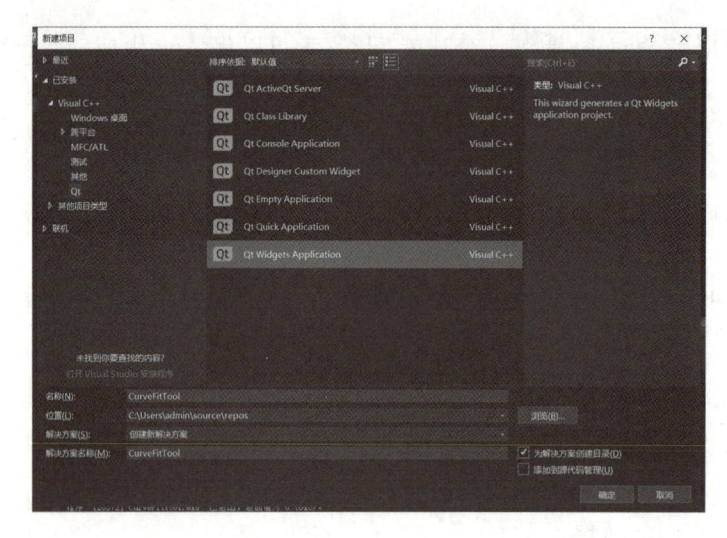

图 3-15　创建新项目 CurveFitTool

- 将 SyslabAppSdk 复制到项目 CurveFitTool 所在的文件夹下，如图 3-16 所示。

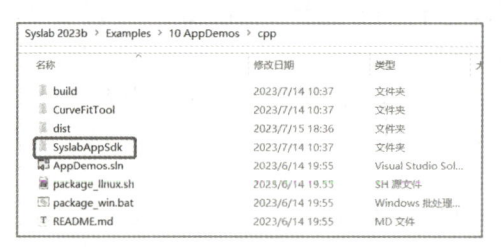

图 3-16　复制 SyslabAppSdk

- 在 Visual Studio 中将 SyslabAppSdk 添加到解决方案中。选中解决方案后单击鼠标右键，在弹出的菜单中选择"添加→现有项目"选项，打开的对话框如图 3-17 所示。

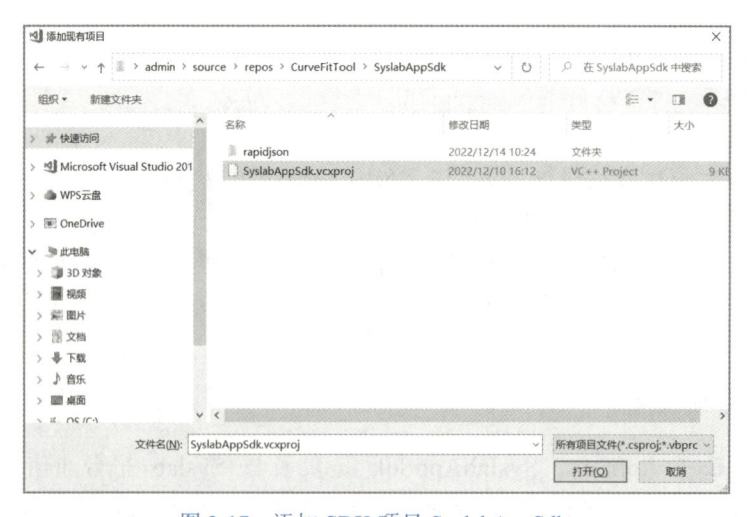

图 3-17　添加 SDK 项目 SyslabAppSdk

- 在 CurveFitTool 的项目属性中添加对 SyslabAppSdk 的附加包含目录依赖，选择"属性→C/C++→常规→附加包含目录"选项，添加..\SyslabAppSdk，如图 3-18 所示。

图 3-18　添加附加包含目录依赖

- 在 CurveFitTool 的项目属性中添加对 SyslabAppSdk 的附加库目录依赖，选择"属性→链接器→常规→附加库目录"选项，添加$(OutDir)，如图 3-19 所示。

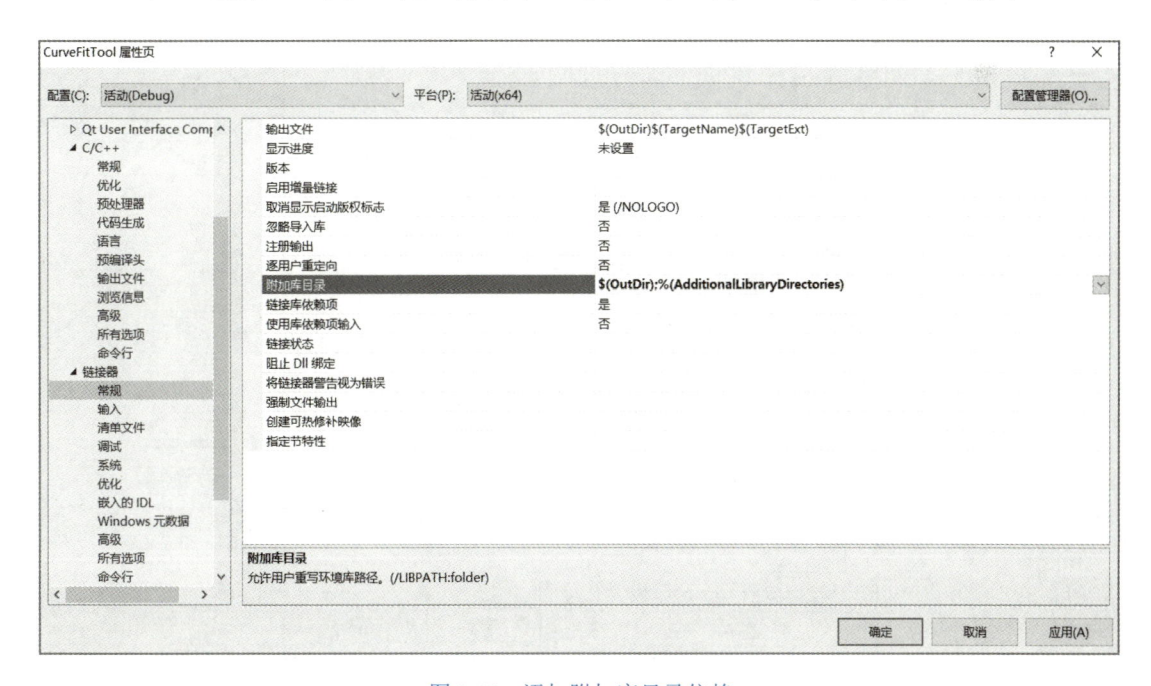

图 3-19　添加附加库目录依赖

- 在 CurveFitTool 的项目属性中添加对 SyslabAppSdk 的附加依赖项，选择"属性→链接器→输入→附加依赖项"选项，添加 SyslabAppSdk.lib，如图 3-20 所示。

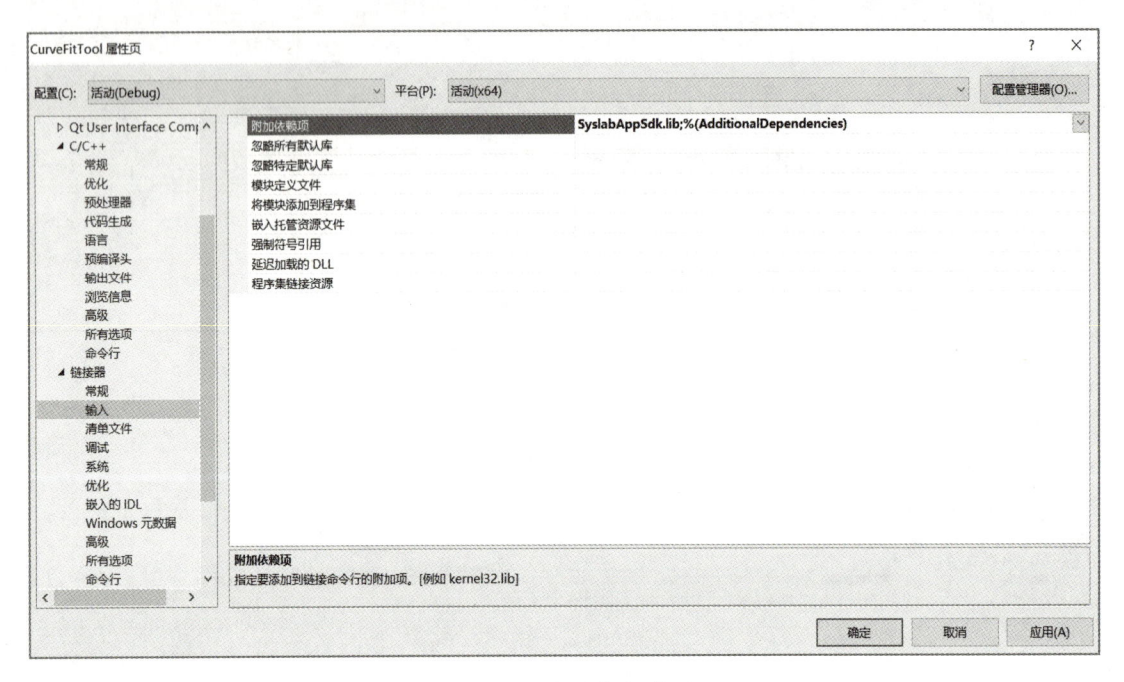

图 3-20　添加附加依赖项

- 生成 CurveFitTool 的项目依赖项，选中 CurveFitTool 项目后单击鼠标右键，在弹出的菜单中选择"生成依赖项→项目依赖项→依赖于→SyslabAppSdk"选项，如图 3-21 所示。

图 3-21　生成项目依赖项

到这一步，SyslabAppSdk 的配置就完成了。

（2）传递 App 启动参数。

Syslab 平台启动 App 时，会传递给 App 进程以下启动参数：
- argv[0]：用于调用程序的命令；
- argv[1]：管道名，由 Syslab 平台生成后传递给 App；
- argv[2~3]：Julia 相关路径参数，由 Syslab 平台生成后传递给 App；
- argv[4~]：由用户在 App 启动函数中输入。

还是以 CurveFitTool 为例，main 启动函数负责解析这些参数，其中管道名是必须解析的，对于 julia 参数和其他参数，App 可以按需解析和使用。示例代码如下：

```cpp
// 获取管道名
if (argc > 1 && strcmp(argv[1], "--pipe=") >= 0)
{
    QString pipe_name = QString(argv[1]);
    pipe_name = pipe_name.replace("--pipe=", "");
    w.SetPipeName(pipe_name);
}


// 获取 julia 参数
/*
if (argc > 3 && strcmp(argv[2], "--julia_bindir=") >= 0 && strcmp(argv[3], "--image_path=") >= 0)
{
    QString julia_bindir = QString(argv[2]);
    julia_bindir = julia_bindir.replace("--julia_bindir=", "");
    w.SetJuliaBinDir(julia_bindir);

    QString image_path = QString(argv[3]);
    image_path = image_path.replace("--image_path=", "");
    w.SetSysImagePath(image_path);
}
*/

// 获取多项式指数
if (argc > 4)
{
    QString qstr_term = QString::fromLocal8Bit(argv[4]);
    w.SetTerm(qstr_term);
}
```

以管道名参数为例，解析后的管道名要传递给 QMainWindow 的实现类 CurveFitTool，在 CurveFitTool 中新增函数 SetPipeName，示例代码如下：

curve_fit_main_win.h 文件：

```cpp
#include <QtWidgets/QMainWindow>
#include "ui_curve_fit_main_win.h"
class SyslabAppSdk;
```

```cpp
class CurveFitMainWin : public QMainWindow
{
    Q_OBJECT
public:
    CurveFitMainWin(QWidget *parent = nullptr);
    ~CurveFitMainWin();
    void SetPipeName(const QString& pipe_name);
private:
    Ui::CurveFitToolClass ui;
    SyslabAppSdk* m_syslabSdk;//Syslab SDK 接口
};
```

curve_fit_main_win.cpp 文件：

```cpp
#include "curve_fit_main_win.h"
#include "syslab_app_sdk.h"
CurveFitMainWin::CurveFitMainWin(QWidget *parent)
    : QMainWindow(parent)
{
    ui.setupUi(this);
}
CurveFitMainWin::~CurveFitMainWin()
{}
void CurveFitMainWin::SetPipeName(const QString& pipe_name)
{
    if (m_syslabSdk == nullptr)
    {
        m_syslabSdk = new SyslabAppSdk("CurveFitTool", pipe_name.toStdString());
    }
}
```

其他参数以类似的方法可以传递给 CurveFitTool，在此不再赘述。

然后，需要进一步开发 GUI 界面，GUI 界面的开发方法在此不做说明。开发好的 GUI 界面如图 3-22 所示，读者可以在教材配套资源包中获取相应代码。

以上界面交互中，数据部分，需要完成从 Syslab 工作区中获取数组类型的变量列表，以及通过变量名获取变量值；导出部分，需要完成将计算结果写入 Syslab 工作区。

SyslabAppSdk 主要提供以下函数：

（1）获取变量列表。
（2）获取变量值。
（3）发送脚本到 Syslab 中执行。

下面将讲述这些函数的具体使用方法。

MwGetVariables 函数用于获取变量列表，语法格式如下：

```cpp
bool MwGetVariables(bool show_modules, std::vector<VariableInfo>& variables)
```

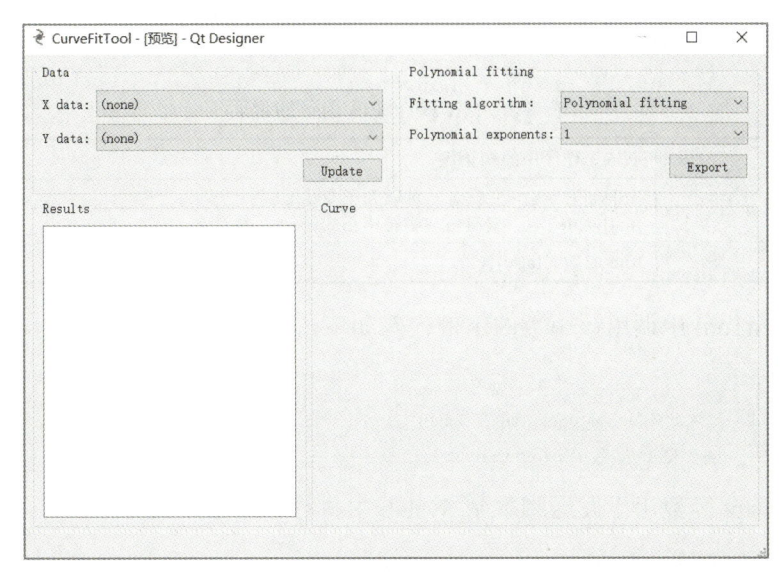

图 3-22　GUI 界面

MwGetVariables 函数的说明如表 3-1 所示。

表 3-1　MwGetVariables 函数的说明

功能	获取 Syslab 工作区中的变量列表
参数	[in] show_modules 是否显示模块列表，一般为 false [out] variables　　　变量列表
返回值	true-成功，false-失败

在 CurveFitTool 中调用该函数的示例代码如下：

```
vector<VariableInfo> variables;
if (m_syslabSdk)
  {
    m_syslabSdk->MwGetVariables(false, variables);
  }
  for (VariableInfo var : variables)
  {
    QString var_type = QString::fromStdString(var.GetType());
    if (var_type.contains("Vector{Int64}")
      || var_type.contains("Vector{Float64}"))
    {
      ui.comboBox_x->addItem(QString::fromStdString(var.GetName()));
      ui.comboBox_y->addItem(QString::fromStdString(var.GetName()));
    }
  }
```

MwGetValue 函数用于获取变量值，语法格式如下：

```
bool MwGetValue(const std::string& var, std::string& value);
```

MwGetValue 函数的说明如表 3-2 所示。

表 3-2 MwGetValue 函数的说明

功能	获取工作区中的变量值	
参数	[in] var	变量名，可以为子变量 a.b
	[out]value	变量值（字符串形式）
返回值	true-成功，false-失败	

在 CurveFitTool 中调用该函数的示例代码如下：

```
string value;
    m_syslabSdk->MwGetValue(var.toStdString(), value);
    QString qstr_value = QString::fromStdString(value);
```

MwRunScript 函数用于发送脚本到 Syslab 中执行，语法格式如下：

```
std::string MwRunScript(const std::string& code,
bool show_code_in_repl = false,
bool show_result_in_repl = false)
```

MwRunScript 函数的说明如表 3-3 所示。

表 3-3 MwRunScript 函数的说明

功能	在 Syslab 工作区中执行 Julia 脚本代码	
参数	[in] code	要执行的 Julia 脚本
	[in] show_code_in_repl	是否在 Syslab REPL 中显示代码
	[in] show_result_in_repl	是否在 Syslab REPL 中显示结果
返回值	code 脚本运行后的结果	

在 CurveFitTool 中调用该函数，输出结果到 Syslab 环境中的示例代码如下：

```
    if (dlg.IsExportRes())
    {
        QString str = dlg.GetResName() + "=" + ListToStr(m_yResDatas);
        m_syslabSdk->MwRunScript(str.toStdString().c_str());
    }
```

调用 Syslab 中的数学 API 进行曲线拟合计算的示例代码如下。
计算曲线拟合参数：

```
// p = vec(polyfit(cdate, pop, 4))
QString str = QString("import TyMathCore;
curvefit_coefficient, cf_s = TyMathCore.polyfit(%1, %2, %3)")
.arg(x_datas_str).arg(y_datas_str).arg(n);
m_syslabSdk->MwRunScript(str.toStdString().c_str());
string res;
m_syslabSdk->MwGetValue("curvefit_coefficient", res);
```

计算曲线拟合结果：

```
// res = polyval(p, cdate)
```

```
QString str = QString("import TyMathCore;curvefit_res = TyMathCore.polyval(curvefit_coefficient, %1)").arg(x_datas_str);
m_syslabSdk->MwRunScript(str.c_str(), true, true);
String res;
m_syslabSdk->MwGetValue("curvefit_res", res);
```

~SyslabAppSdk 函数用于关闭命名管道,语法格式如下:

```
~SyslabAppSdk()
```

~SyslabAppSdk 函数的说明如表 3-4 所示。

表 3-4 ~SyslabAppSdk 函数的说明

功能	发送请求,关闭命名管道,在关闭 App 前调用
参数	无
返回值	无

在关闭 App 前,需要调用 SyslabAppSdk 的析构函数,与 Syslab 平台断开连接。CurveFitTool 中调用该函数的示例代码如下。

curve_fit_main_win.cpp:

```
CurveFitMainWin::~CurveFitMainWin()
{
    if (m_syslabSdk != nullptr)
    {
        delete m_syslabSdk;
    }
}
```

到此为止,曲线拟合工业 App 开发过程中要调用 SDK 的函数已经介绍完毕,剩下的工作就是具体的业务逻辑代码开发。

该示例 Demo 的源代码,可以在 Syslab 安装软件的以下路径中获取到:<Syslab 安装路径>\Examples\10 AppDemos\cpp\。

3.3.3 曲线拟合工业 App 测试与打包

1. 打桩测试

以曲线拟合工业 App 为例,该 App 在运行时从 Syslab 平台中获取数据后,进行曲线拟合计算,对 Syslab 平台有依赖。测试时为了解除其对 Syslab 平台的依赖,可以通过打桩测试的方式,构造打桩数据,独立验证 App 自身的功能。

打桩测试核心代码如下:

```
bool mock = true;
void CurveFitMainWin::SlotUpdateSyslabVar()
{
    vector<VariableInfo> variables;
```

```cpp
        if (mock)
        {
            VariableInfo var1 = VariableInfo("cdate", "Vector{Float64}");
            VariableInfo var2 = VariableInfo("pop", "Vector{Float64}");
            variables.push_back(var1);
            variables.push_back(var2);
        } else if (m_syslabSdk)
        {
            m_syslabSdk->MwGetVariables(false, variables);
        }
        //其他代码...
    }

    void CurveFitMainWin::SlotUpdateXData(QString var)
    {
        string value;
        if (mock)
        {
            value = "[1790,1800,1810,1820,1830,1840,1850,1860,1870,1880,1890,1900,1910,1920,1930,1940,1950,1960,1970,1980,1990]";
        }
        if (m_syslabSdk && var != NONE)
        {
            m_syslabSdk->MwGetValue(var.toStdString(), value);
        }
        //其他代码...
    }

    void CurveFitMainWin::SlotUpdateYData(QString var)
    {
        string value;
        if (mock)
        {
            value = "[3.9,5.3,7.2,9.6,12.9,17.1,23.1,31.4,38.6,50.2,62.9,76.0,92.0,105.7,122.8,131.7,150.7,179.0,205.0,226.5,248.7]";
        } else if (m_syslabSdk && var != NONE)
        {
            m_syslabSdk->MwGetValue(var.toStdString(), value);
        }
        //其他代码...
    }
```

2. App 打包

（1）将本 App 依赖的 Qt 库放入文件夹，依赖的 Qt 库如下：Qt5Charts.dll、Qt5Core.dll、Qt5Gui.dll、Qt5widgets.dll。

（2）将本 App 依赖的 SyslabSDK 库放入文件夹 SyslabAppSdk.lib 中，放入生成的 exe 文件及其依赖的相关翻译文件夹：CurveFitTool.exe、CurveFitTool_zh.qm、translations 文

件夹（翻译文件夹）。

（3）将本 App 依赖的 Windows 相关动态库放入文件夹：platforms/qwindows.dll、styles/qwindowsvistastyle.dll。

打包后的文件夹如图 3-23 所示。

图 3-23 App 打包

3.3.4 曲线拟合工业 App 可视化管理

曲线拟合工业 App 可视化管理主要涉及 App 管理入口、安装 App、启动 App、编辑 App、卸载 App、App 与 Syslab 交互 6 个内容，下面将分别进行介绍。

1. App 管理入口

Syslab 的 App 管理入口位于工具栏的 App 选项卡中，提供 App 管理的快捷操作，如图 3-24 所示。

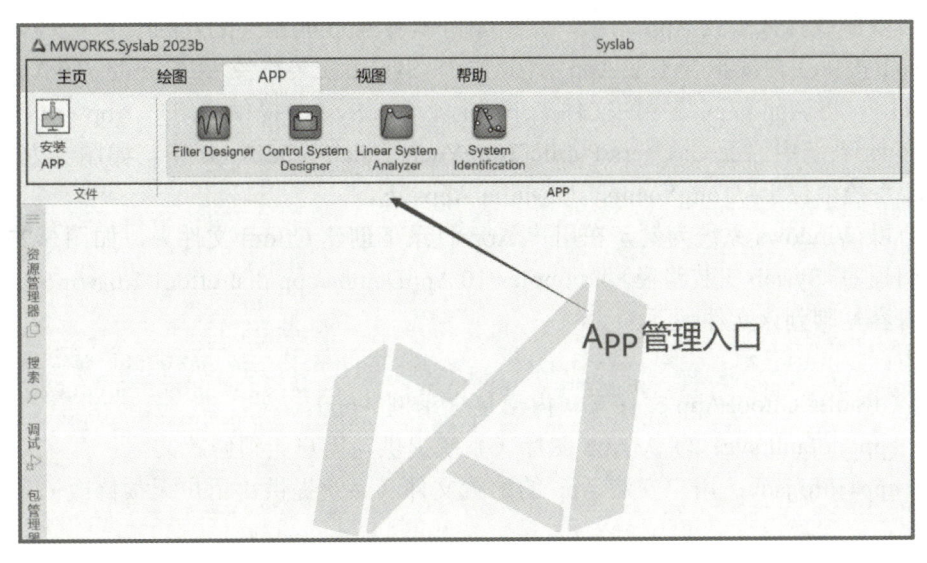

图 3-24 App 管理入口

2. 安装 App

App 选项卡提供"安装 App"按钮，单击"安装 App"按钮，弹出"安装 App"对话框，填写 App 的相关配置项，单击"确定"按钮，即可安装 App 到 App 展示区。操作步骤如图 3-25 所示。

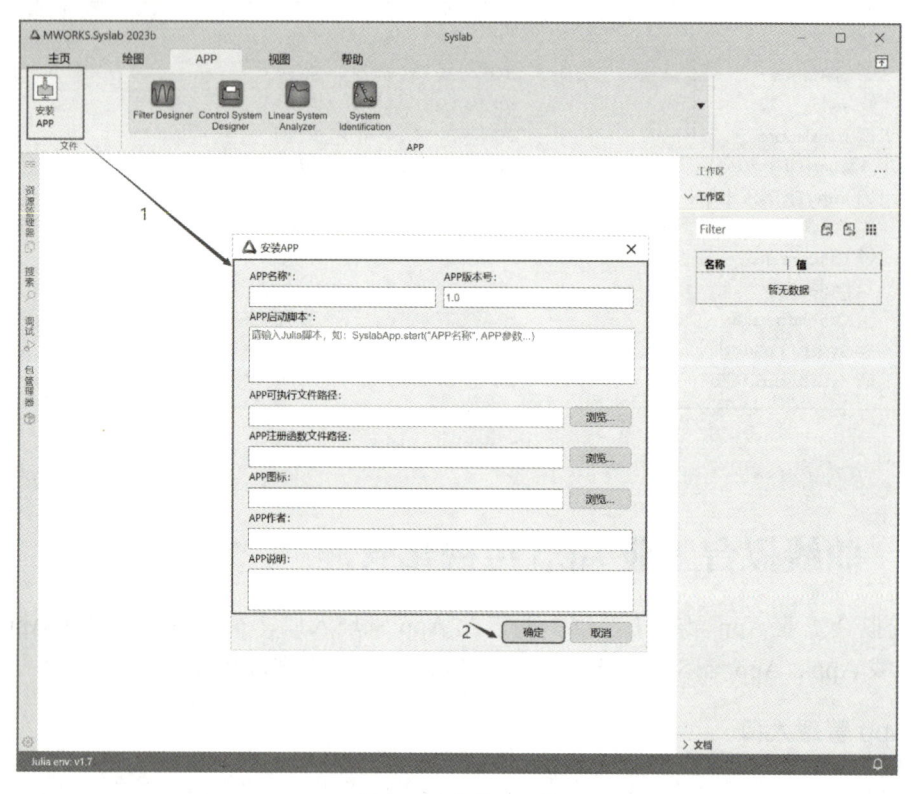

图 3-25 安装 App[①]

本节以曲线拟合工业 App 为例，介绍如何填写 App 的相关配置项。

Syslab 提供了曲线拟合工业 App 示例，位于<Syslab 安装路径>/Examples/10 AppDemos 下，建议用户将 App 放到统一的文件夹下进行管理。Syslab 提供了用户 App 存放文件夹，在 Windows 系统中位于 C:/Users/Public/TongYuan/syslab-julia/Apps 下，如图 3-26 所示；在 Linux 系统中位于~/TongYuan/syslab-julia/Apps 下。

本节以 Windows 系统为例，在用户 App 目录下创建 Cftool 文件夹，如图 3-27 所示，并将示例程序<Syslab 安装路径>/Examples/10 AppDemos/cpp/dist/cftool-1.0-win64.zip 解压后，将内容复制到该文件夹下。

其中：
- Cftool：Cftool App 文件夹（内部包含示例 App）。
- app_default.svg：默认 App 图标（系统提供，用户无须修改）。
- app_info.json：用户安装 App 的配置文件（系统提供，用户无须修改）。

[①] 图中 APP 采用英文字母全大写的形式，为保持正文叙述统一，正文中采用 App 的写法。

图 3-26　曲线拟合工业 App 文件路径

图 3-27　用户 App 目录

安装 App 的操作步骤如下。

（1）打开 Syslab，切换至 App 选项卡，单击"安装 App"按钮，弹出"安装 App"对话框，编辑相关配置项，如图 3-28 所示。

图 3-28　编辑相关配置项

- App 名称（必填）：当前安装 App 的名称。
- App 版本号：当前安装 App 的版本号（若省略，则默认 App 版本号为 1.0）。
- App 启动脚本（必填）：当前 App 的启动脚本，单击 App 时，将在 Julia REPL 终端执行此脚本。本例中设置启动脚本为 SyslabApp.start("Cftool",2)，其中：
  - ❖ SyslabApp.start：内置提供的启动 App 命令；
  - ❖ Cftool：App 的名称；
  - ❖ 2：App 的输入参数。针对本例，表示 App 启动时设置多项式指数为 2。
- App 可执行文件路径：当前 App 的可执行文件的存储路径。
- App 注册函数文件路径：高级选项，启动 App 时将执行该注册函数文件(*.jl)。
- App 图标：当前 App 的图标，用户可以选择本地路径中 svg、jpeg、jpg、png 格式的图片作为图标，若不进行设置，则统一使用默认图标。
- App 作者：当前 App 的作者。
- App 说明：当前 App 的说明。

（2）安装验证：单击"确定"按钮，App 安装成功，App 选项卡下成功添加 Cftool 按钮，如图 3-29 所示。

图 3-29　App 安装完成

3. 启动 App

单击 Cftool 按钮，REPL 终端执行启动脚本，弹出曲线拟合工业 App 窗口，启动 App 成功的界面如图 3-30 所示。

4. 编辑 App

Syslab 提供编辑 App 功能，支持对已安装 App 的相关信息进行修改。单击 App 选项卡最右侧的下拉箭头，弹出下拉菜单，显示所有已安装的 App，右击已安装的 App，选择"编辑"选项，弹出"安装 App"对话框，该对话框支持对 App 名称以外的 App 信息进行修改，如修改 App 版本号为 2.0，如图 3-31 所示。

单击"确定"按钮，保存编辑内容，App 选项卡同步刷新，当鼠标悬停在 Notepad++App 时，界面显示版本号更新为 2.0，如图 3-32 所示。

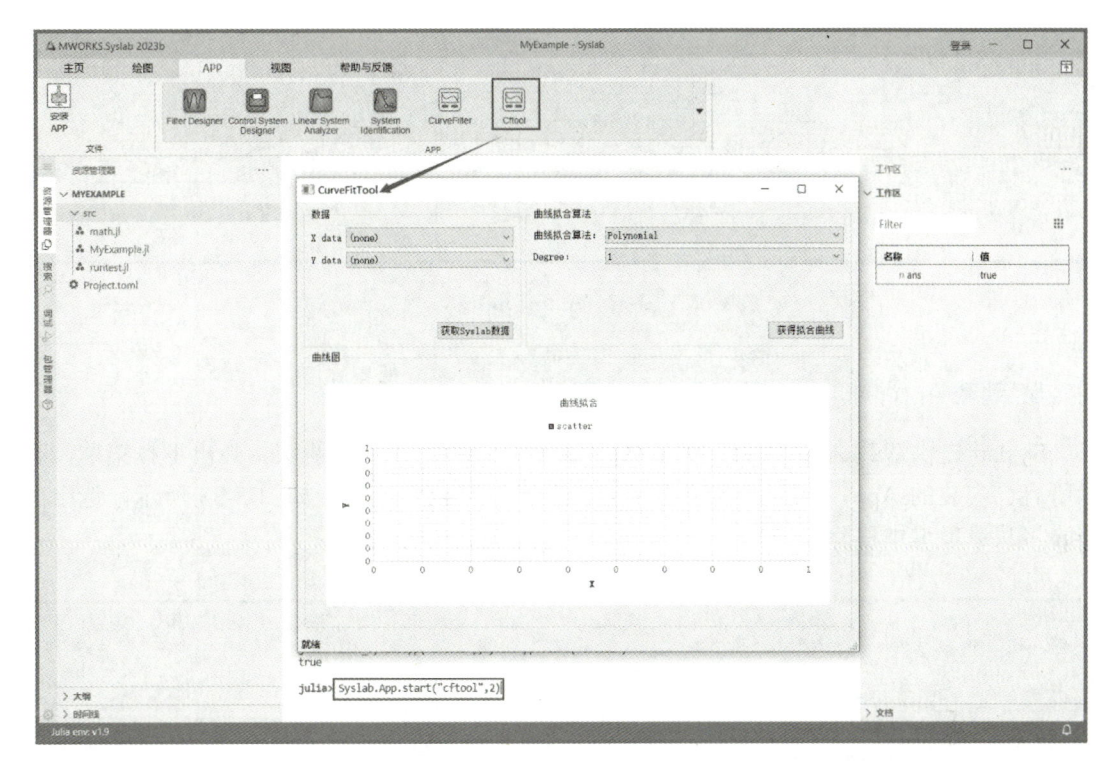

图 3-30　启动 App 成功的界面

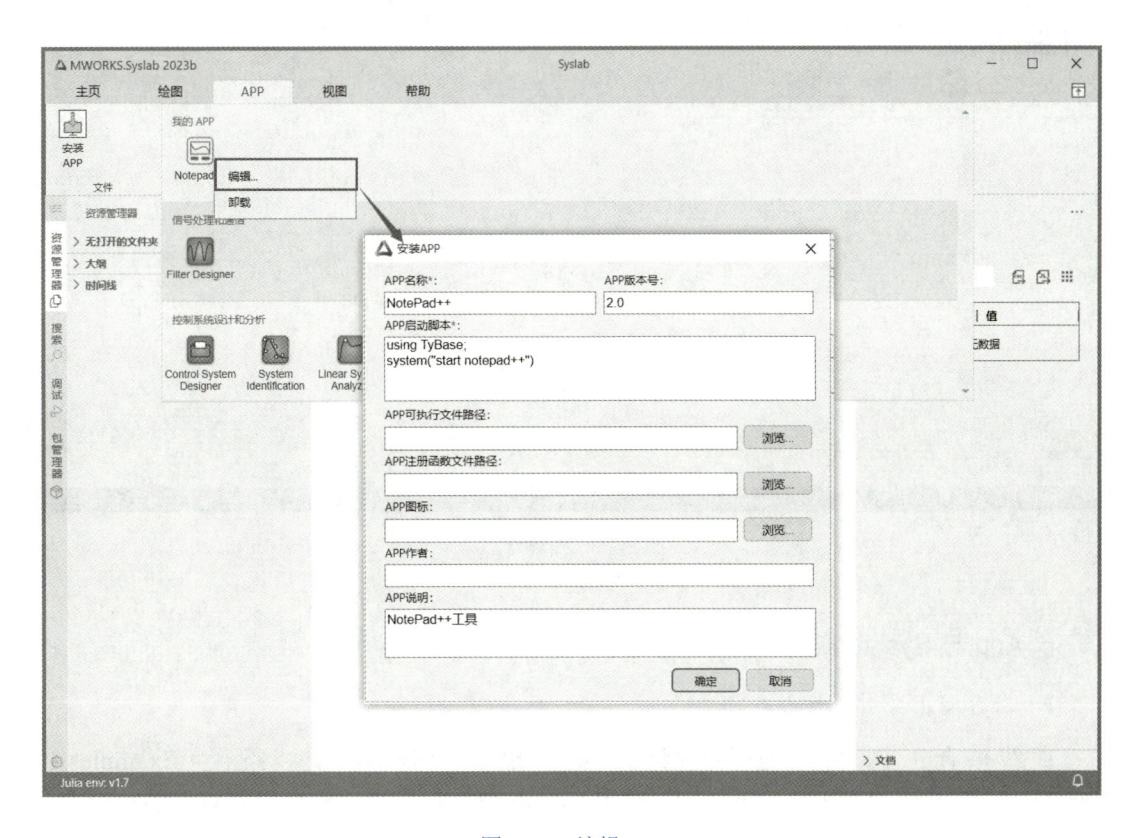

图 3-31　编辑 App

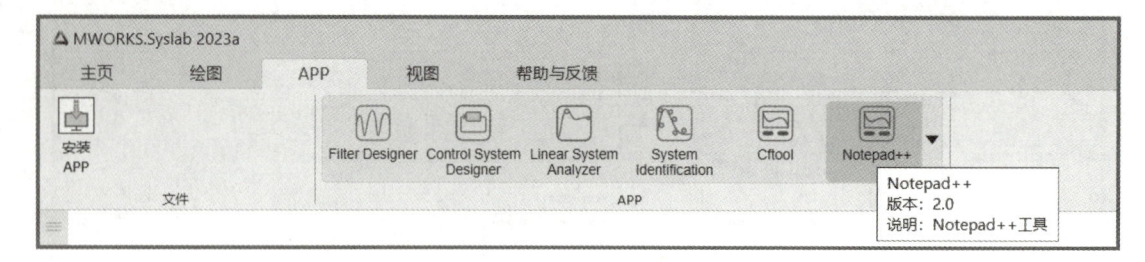

图 3-32　App 信息显示

5. 卸载 App

Syslab 提供卸载 App 功能，单击 App 选项卡最右侧的下拉箭头，弹出下拉菜单，显示所有已安装的 App，右击已安装的 App，选择"卸载"选项，如图 3-33 所示，选中的 App 将从选项卡中移除。

图 3-33　卸载 App

6. App 与 Syslab 交互

1）在 Syslab 中导入测试数据

曲线拟合工业 App 提供了测试数据，位于 <Syslab 安装路径>\Examples\10 AppDemos\CurveFitTool\test\census.jl。回到 Syslab 命令行窗口，执行导入数据的命令，示例代码如下：

```
julia> include(raw"<Syslab 安装路径>\Examples\10 AppDemos\cpp\CurveFitTool\test\census.jl")
21-element Vector{Float64}:
   3.9
   5.3
   7.2
   9.6
  12.9
  17.1
   ⋮
 226.5
 248.7
```

成功导入数据后，在工作区中可以看到变量名称 cdate 和 pop，如图 3-34 所示。cdate 为采样时间，它是一个数组，pop 为采样时间对应的数据，它也是一个数组。接下来的操作会使用到这两个变量。

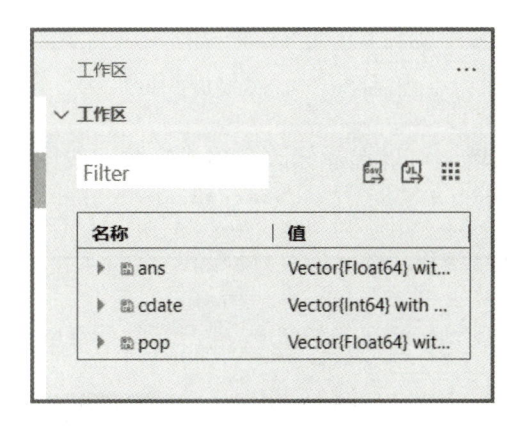

图 3-34　测试数据

2）从 Syslab 工作区中获取数据

在曲线拟合工业 App 的图形界面中，在"数据"区域单击"更新"按钮，如图 3-35 所示。

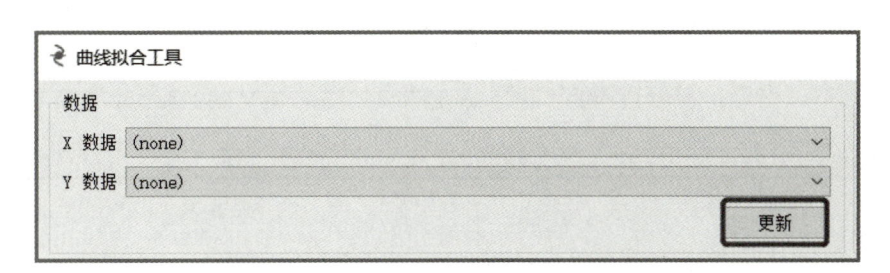

图 3-35　更新数据

更新完成后，在"X 数据"和"Y 数据"对应的下拉菜单中，分别选择 cdate 和 pop，线图控件将动态绘制拟合曲线，如图 3-36 所示。

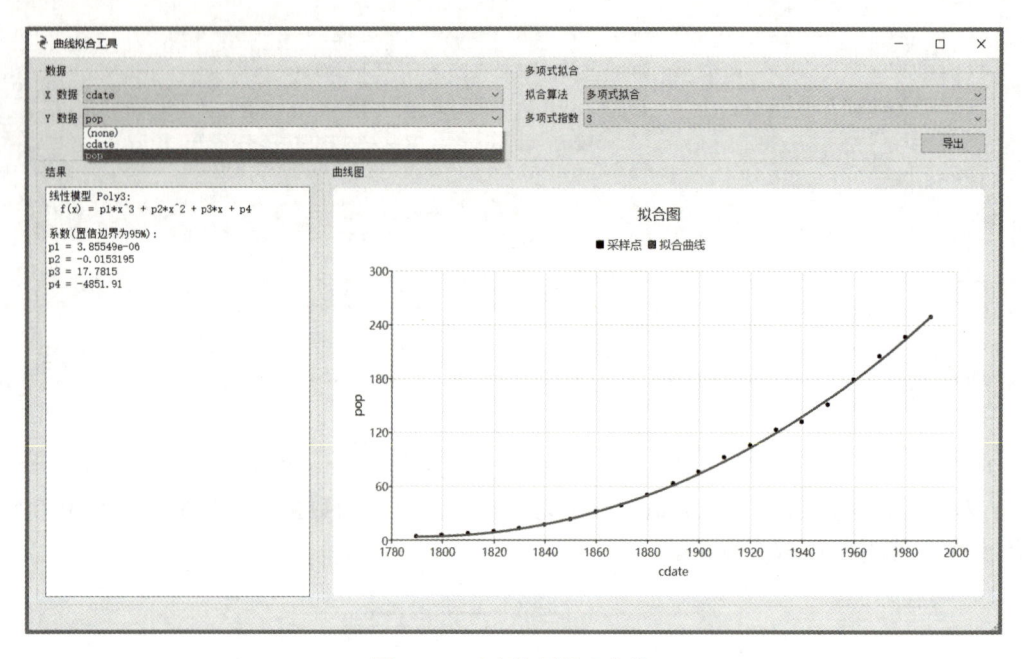

图 3-36　动态绘制拟合曲线

在"多项式拟合"区域，可以选择修改多项式指数，线图控件将动态绘制对应的新拟合曲线，如图 3-37 所示。

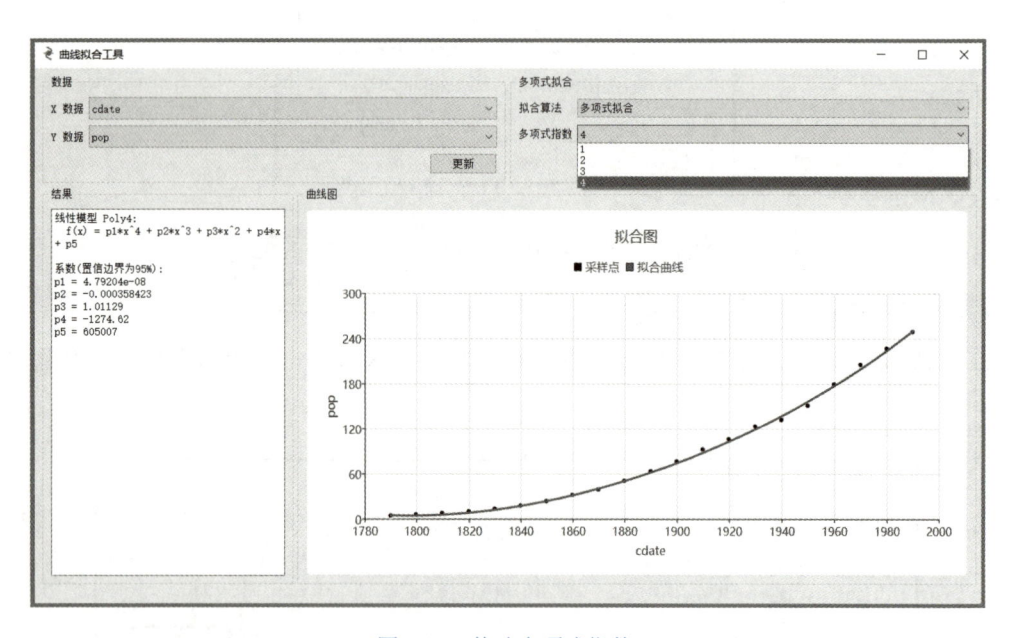

图 3-37　修改多项式指数

3）写数据到 Syslab 工作区

多项式拟合计算的结果包括拟合曲线的 y 值和多项式系数（p1、p2、p3、...），可以将这些结果写入 Syslab 工作区。在"多项式拟合"区域单击"导出"按钮，将弹出对话框，如图 3-38 所示。

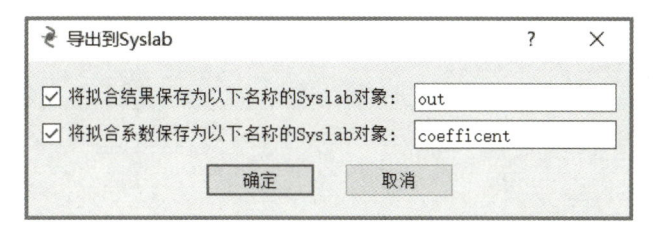

图 3-38　导出到 Syslab

勾选两个选项,单击"确定"按钮,导出完成后,在 Syslab 工作区中将展示工作区导出的数据,如图 3-39 所示。

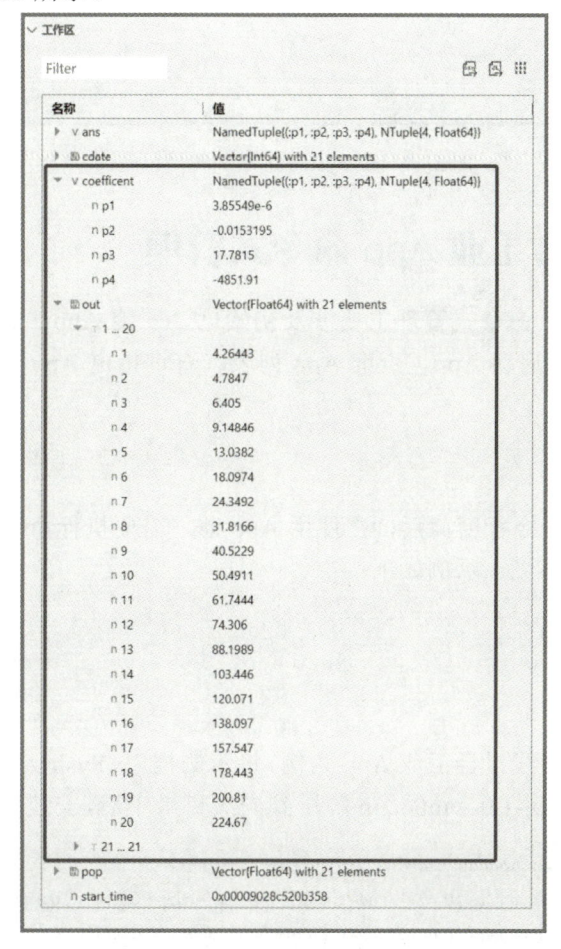

图 3-39　工作区导出的数据

同样,也可以在 Syslab 命令行窗口中,执行 plot() 命令,绘制结果曲线,示例如下:

```
julia> plot(cdate, pop, ".", cdate, out)
2-element Vector{PyCall.PyObject}:
 PyObject <matplotlib.lines.Line2D object at 0x00000000D1B966D0>
 PyObject <matplotlib.lines.Line2D object at 0x00000000D1B96A00>
```

在 Syslab 中绘制的结果曲线如图 3-40 所示。

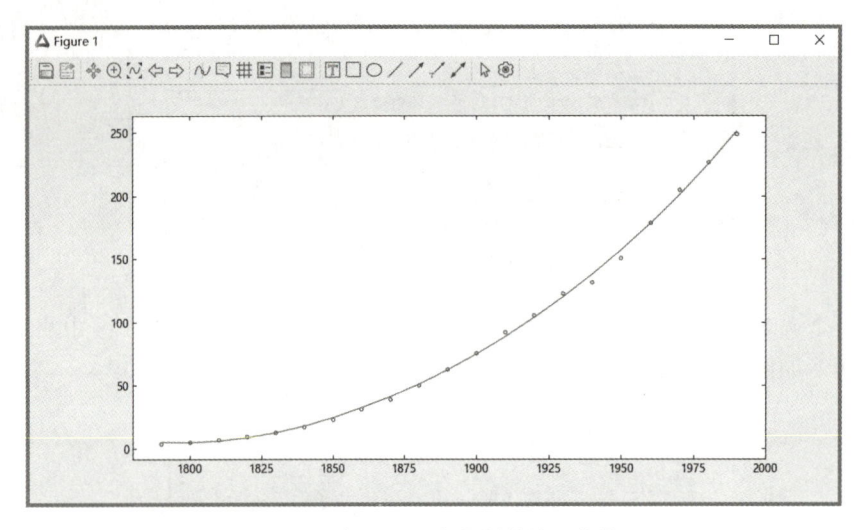

图 3-40　在 Syslab 中绘制的结果曲线

3.3.5　曲线拟合工业 App 命令式管理

曲线拟合工业 App 命令式管理主要涉及初始化、安装 App、启动 App、卸载 App、禁用 App、激活 App、启动 App、查询 App 列表、查询指定 App 信息 8 个内容，下面将分别进行介绍。

1. 初始化

每次启动 Syslab 命令行窗口后，在使用 App 前，需要执行命令 init_SyslabApp()初始化 App 管理的上下文环境，示例如下：

```
julia> init_syslabapp()
```

2. 安装 App

以 Syslab 自带的曲线拟合工业 App 为例，将示例程序<Syslab 安装路径>/Examples/10 AppDemos/cpp/dist/cftool-1.0-win64.zip 解压到同级目录中后，安装 App 的 Julia 代码如下：

```
julia> cftool_info = SyslabApp.AppInfo("cftool",
    raw"$(SYSLAB_HOME)/Examples/10 AppDemos/cpp/dist/cftool-1.0-win64/CurveFitTool.exe",
    raw"$(SYSLAB_HOME)/Examples/10 AppDemos/cpp/dist/cftool-1.0-win64/cftool.jl",
    "1.0",
    "Tongyuan",
    "曲线拟合工业 App")

julia> SyslabApp.install(cftool_info)
true
```

以上 AppInfo 为 App 的描述信息，具体属性描述如下：
- 第 1 个参数表示 App 名称，是 App 的主要信息，必填项；
- 第 2 个参数表示 App 可执行文件路径，必填项；

- 第 3 个参数表示 App 启动脚本文件，可选项；
- 第 4 个参数表示 App 版本，可选项；
- 第 5 个参数表示 App 作者，可选项；
- 第 6 个参数表示 App 描述信息，可选项。

其中，"第 3 个参数"App 启动脚本文件的写法如下：

```
# 建议函数名与 App 名称一致，函数参数由用户决定。
function cftool(term)
# do something

# 启动 App 及传入参数，该参数将作为 App 启动参数
    SyslabApp.start("cftool", term)
end
```

3. 卸载 App

在 Syslab 平台的命令行窗口中，可以使用命令 SyslabApp.uninstall(name)来卸载 App，输入参数为安装 App 时输入的第 1 个参数（App 名称）。App 被卸载后就无法使用了，示例如下：

```
julia> SyslabApp.uninstall("cftool")
true

julia> SyslabApp.start("cftool")
┌ Warning: cftool is not exist!
└ @ SyslabApp .\scripts\packages\SyslabApp\src\SyslabApp.jl:151
false

julia> SyslabApp.get_app("cftool")
┌ Warning: cftool is not exist!
└ @ SyslabApp .\scripts\packages\SyslabApp\src\SyslabApp.jl:181
false
```

4. 禁用 App

在 Syslab 平台的命令行窗口中，可以使用命令 SyslabApp.disable(name)来禁用指定名称的 App，输入参数为安装 App 时输入的第 1 个参数（App 名称）。App 被禁用后无法再被启动，示例如下：

```
julia> SyslabApp.disable("cftool")
true

julia> cftool(3)
┌ Warning: cftool is disabled!
└ @ SyslabApp .\scripts\packages\SyslabApp\src\SyslabApp.jl:156
false
```

5. 激活 App

在 Syslab 平台的命令行窗口中，可以使用命令 SyslabApp.enable(name)来激活被禁用的 App，输入参数为安装 App 时输入的第 1 个参数（App 名称）。App 被激活后就可以被再次启动了，示例如下：

```
julia> SyslabApp.enable("cftool")
true

julia> cftool(3)
true
```

6. 启动 App

至此，曲线拟合工业 App 已经安装成功，可以使用命令 SyslabApp.start("cftool")来启动该 App。

启动 App 的示例如下：

```
# 方法 1
julia> SyslabApp.start("cftool", 3)
true


# 方法 2：需要上一步的启动脚本文件
julia> cftool(3)
true
```

以上命令（二选一）执行成功后，将启动曲线拟合工业 App 的图形界面，该界面已在前文中给出，这里不再重复给出。

7. 查询 App 列表

在 Syslab 平台的命令行窗口中，可以使用命令 SyslabApp.get_apps()来查询注册到界面 Syslab 平台中的所有 App 信息，示例如下：

```
julia> SyslabApp.get_apps()
Dict{String, Any} with 1 entry:
  "cftool" => Dict{String, Any}("registerFunc"=>"cftool", "name"=>"cftool", "author"=>"Tongyuan", "enabled"=>true, "version"=>"1.0", "path"=>"E:/MwSyslab/Test/Examples/10 AppDemos/x64/Debug/C…
```

8. 查询指定 App 信息

在 Syslab 平台的命令行窗口中，可以使用命令 SyslabApp.get_app(name)来查询注册到 Syslab 平台中的指定名称的 App 信息，输入参数为安装 App 时输入的第 1 个参数（App 名称），示例如下：

```
julia> SyslabApp.get_app("cftool")
Dict{String, Any} with 7 entries:
  "registerFunc" => "cftool"
  "name"         => "cftool"
```

```
"author"         => "Tongyuan"
"enabled"        => true
"version"        => "1.0"
"path"           => "./Test/Examples/10 AppDemos/x64/Debug/CurveFitTool.exe"
"description"    => "曲线拟合工具箱"
```

本 章 小 结

本章深入探讨了科学计算类工业 App 开发,提供了对该领域的全面介绍。首先,介绍了科学计算类工业 App 的技术特点和优势,并通过应用示例初步讲解科学计算类工业 App 的界面和功能。其次,进一步介绍科学类工业 App 的开发模式,从软件开发的角度探讨了科学计算类工业 App 的开发流程。最后,将焦点放在曲线拟合工业 App 的开发和使用上,具体讨论了如何绘制架构图及 App 包括哪些关键组件。

本章的内容有助于读者理解科学计算在工业 App 中的价值,以及开发科学计算类工业 App 来解决工业问题。无论是从理论知识还是从实际应用的角度出发,本章有助于读者更好地应用科学计算技术解决工业问题,并开发出功能强大的 App。

习 题 3

1. 科学计算类工业 App 的一般开发流程通常包括_____,_____,_____和_____等步骤。
2. 科学计算应用的技术特点包括_____和_____。
3. _____是负责与 Syslab 平台通信交互的 SDK。
4. 测试时,为了解除对 Syslab 平台的依赖,可以通过_____的方式,构造打桩数据,独立验证 App 自身的功能。
5. 每次启动 Syslab 命令行窗口后,在使用 App 前,需要执行命令_____,以初始化 App 管理的上下文环境。
6. 请列举至少三个科学计算类工业 App 的具体领域。
7. 如何搭建一个科学计算类工业 App?
8. 在 App 与 Syslab 交互中,如何在 Syslab 中导入测试数据?
9. 在曲线拟合工业 App 安装成功后,启动 App 的命令是什么?

第 4 章
系统建模仿真类工业 App 开发

在传统的工业 App 开发中,通常需要进行大量的实际测试和迭代,以验证系统的功能和性能。这种方法可能需要消耗大量的时间、资源和成本,同时也存在一定的风险,因为在实际部署前无法全面评估系统的性能和可行性。

系统建模仿真类工业 App 开发方法的出现,克服了传统开发方法的局限性。它利用系统建模仿真技术来开发轻量级的工业 App。该 App 对系统的各个组成部分、相互之间的关系和行为进行建模,并通过仿真技术模拟系统在不同情景下的运行情况。这种开发方法的主要优势是可以在开发阶段对系统进行全面的测试和验证,减少实际部署前的风险和成本。

通过本章学习,读者可以了解(或掌握):
- 系统建模仿真类工业 App
- 系统建模仿真类工业 App 技术特点和优势
- 系统建模仿真类工业 App 的开发模式及开发流程
- 使用 MWORKS SDK 开发工业 App 的具体流程
- 使用 MWORKS SDK 开发一个质量-弹簧-阻尼系统模型

4.1 系统建模仿真类工业 App

4.1.1 概述

系统建模仿真是一种广泛用于工程、科学、医疗、经济等领域的方法,用于模拟和分析复杂系统的行为和性能。系统建模仿真的基本概念有系统模型、仿真、可视化建模、参数和输入等,下面将分别介绍。

- 系统模型:在系统建模仿真中,系统的行为被抽象为一个数学模型。这个模型包括系统的组成部分、它们之间的相互作用、输入和输出。模型通常使用数学方程、图表、状态图或其他形式来表示。
- 仿真:仿真是通过运行系统模型来模拟系统的行为。这意味着在虚拟坏境中模拟系统的运行,以观察系统在不同条件下的响应。仿真可以是离散事件(如排队系统)仿真或连续(如物理系统的运动)仿真。
- 可视化建模:系统建模仿真通常使用可视化建模工具,这些工具允许用户创建系统模型,而无须编写复杂的数学方程。这有助于工程师和决策者更容易地理解系统的行为。
- 参数和输入:在仿真中,可以改变系统的参数和输入,以了解系统在不同条件下的性能。这有助于开发人员进行故障排除、优化和决策制定。

系统建模仿真在许多领域有广泛的应用,包括工程、控制系统、交通规划、医疗设备设计、金融风险评估等。它能够帮助解决复杂问题和改进产品性能,能够提高产品生产效率降低生产成本。通过模拟不同决策和策略,决策者可以更好地了解不同方案的效果,以便做出明智的决策;在某些情况下,实际测试可能不切实际或危险,系统建模仿真允许人们进行虚拟实验和验证,从而降低风险。

总之,系统建模仿真是一种强大的手段,用于理解和分析复杂系统,支持方案制定、性能评估和问题解决。它在多个领域中发挥着重要作用,并有助于提高效率、降低成本和减少风险。

系统建模仿真软件是专门用于支撑系统建模仿真的计算机软件,用于创建、模拟和分析系统模型。这些软件允许用户建立虚拟系统,通过模拟来了解系统在不同条件下的行为和性能。一些著名的系统建模仿真软件包括 MATLAB/Simulink、AMESim、ANSYS、Sysplorer 等。本书所使用的系统建模仿真软件为 Sysplorer。

系统建模仿真类工业 App 是指结合系统建模仿真和 App 技术,针对某一个特定领域或者特定问题提供定制化的解决工具,比如针对四驱的新能源车提供设计软件,能够在输入一些关键参数的基础上,计算车辆的关键指标。

4.1.2 技术特点和优势

系统建模仿真类工业 App 技术特点如下:

（1）使用系统建模语言 Modelica 进行系统模型构建。

传统的工业 App 开发方式中，与业务相关的原理部分一般使用 C++、Java 等编程语言来编写，这需要开发人员掌握编程技能，提高了开发门槛，而系统建模仿真类工业 App 中使用的建模语言是面向开发人员的语言，他们很容易就能够掌握。

（2）使用 App 理念开发定制化的、专用化的应用软件。

著名的系统建模仿真软件（如 MATLAB/Simulink、AMESim、ANSYS、Sysplorer）大多数是通用的或者面向某个领域的软件，旨在解决通用的问题，一般功能较多、较烦琐，但在实际应用中，不是所有的开发人员都有精力来学习这些软件，大家都希望有一个开箱即用、简单、易上手的工具来解决自己所面对的特定问题。Sysplorer 能够完成航天、航空、船舶、汽车等领域的系统建模仿真，但在实际中，开发人员常常会需要一个某一型号的直升机设计软件、某一型号的车辆设计软件，他们常常会不满足通用软件的参数设置界面、曲线输出形式、报告输出形式等内容，而使用 App 开发理念就能开发出一个定制化的、开箱即用的软件，满足这部分开发人员的需求。

系统建模仿真类工业 App 的构建方式为，工程人员使用建模语言（如 Modelica）来开发与业务相关的系统模型，开发人员通过调用系统建模仿真 App 来执行模型的仿真计算。这种方式具有以下优势：

（1）工程人员创建了系统模型，减轻了开发人员对业务原理的依赖；

（2）开发人员可以更简单快速地集成计算模型，实现工业 App 所需的业务逻辑；

（3）开发过程中，开发人员不需要深入学习编程技能，降低了使用门槛和学习成本。

例如，我们开发一个模拟质量-弹簧-阻尼系统的 App，将一个弹簧的一端固定在墙上，另一端连接一个质量块，将质量块与地面和空气的摩擦力统一抽象为一个阻尼系数，然后对质量块施加一个力，观察质量块的速度、位移。该 App 需要支持快速修改质量块的质量、弹簧的刚度、阻尼系数等参数，使用户能够快速得到质量块的速度、位移等信息。

质量-弹簧-阻尼系统的原理如图 4-1 所示。

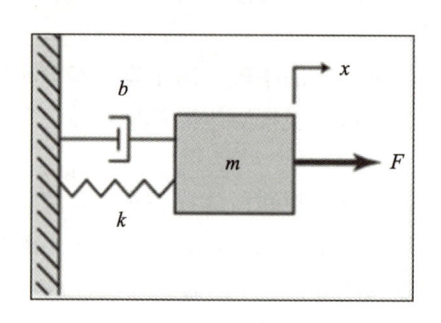

图 4-1　质量-弹簧-阻尼系统的原理

针对上述质量-弹簧-阻尼系统的需求，若通过 C 语言编程来实现，则需要将相关物理知识和积分知识编写为 C 语言代码来完成相关信息的计算；若使用 Modelica 语言来实现，仅需通过拖动、连接等动作完成模型创建，这对于掌握 Modelica 的开发人员来说非常简单。图 4-2 为一个质量-弹簧-阻尼系统的 Modelica 模型。

综上所述，与传统工业 App 的开发方式相比，系统建模仿真类工业 App 开发方式使用可视化建模方式进行业务原理开发，降低了开发门槛，简化了开发流程，减轻了开发人员对编程知识的依赖，这种方式特别适合需要模拟和仿真系统行为的场景。

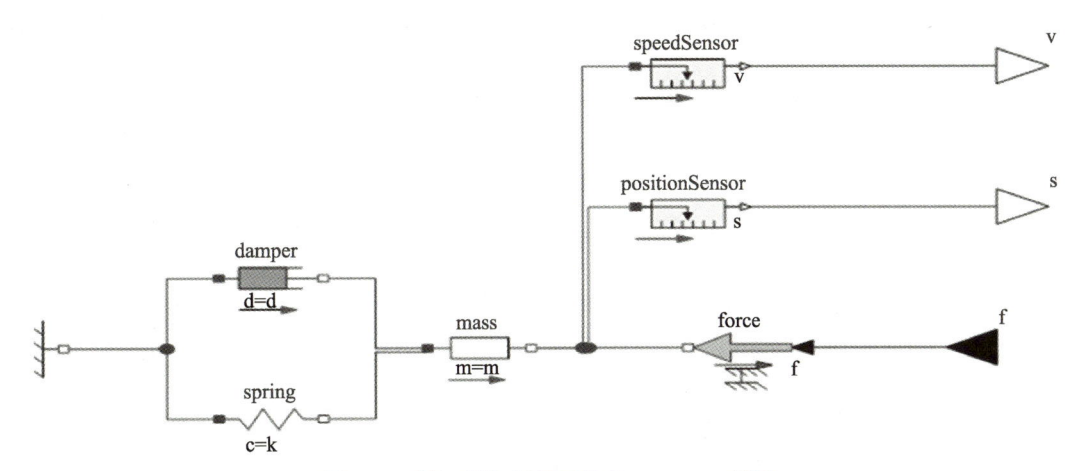

图 4-2　质量-弹簧-阻尼系统的 Modelica 模型

系统建模仿真类工业 App 开发方式更适用于开发定制化的、专用化的应用软件，导致该类工业 App 与传统工业 App 在部署方式、工业软件要素完整性、体量及操作难易程度及解决问题的类型等方面存在明显的区别。传统工业 App，如 CAD、CAE、CAM、PLM、ERP、MES 等，通常采用本地化安装部署方式；每一个传统工业 App 都提供完整工业软件要素，如几何引擎、求解器、业务建模引擎、数据库等，每一个传统工业 App 都是一个独立的整体，可以不依赖其他平台独立运行；传统工业 App 通常体量巨大，操作使用复杂，开发人员需要具备某些专业领域知识才能使用；由于所采用的技术架构等原因，传统工业 App 通常是紧耦合的，虽然可以分模块运行，但几乎不可多层级解耦；传统工业 App 一般用于解决抽象层次的通用问题，例如，CAD 软件提供面向几何建模的高度抽象的功能应用，具有专业领域知识的使用者可以操作 CAD 软件用来完成不同种类产品的几何建模与设计。

对于系统建模仿真类工业 App 来说，可以有多种部署方式，但是系统建模仿真类工业 App 必须依托平台（包括工业互联网平台、云平台、大型工业软件平台、工业操作系统等）提供的技术引擎、资源、模型等完成开发与运行；系统建模仿真类工业 App 只解决特定的具体工业问题，体量小，操作使用方便，可以降低使用门槛。

综上所述，系统建模仿真类工业 App 较传统工业 App 具有依托于 Sysplorer 平台、定制化、体量小，操作使用方便等特点。

在系统建模仿真类工业 App 开发实践中，核心要素是 Sysplorer.SDK。Sysplorer.SDK 是 Sysplorer 内核层和平台层对外提供的应用开发工具包，是一系列程序接口、帮助文档、开发范例、实用工具的集合，包括如下内容。

（1）程序接口：Sysplorer.SDK 的程序接口包括内核层和平台层的函数和方法的集合，包括模型文件、参数操作、属性获取、元素及属性判定、属性查找、编译仿真、结果数据查询等系统建模仿真 API。

（2）帮助文档：Sysplorer.SDK 的帮助文档扮演着指南和导航的角色。这些文档解释了每个接口、类和函数的作用，提供了示例代码，甚至可能包含了常见错误的解决方法。这些文档是开发人员探索 SDK 时的得力助手。

（3）开发范例：Sysplorer.SDK 的开发范例是学习和启发的极佳资源。它们展示了如何使用 Sysplorer.SDK 来解决具体的问题，包括简单的示例（如质量-弹簧-阻尼系统、批量仿真系统）和复杂的案例（如车辆 App）。开发人员可以通过研究这些范例来加速自己的学习过程，并开始构建自己的 App。

（4）实用工具：推荐的开发工具组合，包括 Qt5.14.2、Microsoft Visual Studio 2017 等开发工具。

Sysplorer.SDK 具有以下技术特点和优势：

（1）可扩展性和可重用性，SDK 提供了丰富的图形扩展界面，用户可通过重用界面组件快速搭建一个简单的建模仿真 App；

（2）支持用户进行界面设计，用户利用 Qt Designer 等工具，可以设计和构建用户友好的界面。用户可以通过拖放和自定义组件，快速创建交互式的用户界面，使得 App 易于使用和操作；

（3）稳定的仿真内核，底层内核自主研发，仿真算法丰富，自主可控，用户可直接调用仿真相关内核完成模型的检查、编译、仿真等；

（4）产业应用广泛，由 SDK 集成的 Sysplorer 原生软件已在工业界得到广泛应用，特别是在航天、航空、汽车等领域。

综上所述，系统建模仿真类工业 App 可以使用 Sysplorer.SDK 开发。Sysplorer.SDK 提供了较为完备的 API、文档、案例，用户可以快速上手；Sysplorer.SDK 同样提供了丰富的图形组件和底层编译仿真功能，用户可通过重用界面组件和编译仿真 API 快速搭建一个简单的建模仿真 App。

4.1.3 应用示例

系统建模仿真的优点极为突出，也是当下最热门的技术之一。如今，该技术的广泛应用，已经使它在多个领域中扮演着重要的角色，甚至已经成为必不可少的工具之一。系统建模仿真技术的具体应用场景如下。

（1）汽车制造：在汽车制造过程中，可以使用系统建模仿真技术对生产线进行优化，降低生产成本，提高生产效率和产品质量。例如，可以使用仿真技术来模拟装配流程、零部件的运输和存储等，以优化生产线的布局和生产流程，提高装配效率和质量。

（2）物流管理：在物流管理领域，可以使用系统建模仿真技术来优化物流网络，减少物流成本，并提高物流服务水平。例如，可以使用仿真技术来模拟物流网络的运行，以了解运输量、运输时间、库存等数据，从而优化物流网络的设计和运营策略。

（3）电力系统：在电力系统中，可以使用系统建模仿真技术对电网进行建模仿真，以预测电网的稳定性和安全性。例如，可以使用仿真技术来模拟电力系统的运行状态，以预测电网的故障和安全风险，并提出优化建议。

（4）石油化工：在石油化工领域，可以使用系统建模仿真技术对生产过程进行建模仿真，以优化生产过程并提高产品质量。例如，可以使用仿真技术来模拟化工系统的运行状态，以优化反应器的操作条件，提高反应器的效率。

（5）医疗领域：在医疗领域，可以使用系统建模仿真技术对医疗服务进行建模仿真，以提高医疗服务的质量和效率。例如，可以使用仿真技术来模拟医疗服务的流程和患者的排队等待时间，以优化医疗服务的流程，提高患者的满意度和医疗服务的效率。

系统建模仿真类工业 App 开发技术在各个行业中具有广泛的应用场景，它可以帮助用户优化生产过程、进行决策制定、降低成本、提高效率等。

系统建模仿真类工业 App 开发技术的应用场景如下。

（1）制造业领域：
- 生产线优化：通过建模仿真工具，可以优化生产线，包括流程优化、资源优化和工人优化，以提高生产效率；
- 质量改进：建模仿真可用于模拟不同质量控制策略，以改进产品质量。
- 库存管理：建模仿真可以帮助制造商确定最佳库存水平，以减少库存成本和避免过量库存。

（2）航空和航天领域：
- 飞行仿真：用于模拟飞行操作，培训飞行员和评估飞机性能。
- 航天任务规划：建模仿真工具可以帮助人们规划和优化太空任务，包括轨道设计和飞行路径规划。

（3）船舶和海运领域：
- 船舶航行仿真：用于模拟船舶航行，改进导航和进行航线规划。
- 船舶动力系统优化：通过仿真来优化船舶动力系统，以提高燃油效率。

（4）汽车制造领域：
- 生产线仿真：用于模拟汽车生产线的运作，以改进生产流程和资源分配。
- 车辆碰撞仿真：用于评估汽车碰撞的安全性，改善车辆设计。

（5）物流和供应链领域：
- 供应链优化：用于模拟整个供应链，改进库存管理和运输策略。
- 物流网络设计：帮助设计物流网络，确定最佳分销中心和运输路径。

（6）医疗设备制造领域：
- 医疗设备仿真：用于模拟医疗设备的性能和功能，改进设备设计和进行设备维护。
- 医院流程优化：用于优化医院办事流程，提高病人护理效率。

在这些应用场景中，系统建模仿真类工业 App 开发技术能帮助行业用户更好地理解和优化复杂的系统，提供了数据驱动的决策支持，以提高生产效率和降低成本。此外，这些 App 还可用于培训、安全性评估和可持续性改进。

下面介绍一些已经在使用的系统建模仿真类工业 App 案例。

1. 车辆设计验证工业 App

车辆设计验证工业 App 用于车辆的设计验证，用户可以通过修改车辆的参数进行车辆设计，可通过仿真车辆行驶性能进行设计验证，即通过加载车辆模型库，选择对应型号的车辆，通过修改车辆属性，包括车辆类型、尺寸、重量、动力等特征，实现车辆的设计；通过仿真计算模拟车辆在道路上运行情况，得到车辆运行性能数据，包括车辆的加速度、悬挂系统的振动情况、轮胎的压力分布等，基于性能数据分析车辆设计的合理性、优越性。车辆设计验证工业 App 如图 4-3 所示。

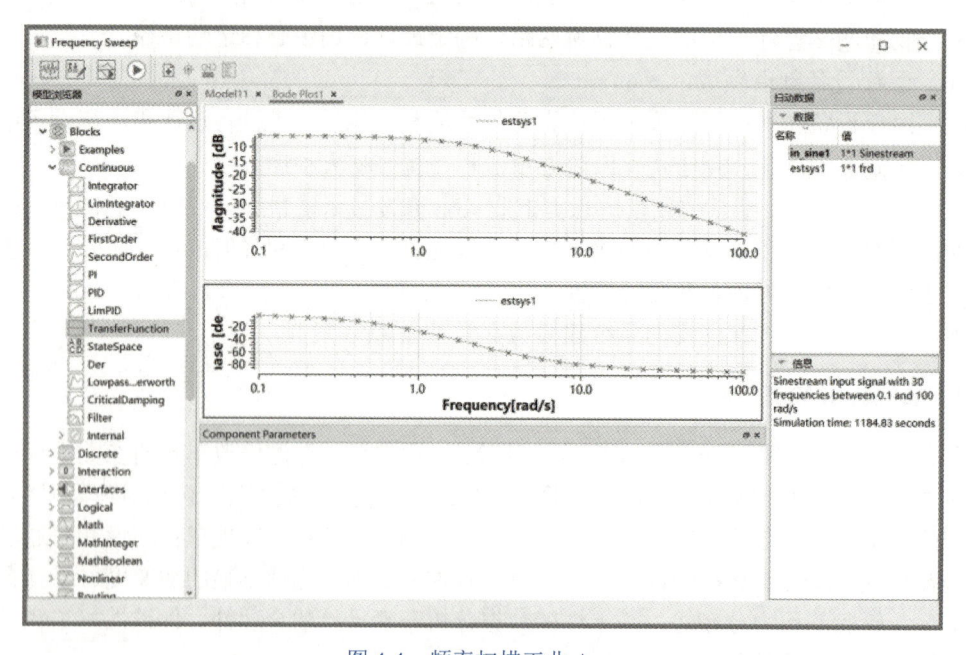

2. 频率扫描工业 App

频率扫描工业 App 是一种实验或技术研究 App，它通过改变信号的频率并记录相应的响应或测量结果，以探索系统的频率特性或获取信号的频谱信息。它被广泛应用于电子学、通信、光学等领域。通过频率扫描可以分析系统的频率响应，了解电路、设备或系统在不同频率下的行为；同时，通过频率扫描也可以用于获取信号的频谱图，帮助用户理解信号的频率分布和特征。频率扫描工业 App 可以实现频率锁定、频率调制等功能，具体的实现方式包括可变频率信号发生器、扫频雷达、光学频率扫描器等。这一技术在科学研究、工程应用和通信系统调试中具有重要的价值。频率扫描工业 App 如图 4-4 所示。

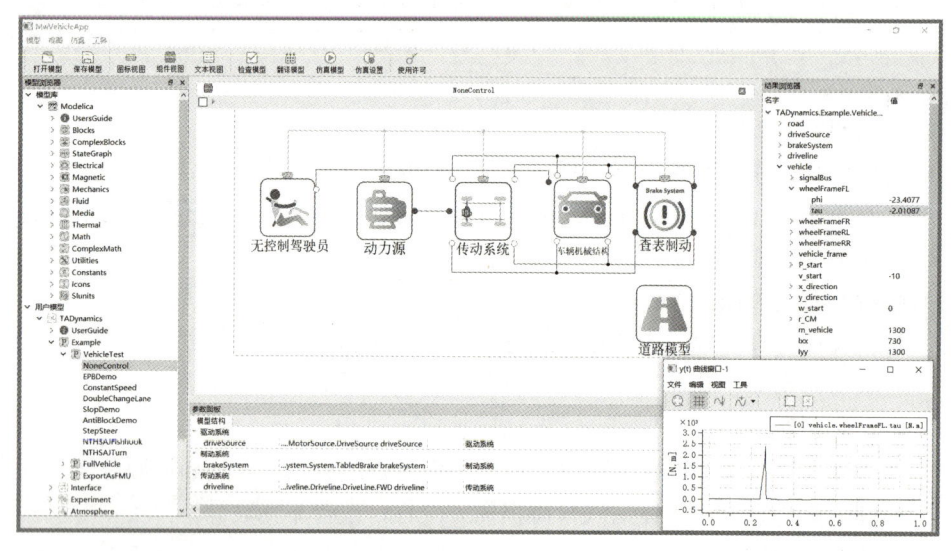

图 4-3　车辆设计验证工业 App

图 4-4　频率扫描工业 App

3. 模型试验设计工具箱 App

模型试验设计工具箱 App 用于模型参数试验设计和系统模型试验设计，以全因子设计、拉丁超立方设计、均匀设计、最优设计等试验算法为基础，对影响系统的因素进行仿真分析。利用模型试验设计工具箱 App，用户可实现架构模型的系统选型试验设计和验证，也可以实现系统参数的试验设计和验证。模型试验设计工具箱 App 如图 4-5 所示。

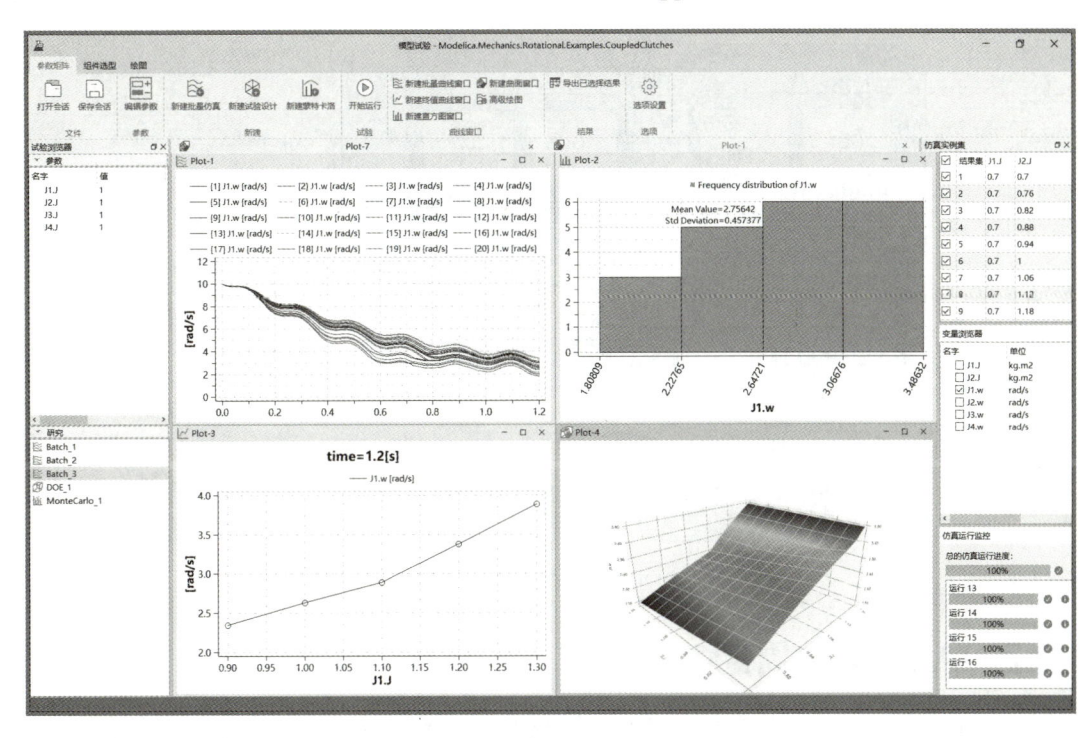

图 4-5　模型试验设计工具箱 App

4.2　系统建模仿真类工业 App 的开发模式及开发流程

4.2.1　App 运行架构

Sysplorer.SDK 提供了多种模型相关操作 API，并提供相关 Qt 图形界面供用户使用，用户利用 C++/Qt 图形应用开发平台来开发 App，可实现一个带界面交互操作的、专业设计的系统建模仿真工业 App。图 4-6 为基于 Sysplorer.SDK 开发的 App 的运行架构。

系统建模仿真类工业 App 组件关系由上到下共分为三层，即 App 层、App SDK 层和 Sysplorer 平台层。其中，App 层的功能与科学计算类工业 App 的 App 层功能相同（参见 3.2.1 节），其他两层功能与之不相同。下面分别介绍这三层的内容。

（1）App 层：用户可以使用主流的图形应用开发平台开发图形用户界面和 App 的业务逻

辑，并通过使用 App SDK 来实现与 Syslab 平台的集成和通信。

（2）App SDK 层：App SDK 层负责提供模型操作、图形组件、编译仿真、结果查询、系统配置等 API，支持用户开发一系列专业仿真 App。

（3）Sysplorer 平台层：若将 App 编译成 exe 类型的可执行文件，则其可直接独立运行，若将 App 编译成 dll 类型的动态链接库文件，并在插件中增加该工具，则其可依赖 Sysplorer 环境使用和打开。

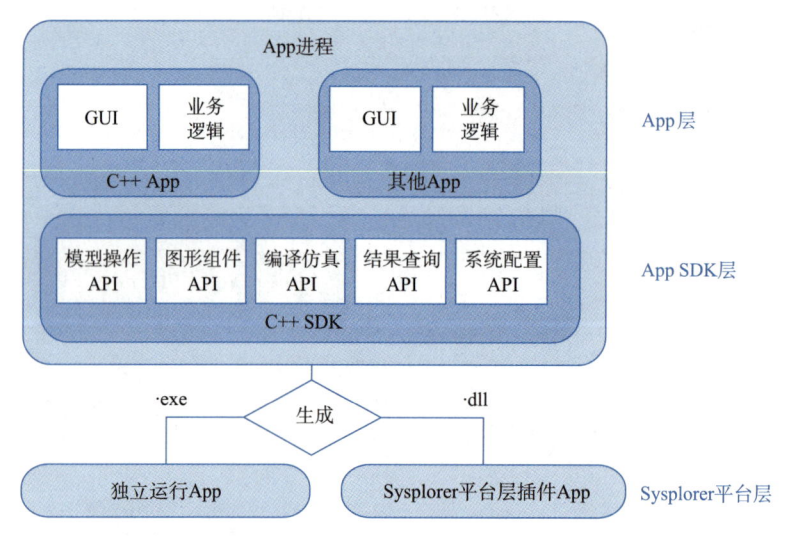

图 4-6　基于 Sysplorer.SDK 开发的 App 的运行架构

4.2.2　App 生命周期

软件开发的生命周期包括需求分析、方案设计、技术选型、开发实现、测试验证和应用改进 6 个主要阶段，已在 3.2.2 节介绍过，这里不再重复给出。系统建模仿真类工业 App 的生命周期，与科学计算类工业 App 的生命周期类似，在此不再赘述。下面重点介绍系统建模仿真类工业 App 开发需要关注的问题。

（1）用户界面需要简洁易用，以满足操作员和开发人员的需求。界面设计需要更多关注用户友好性，以确保用户可以高效操作。因为需要调用 Sysplorer 的 API，所以系统建模仿真类工业 App 的架构需要分层次、分模块。

（2）需要使用合适的建模语言，如在通信、信息、数据拟合等领域中可以选择 Julia 语言；汽车发动机的设计仿真、直升机起落架的设计仿真、核电厂蒸汽发生器的设计仿真等可以选择 Modelica。

（3）开发实现可能是软件开发生命周期中耗时最长的阶段，针对系统建模仿真类工业 App 开发，此阶段涉及一些特殊的技术点，其中最特殊就是需要使用 Modelica 语言去开发仿真模型，需要调用 Sysplorer.SDK 去进行模型的编译仿真。

4.2.3　App 开发流程

系统建模仿真类工业 App 的开发流程包括 App 开发环境的部署、系统模型构建、App

开发、App 测试、App 打包、App 安装与运行，下面为具体每个步骤的详细说明。

1. App 开发环境部署

1）SDK 安装

下载 SDK 安装包，如图 4-7 所示。

图 4-7　SDK 安装包

下载完成后双击安装包，即可弹出如图 4-8 所示的界面，同意用户许可协议，然后一直单击"下一步"按钮即可完成安装。

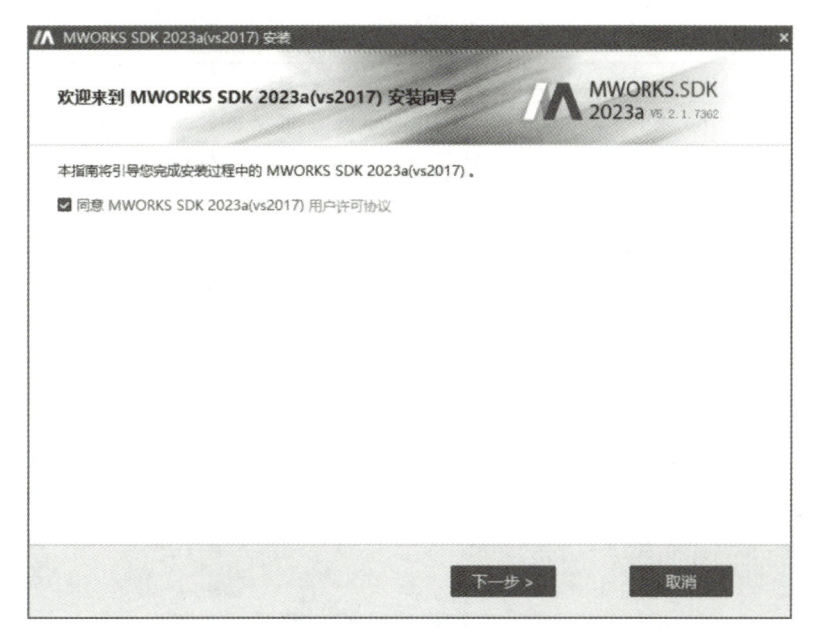

图 4-8　SDK 安装界面

2）SDK 目录介绍

Sysplorer.SDK 安装完成后，可以在安装目录下看到其内容，如图 4-9 所示，说明如下：

- bin：SDK 二进制库，包含静态库、动态库、cmake 配置、Sysplorer 运行所需的运行文件；
- docs：SDK 帮助文档，基于 Qt 帮助文档框架开发的帮助文档工具，双击文件夹中的应用程序或 mw_help 快捷方式即可打开；

图 4-9　SDK 目录

- examples：SDK 开发示例，提供了各个组件的定制化开发 Demo，包括 SDK 所有的常用开发场景，如 HelloWorld 入门程序、Ribbon 界面定制化开发、图形建模定制化开发、曲线窗口定制化开发、模型浏览器拖动、静默模式编译仿真、仿真数据实时通信、插件配置等。
- include：SDK 依赖的第三方库头文件。
- interface：SDK 同元库的头文件。

3）SDK 开发环境

目前 Sysplorer.SDK 仅支持 Windows 操作系统，支持 Windows 7、Windows 10 和 Windows 11；由于 Sysplorer 是由 Visual Studio 2017 编译出来的库，所以建议使用 Visual Studio 2017 作为 IDE。推荐使用 Qt 进行对应界面开发。

具体的软件环境见表 4-1 所示。

表 4-1 软件环境

类型	环境
操作系统	Windows 7 SP1 及以上版本
Qt	Qt5.14.2 x86 或 x64 版本
IDE	Microsoft Visual Studio 2017（简称 Visual Studio 2017）
IDE 插件	Visual Studio 2017 的 Qt 开发插件

4）新建项目

基于 Visual Studio 2017 新建一个 Qt Application 项目，如图 4-10 所示。

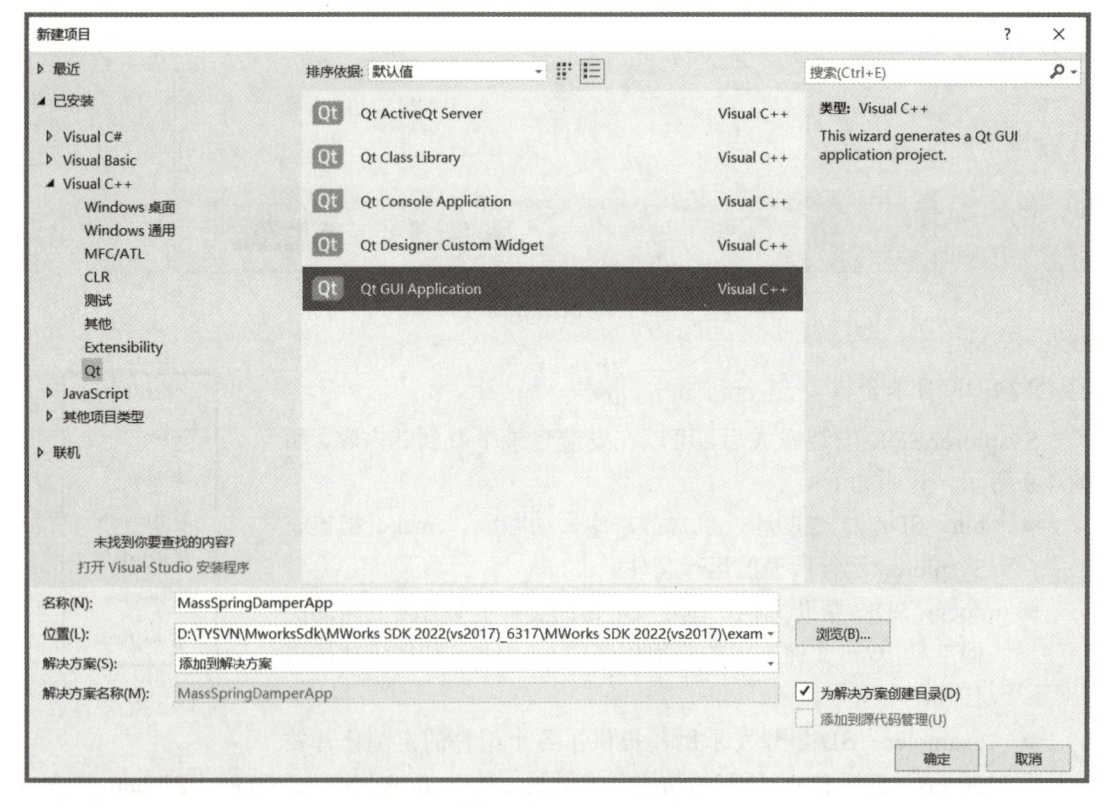

图 4-10 新建项目

5）输出目录配置

输出目录配置如图 4-11 所示，将输出目录配置到安装 SDK 路径的 bin 目录下：

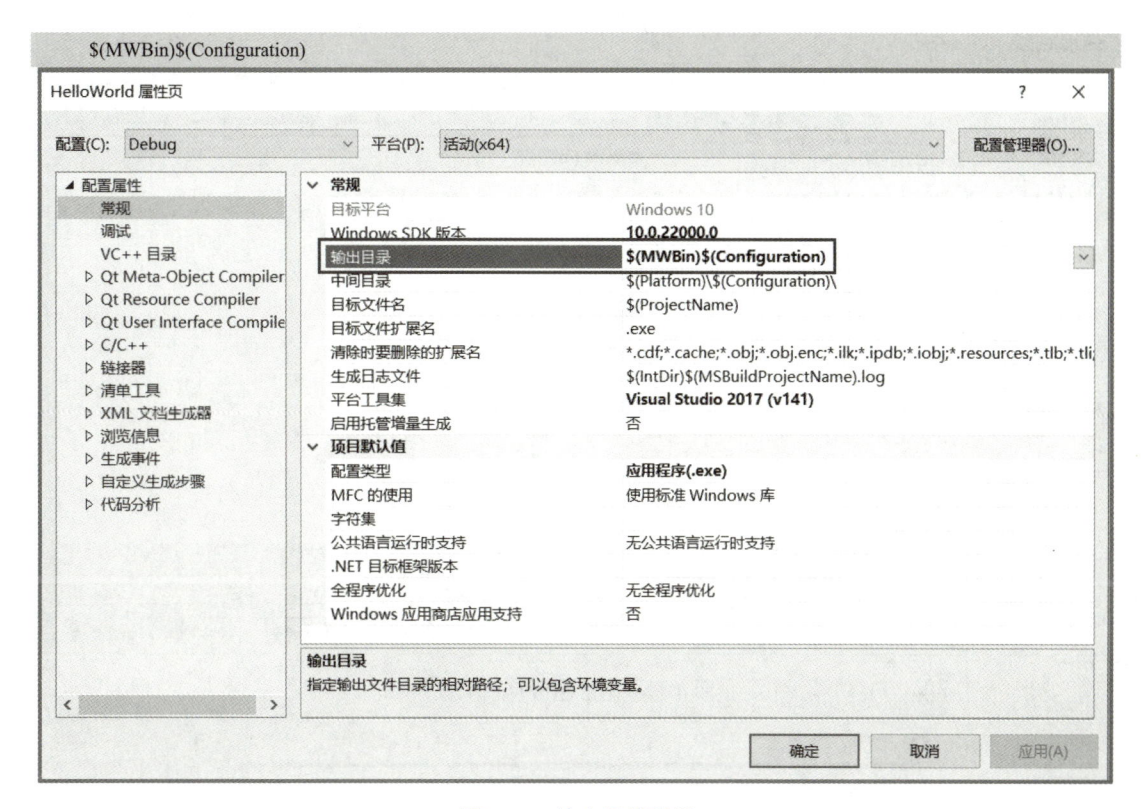

图 4-11　输出目录配置

将图 4-11 中输出目录后面的 MWBin 替换为实际的 SDK 安装路径，即\bin\win_msvc2017x64。

6）附加包含目录配置

附加包含目录配置如图 4-12 和图 4-13 所示，向附加包含目录中添加 SDK 的 include 与 interface 目录。

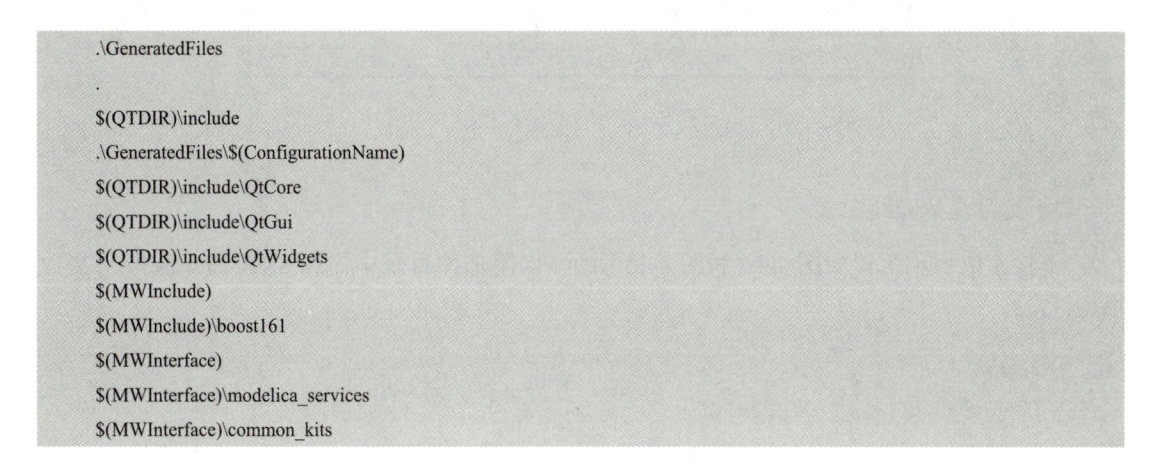

```
.\GeneratedFiles
.
$(QTDIR)\include
.\GeneratedFiles\$(ConfigurationName)
$(QTDIR)\include\QtCore
$(QTDIR)\include\QtGui
$(QTDIR)\include\QtWidgets
$(MWInclude)
$(MWInclude)\boost161
$(MWInterface)
$(MWInterface)\modelica_services
$(MWInterface)\common_kits
```

其中，$(MWInclude)表示 SDK 安装路径/include，$(MWInterface)表示 SDK 安装路径/interface。

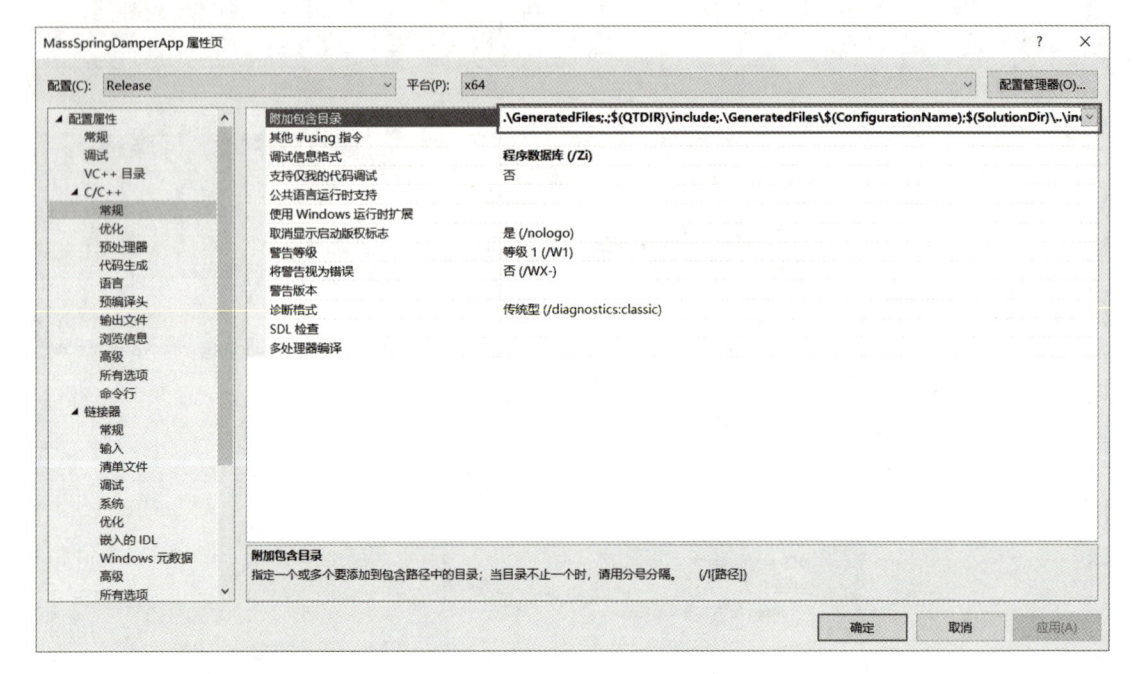

图 4-12　附加包含目录配置

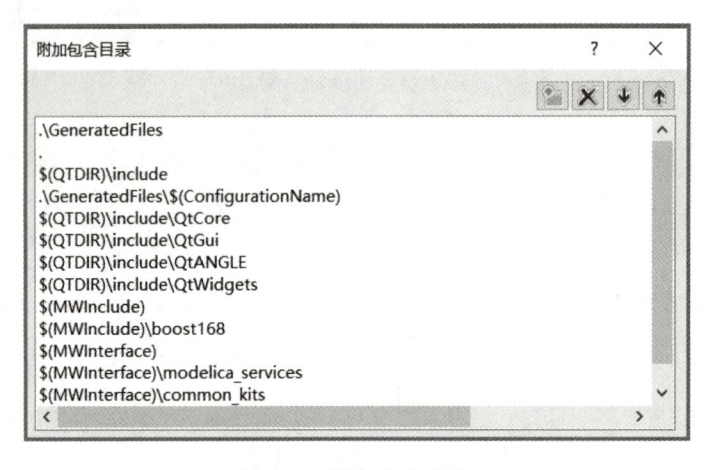

图 4-13　附加包含目录

7）链接库依赖项配置

链接库依赖项配置如图 4-14 和图 4-15 所示，向附加库目录中添加 SDK 的 bin\lib 与文件输出目录。

$(OutDir)
$(QTDIR)\lib

$(MWBin)\lib

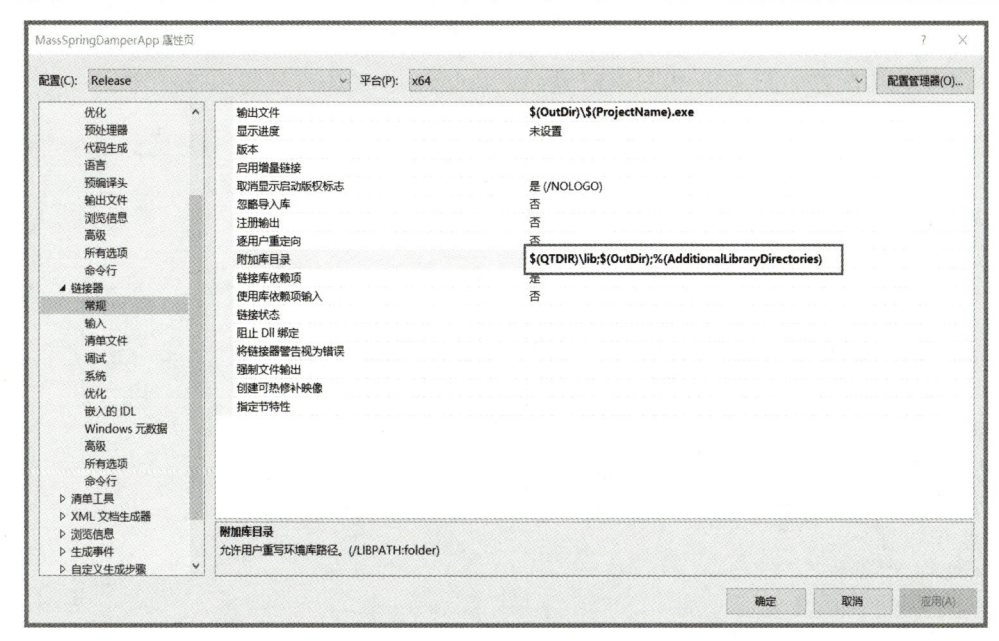

图 4-14　附加依赖项配置

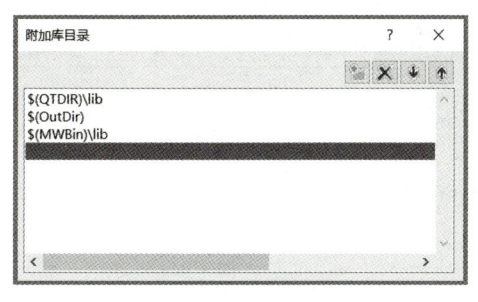

图 4-15　附加库目录

8）附加依赖项配置

Debug 下的附加依赖项设置为

qtmaind.lib

Qt5Cored.lib

Qt5Guid.lib

Qt5Widgetsd.lib

mw_develop_d.lib

modelica_compiler_d.lib

mw_graphics_view_d.lib

mw_class_manager_d.lib

mw_global_d.lib

mw_help_d.lib

mw_sim_inst_d.lib

mw_sim_plot_d.lib

model_var_tree_d.lib

mw_develop_d.lib

附加依赖项配置如图 4-16 和图 4-17 所示，Release 下的附件依赖项设置为

qtmain.lib

Qt5Core.lib

Qt5Gui.lib

Qt5Widgets.lib

mw_develop.lib

modelica_compiler.lib

mw_graphics_view.lib

mw_class_manager.lib

mw_global.lib

mw_help.lib

mw_sim_inst.lib

mw_sim_plot.lib

model_var_tree.lib

mw_develop.lib

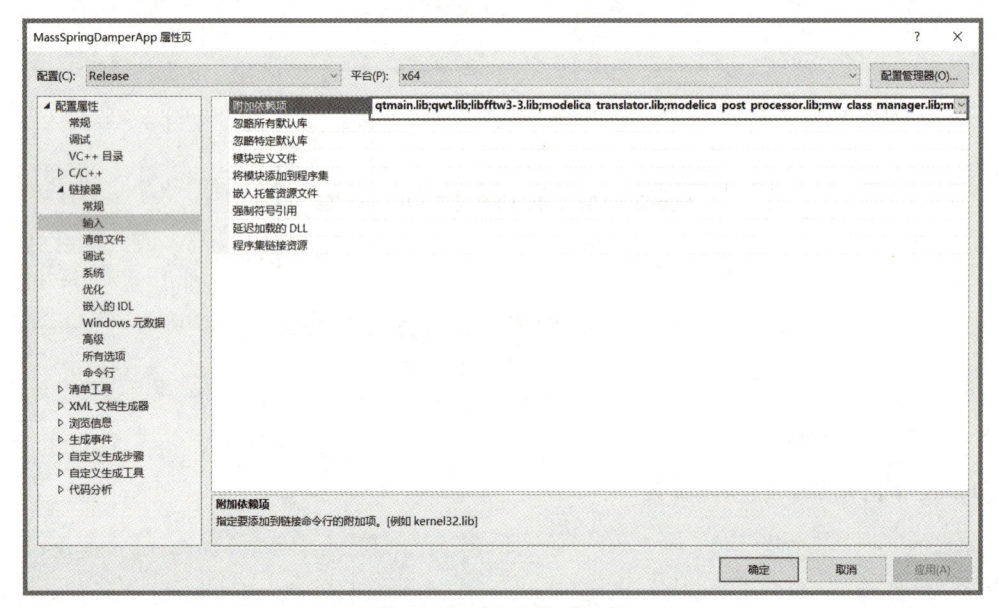

图 4-16　附加依赖项配置

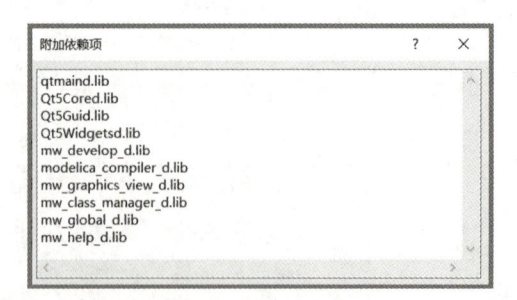

图 4-17　附加依赖项

2. 系统模型构建

在系统模型构建环节，用户需要在 Sysplorer 软件中进行模型开发，模型开发包括如下内容。

1）模型库的开发

在系统建模仿真环境中，开发模型库一般需要以下步骤：

（1）模型库架构：为模型库创建 package，用于存放模块；

（2）模块开发：逐个创建模块，并选择合适的方式开发模块，具体的模块开发方式在下文中展开说明；

（3）模型库应用：对搭建完成的模型进行仿真与编译，完成实际场景测试和演示。

系统建模仿真的模型库开发流程如图 4-18 所示。

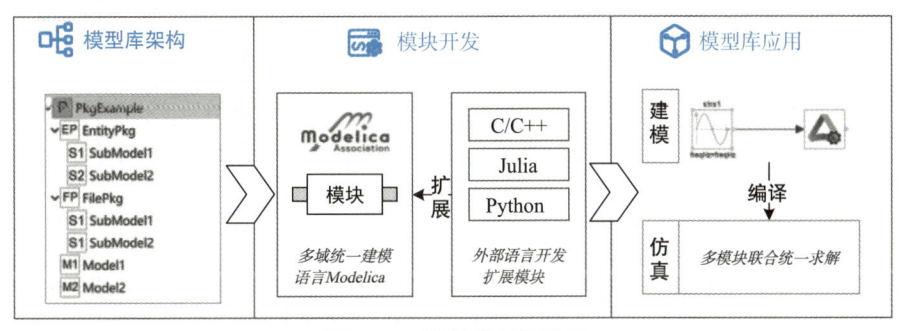

图 4-18 模型库开发流程

2）模型库的组织

模型库采用 Modelica 语言中的 package 表示，package 可以包含各种模块，也可以递归包含子 package。package 架构必须采用 Modelica 语言构建，而 package 中的其他模块则可以用 Modelica 和 Julia、Python、C/C++等语言构建。

package 可以用操作系统中的文件系统或数据库层次结构来表示。这样的外部实体按特性可分为两类：

- 结构化实体，如文件系统中的目录；
- 非结构化实体，如文件系统中的文件；

图 4-19 是一个简单的 Modelica package 示例，展示了结构化和非结构化两种形式的结构映射关系。

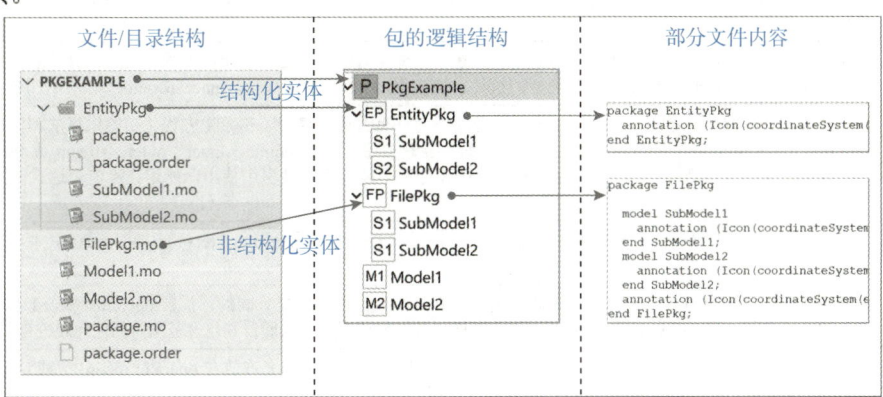

图 4-19 文件系统层次结构和 package 的映射关系

搭建好模型库层次架构后，内部模块的构建成为模型库开发的主要工作。下面分别介绍模块的分类和构建方式。

3）模块的分类

模块是构建系统的主要元素，在 Modelica 语言中，用类（class）表示模块。为了实现不同的用途，class 又细分为多种特殊类，它们在 class 的基础上做了限制或增强。从是否包含状态行为角度划分，可以将 Modelica 语言中所有特殊类归纳为如图 4-20 所示的三大类。

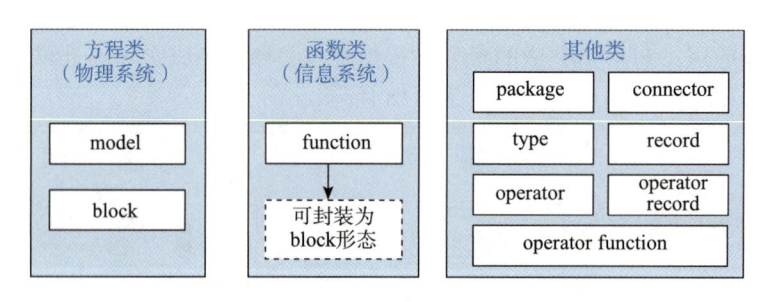

图 4-20 Modelica 特殊类的大类划分

方程类中包含时间连续、离散的变量和方程、算法，类中行为用于陈述变量之间的关系，适用于构建物理系统；函数类中包含输入变量、输出变量和算法，类中算法用于描述通过输入计算输出的过程，适用于构建信息系统；其他类是 Modelica 语言中的概念，采用外部语言构建系统模块时无须考虑。

表 4-2 列出了 Modelica 中所有特殊类的特性。

表 4-2 Modelica 中所有特殊类的特性

特性	说明
package	只能包含类和常数的声明，增强的是可以用 import 导入 package 中的元素
model	与基本的类概念完全相同，既没有限制也没有增强
block	与增加限制的 model 相同，其限制是 block 的每个连接器组件的连接器变量必须有前缀 input 或/和 output，其目的是建立方块图中的输入/输出块模型。有了对 input/output 前缀的限制，符合方块图语义的块间连接才可能实现
function	不能包含 equation，public 的变量必须有 input/output 前缀（表示输入/输出参数），等于过程式编程语言中的函数
type	只能是预定义类型、枚举类型、type 的数组或由 type 扩展的类；增强之处在于能对预定义类型进行扩展（其他特殊类都没有这个特性）
connector	在其定义及其任何组件中，只允许有 public 部分（不允许有方程、算法、初始化方程、初始化算法和保护节）；增强的是允许将 connect(…)用于连接器类型的组件，连接器的元素不能有前缀 inner 或 outer
record	在其定义及其任何组件中，只允许有 public 部分（不允许有方程、算法、初始化方程、初始化算法和保护节）。不能在连接（connections）中使用；record 中的元素不能有前缀 input、output、inner、outer、stream 或 flow。增强的是隐含地具有记录构造函数。另外，record 组件在表达式中能作为组件引用使用，能在赋值表达式的左边，服从一般的类型兼容规则
operator	与 package 类似，但只可包含函数声明；只可放在 operator record 中或 operator record 内的 package 中，扩展自其包含范围内的任何成分都是非法的
operator record	与 record 类似，但可以重载运算符；因此，类型规则（typing rules）是不同的。扩展 operator record 不合规，除非作为简短类定义，直接在 operator record 中修改组件元素的默认属性。扩展自其包含范围内的任何成分都是非法的
operator function	仅含有一个函数的 operator 的简写；与 function 类的限制一样，另外，只允许放在 operator record 中或 operator record 内的 package 中，扩展自其包含范围内的任何成分都是非法的

4）模块的构建方式

模型库中的模块可以在系统建模仿真环境中采用 Modelica 语言开发，也可以通过 Syslab 环境中的 Julia 语言构建，还可以采用 Python、C/C++ 等其他语言构建。在系统建模仿真环境下，Modelica 语言之外的语言统称为外部语言。

构建模块时要考虑以下问题：第一，是否为物理系统建模，即系统中是否包含时间或事件；第二，是否已存在部分模型实现，或者模块开发人员更熟悉哪种语言。表 4-3 是 Modelica 和外部语言对比信息。

表 4-3 模型库模块开发语言对比

开发语言	信息系统（不含时间和事件）	物理系统（包含时间或事件）
Modelica	用 function 包含输入和输出参数，可以将 function 封装成 block 用于图形化连接	用 class、model 或 block 表示包含时间和事件的连续、离散或连续离散混合状态行为的模块
外部语言	采用 Syslab Function 机制，支持将外部语言封装成 Modelica 中的 function 模块。该机制基于 Modelica 外部函数实现，支持 Julia、Python 和 C/C++，可持续扩展到其他语言	采用 Syslab FMI 机制，支持将外部语言开发的物理系统封装为 Modelica 中的物理模块。该机制基于 FMI 规范和 Modelica 外部函数实现，目前支持 Julia、Python 和 C/C++

Modelica 语言是开发模块的原生方式，用 model 或 block 表示包含状态行为的模块，用 function 表示算法模块。

在 Modelica 中，所有的事物都是类，它由类名字、成员声明和方程/算法组成。model 和 block 都是特殊的类，两者都可以用来表示模块。

一个典型的 Modelica 类的示例代码如下：

```
class ClassName
Declaration1
Declaration2
...
equation
equation1
equation2
  ...
end ClassName;
```

以上示例中，equation 之前的是模块的组成部分，equation 之后的是模块的行为部分。

Modelica 构建模块的方式可以是文本方式，也可以是图形方式，或者将两种方式结合。用文本方式开发 Modelica 模型库需要掌握 Modelica 语言，如果开发人员只是想扩充已有模型库中的部分模块（例如，用已有模块构建更高层次的单机或子系统，并增加到模型库中以便重复使用），则无须详细了解 Modelica 语言的所有方面，仅采用拖动方式图形化创建模块即可，一般步骤如下：

（1）在系统建模仿真环境中以编辑方式打开模型库；
（2）在模型库的适当层次中新建模块类；
（3）在模块类的图标视图中创建端口，并绘制模块图标，图标要能贴切表示模块含义；
（4）在模块类的图形视图中采用拖动方式创建模块内的组件并建立连接；
（5）创建测试模型，为搭建好的模块添加输入源和输出响应，执行测试；

（6）保存模型库并将其配置到系统模型库目录中。

如果开发人员已经有现成的 Julia、Python、C/C++或其他语言的代码，或者更习惯用其他语言构建模块，也可以采用该语言开发模块。开发人员可以混合使用多种语言开发模型库，即可以针对不同的模块选用最合适的开发语言。

3. App 开发

用户可以使用多种语言结合 Qt 进行 App 开发，App 开发流程包括：集成 Sysplorer.SDK、开发 GUI 界面、开发底层业务逻辑、调用 SDK 函数等，具体的步骤根据不同的开发人员的习惯可能不同。

4. App 测试

App 测试可在开发过程中依赖编译器进行，开发完成后，需要先进行编译器调试和软件功能测试，然后将 App 集成到 Sysplorer 软件中进行集成测试。App 测试流程如图 4-21 所示。

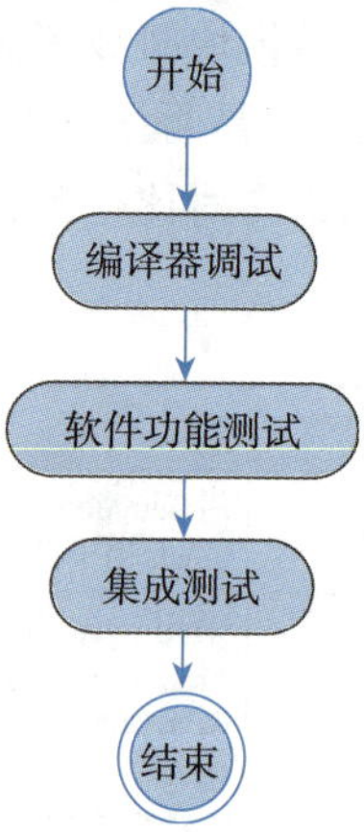

图 4-21　App 测试流程

5. App 打包

打包好的 App 程序需独立可运行，无须再另外安装软件或执行其他的操作。App 打包可分为仅打包 App、整个软件打包、插件打包；

（1）仅打包 App（不带运行环境）：将 App 生成的 exe 文件和自行编译所依赖的 dll 文件集中放在一个文件夹下，即可完成 App 打包，将该文件夹下的内容复制到任意版本对应的 SDK 的 Release 路径下，就能够正常运行该 exe 文件。

（2）整个软件打包：将生成的 exe 文件及依赖的 dll 文件放入"SDK 安装目录/bin/win_msvc2017x64/Release"目录下，如图 4-22 所示。

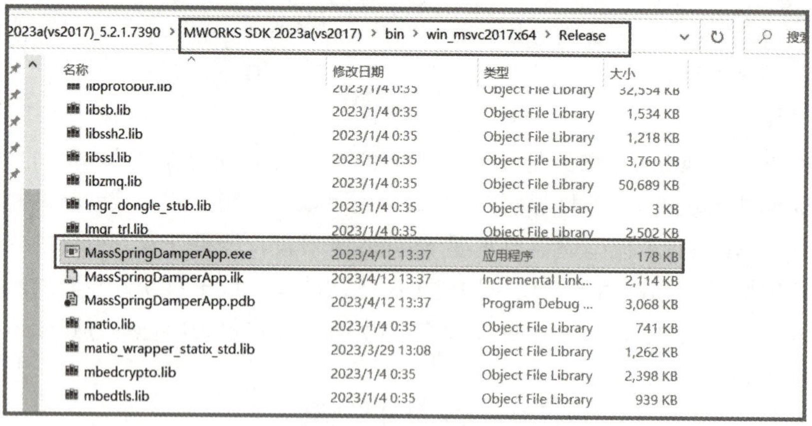

图 4-22　整个软件打包

双击开发的 exe 文件即可启动软件，放入 exe 后可对软件实现打包，打包步骤如下：

- 将 Release 文件夹的名称改为 bin；
- 保存 bin\win_msvc2017x64 目录下的以下目录：

external
initial_files
Library
bin(原 Release 文件夹)
setting
simulator
tools

- 最终打包目录如图 4-23 所示。

external	2022/12/12 15:30	文件夹
initial_files	2022/12/12 15:30	文件夹
Library	2023/3/13 9:29	文件夹
Release	2023/3/13 10:33	文件夹
setting	2022/12/12 15:30	文件夹
simulator	2022/12/12 15:30	文件夹
tools	2022/12/12 15:30	文件夹

图 4-23　App 打包目录

（3）插件打包：若开发的是 dll 类型的插件，打包方法如下：

- 将嵌入式生成的 dll 文件，放入"SDK 安装目录/bin/win_msvc2017x64/Release/Addins"目录下的新建文件夹（文件夹名称任意）中，并放入 dll 所依赖动态库，如图 4-24 所示，即可运行 Sysplorer。

名称	修改日期	类型	大小
MwBatchSimPlugin.dll	2023/4/3 8:30	应用程序扩展	253 KB
MwBatchSimPlugin.lib	2023/4/3 8:30	Object File Library	8 KB

图 4-24　插件打包

- 单击/bin/win_msvc2017x64/Release/exe 文件，运行 Sysplorer 软件，可查看放入的批量仿真插件如图 4-25 所示。

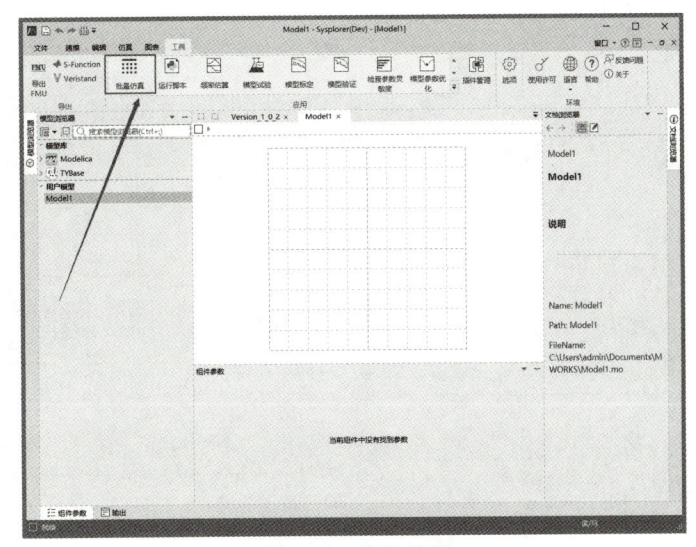

图 4-25　插件效果

- 将 dll 文件和文件夹一起打包,放入任意 Sysplorer 的 bin 目录下的 Addins 文件夹下,然后运行 Sysplorer,即可自动加载开发的插件。例如,在图 4-26 中,Addins 文件夹下有三个插件 MWorksMechanics、syslab_toolkit、syslink。

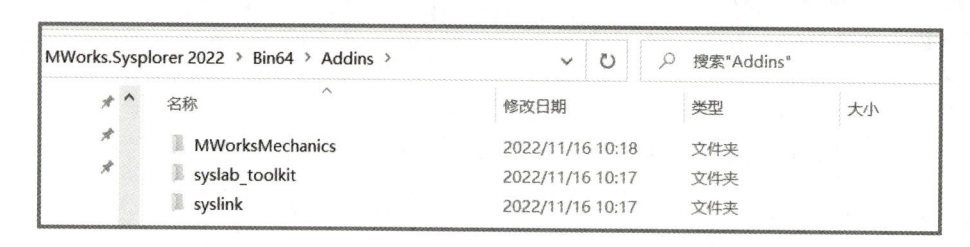

图 4-26　插件发布

6. App 安装与运行

生成独立 exe 文件的 App 无须进行软件安装,双击文件即可运行。

App 开发完成后,用户可独立运行 exe 文件类型的 App;对于开发的 dll 类型的插件,需依赖 Sysplorer 进行使用,将该插件放入 Sysplorer 安装路径下 bin/Addins 目录下,然后启动 Sysplorer,按照 dll 开发入口方式打开 dll 文件即可。

4.3　质量-弹簧-阻尼系统建模仿真 App 开发实践

本节将使用 Sysplorer.SDK 开发一个质量-弹簧-阻尼系统建模仿真 App,按照模型搭建、工程配置、SDK 功能开发的流程进行开发,最终效果如图 4-27 所示。

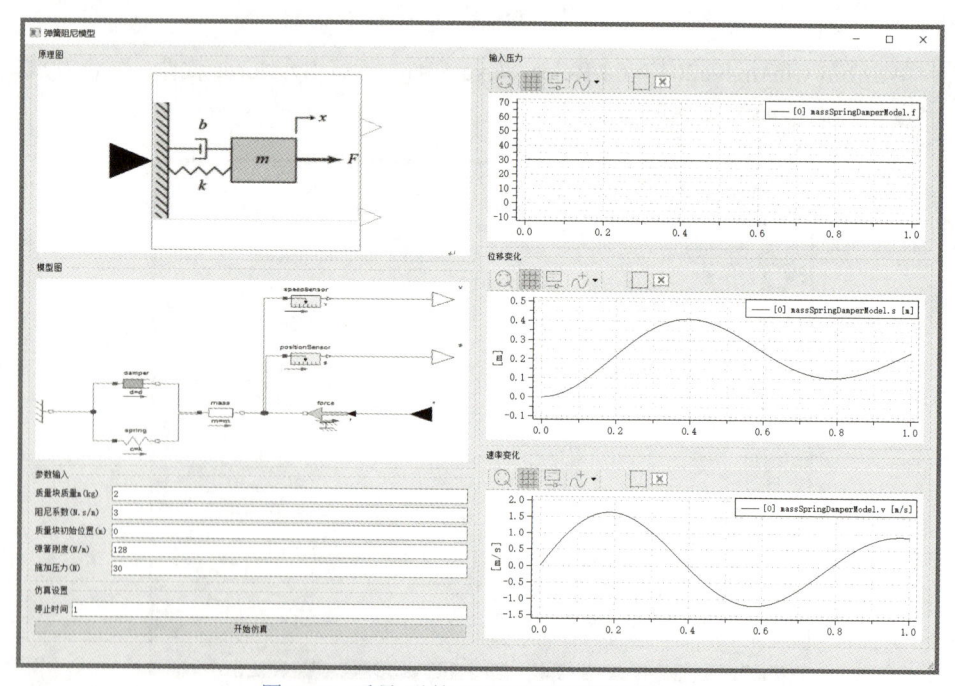

图 4-27　质量-弹簧-阻尼系统建模仿真 App

质量-弹簧-阻尼系统建模仿真 App 能够实现以下功能：

（1）底层加载 Modelica3.2.1 标准模型库；

（2）打开已搭建好的质量-弹簧-阻尼系统模型；

（3）可对质量、阻尼系数、质量块初始位置、弹簧刚度、施加压力等参数和输入进行设置；

（4）可对仿真中的仿真停止时间进行设置；

（5）可对打开的质量-弹簧-阻尼系统模型进行仿真；

（6）可对仿真后的压力、位移变化、速率变化等数据进行获取；

（7）可将获取的数据显示到 SDK 提供的曲线组件上。

质量-弹簧-阻尼系统建模仿真 App 运行的步骤如下：

（1）使用 Visual Studio 2017 打开 SDK 安装包中提供的案例，如图 4-28 所示；

（2）右击项目，将 MassSpringDamperApp 设置为启动项目，如图 4-28 中的①操作所示；

（3）单击 ▶ 按钮运行代码，如图 4-28 中的②操作所示。

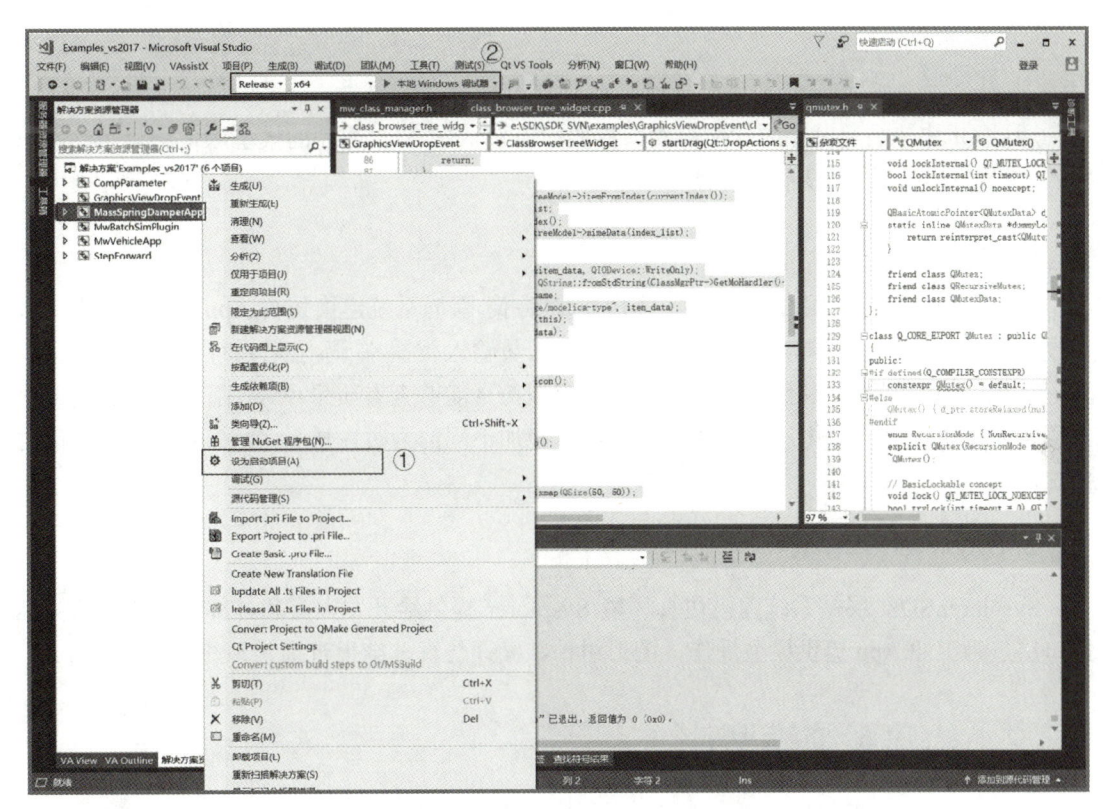

图 4-28 打开项目

4.3.1 系统建模仿真类工业 App 架构设计

在进行质量-弹簧-阻尼系统建模仿真 App 开发之前，需要进行软件架构设计，根据一般工业 App 架构，可将质量-弹簧-阻尼系统建模仿真 App 架构分为三层：界面层、功能层、Sysplorer.SDK 层，具体架构如图 4-29 所示。

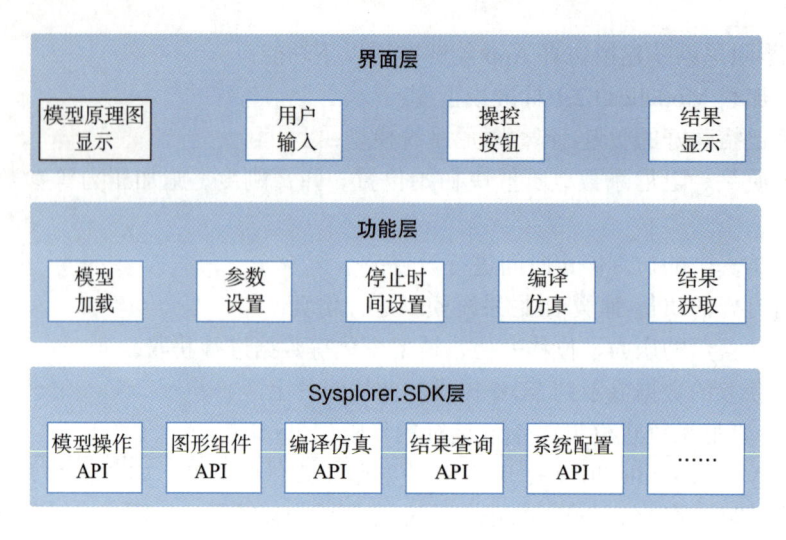

图 4-29 质量-弹簧-阻尼系统建模仿真 App 软件架构

1. 界面层

通过 Qt 快速搭建对应的软件界面，界面应该包括本 App 所需的模型原理图显示、用户输入、操控按钮、结果显示等内容。

2. 功能层

功能层通过调用底层 SDK 函数，实现质量-弹簧-阻尼系统建模仿真 App 的模型加载、参数设置、编译仿真、结果获取等功能。当开发人员输入质量-弹簧-阻尼系统的质量块质量、阻尼系数、弹簧刚度等参数后，应可以通过模型仿真能够查看质量-弹簧-阻尼系统的质量块位移、质量块速率的变化，观察在不同参数下施加不同的力时，质量-弹簧-阻尼系统的运动情况。

3. Sysplorer.SDK 层

Sysplorer.SDK 层是系统建模仿真环境 Sysplorer 提供给开发人员和外部系统调用的标准接口层，为工业 App 提供模型操作、图形组件、编译仿真、结果查询、系统配置等 API。

4.3.2 构建系统模型库

本次开发 App 需依赖模型，打开 Sysplorer，搭建一个质量-弹簧-阻尼系统，质量-弹簧-阻尼系统可用简单的数学模型表示，即采用数轴建模法，建立与系统平行方向的数轴，把弹簧或阻尼器的实际位移值当作有理数标在数轴对应位置上，然后按照有理数比较大小的结果确定相应质量块所受弹簧力或阻尼力的大小和方向，进而求得系统的微分方程。

分别以单自由度系统、两自由度系统及多自由度系统为例，阐述采用数轴建模法在建立质量-弹簧-阻尼系统模型的应用，最终搭建效果如图 4-30 所示。

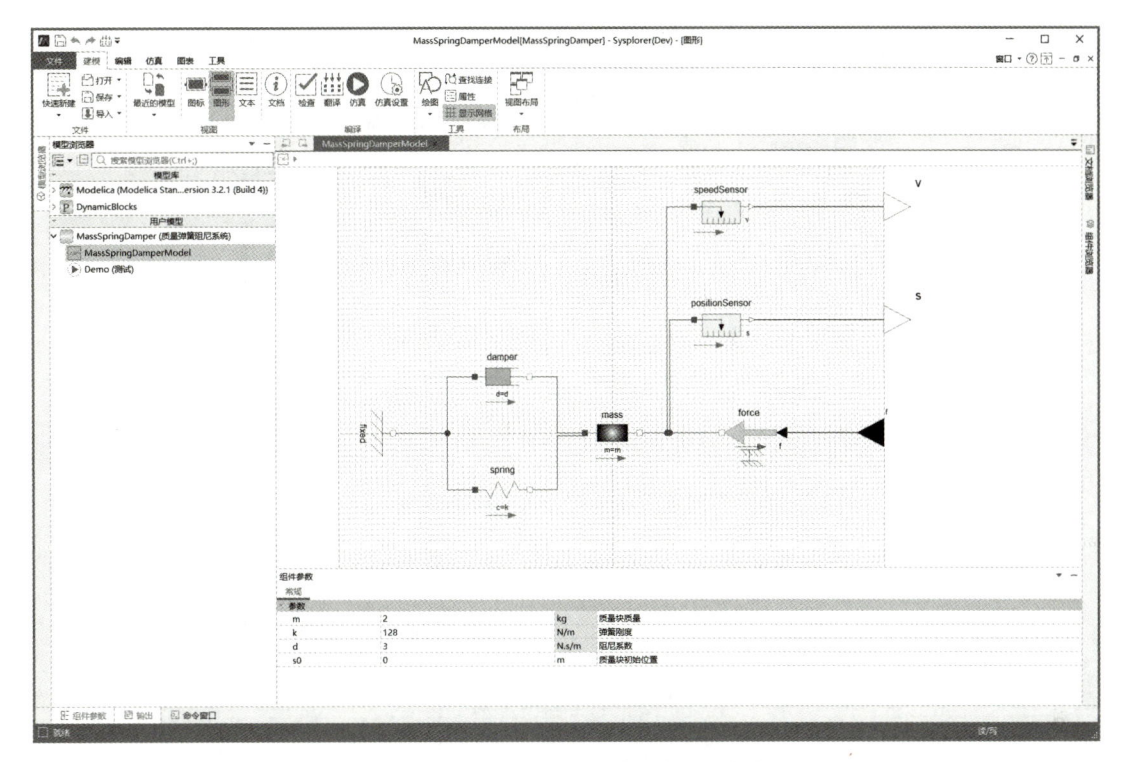

图 4-30　质量-弹簧-阻尼系统模型搭建效果

具体搭建步骤如下：

（1）选择"文件-新建-package"选项，在弹出的对话框中填入模型的 package 信息，如图 4-31 所示。

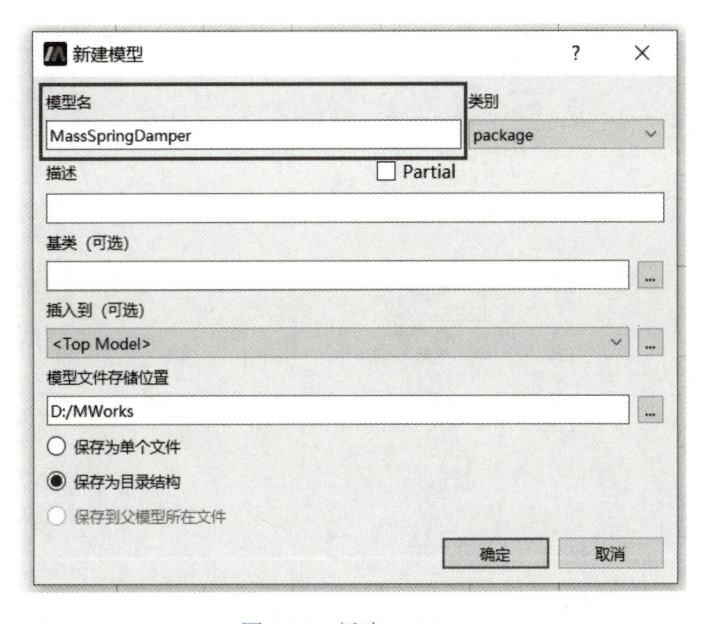

图 4-31　新建 package

（2）右击上一步构建的 package，在弹出菜单中选择"在 MassSpringDamper 中新建模型"

选项，填入对应的模型信息，新建模型，如图 4-32 所示。

图 4-32　新建模型

（3）从标准库中拖动对应的组件到模型中，构建系统，如图 4-33 所示。

根据上述步骤拖动相关的所有组件到模型中，调整组件位置、旋转组件方向，并按模型原理图连接各组件。

表 4-4 为质量-弹簧-阻尼系统建模仿真 App 所用的相关组件及其在标准库中的路径。

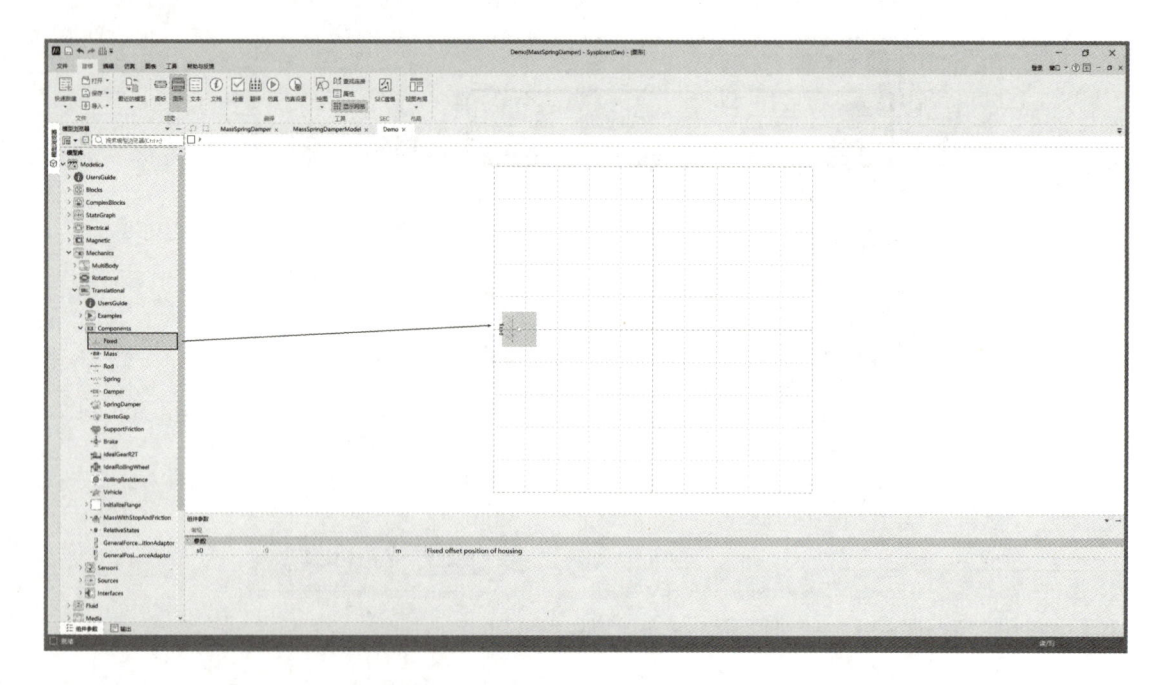

图 4-33　从标准库中拖动对应的组件到模型中

表 4-4 质量-弹簧-阻尼系统建模仿真 App 所用组件及路径

组件	模型路径
fixed	Modelica.Mechanics.Translational.Components.Fixed
damper	Modelica.Mechanics.Translational.Components.Damper
spring	Modelica.Mechanics.Translational.Components.Spring
mass	Modelica.Mechanics.Translational.Components.Mass
speedSensor	Modelica.Mechanics.Translational.Sensors.SpeedSensor
positionSensor	Modelica.Mechanics.Translational.Sensors.PositionSensor
force	Modelica.Mechanics.Translational.Sources.Force
V、S	Modelica.Blocks.Interfaces.RealOutput
f	Modelica.Blocks.Interfaces.RealInput

构建的质量-弹簧-阻尼系统模型如图 4-34 所示。

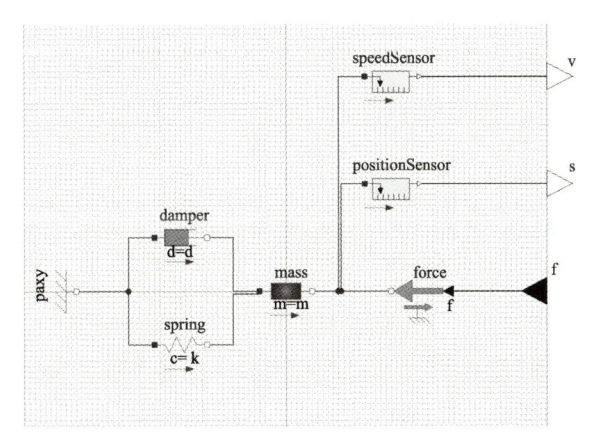

图 4-34 质量-弹簧-阻尼系统模型

（4）将模型视图切换到文本视图，新建质量块质量、弹簧刚度等参数，参数新建完成后将其设置到对应的组件中，如图 4-35 所示。

图 4-35 新建参数

（5）至此，质量-弹簧-阻尼系统模型已经搭建完成，下面可以新建一个测试模型，对其进行测试，如图 4-36 所示，将质量-弹簧-阻尼系统模型拖动至 Demo 模型中，然后拖动 const 组件作为输入源，运行仿真，查看对应的结果。

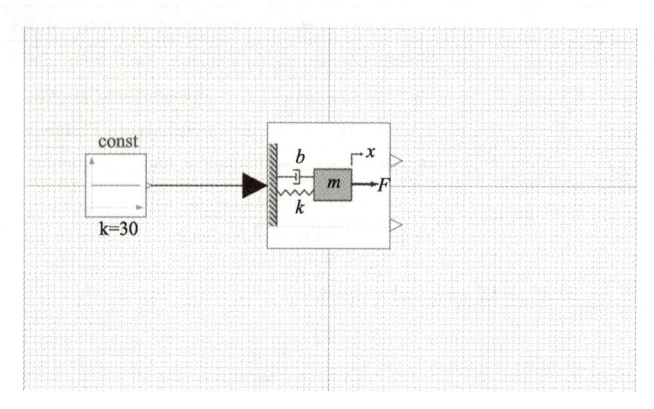

图 4-36　运行仿真

4.3.3　App 主窗口设计

1. App 开发工程构建

基于 Visual Studio 2017 版本进行开发，请确保已安装 Visual Studio 2017 Qt 插件，并安装 Qt5.14.2 等相关开发环境。

1）新建项目

新建一个 Qt Application 项目，命名为 MassSpringDamperApp，如图 4-37 所示。

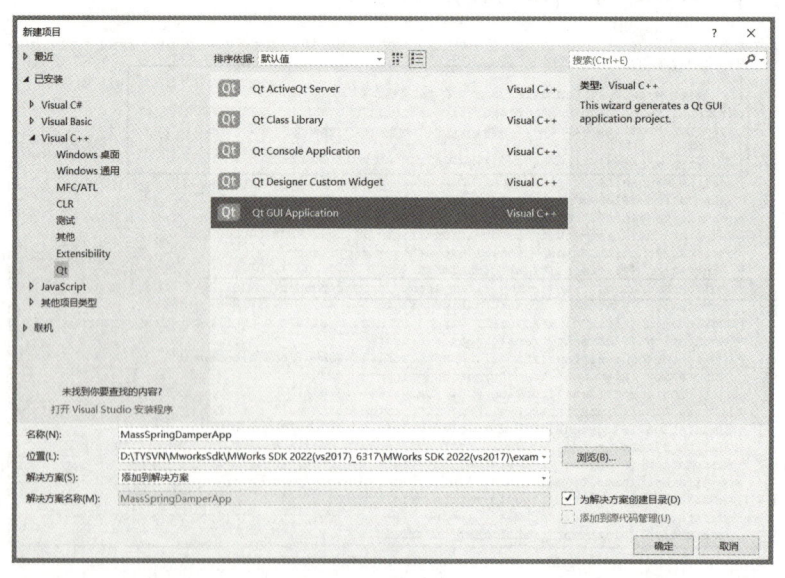

图 4-37　新建项目

2）输出目录配置

（1）输出目录配置，如图 4-38 所示，将输出目录配置到安装 SDK 路径的 bin 目录下：

$(MWBin)$(Configuration)

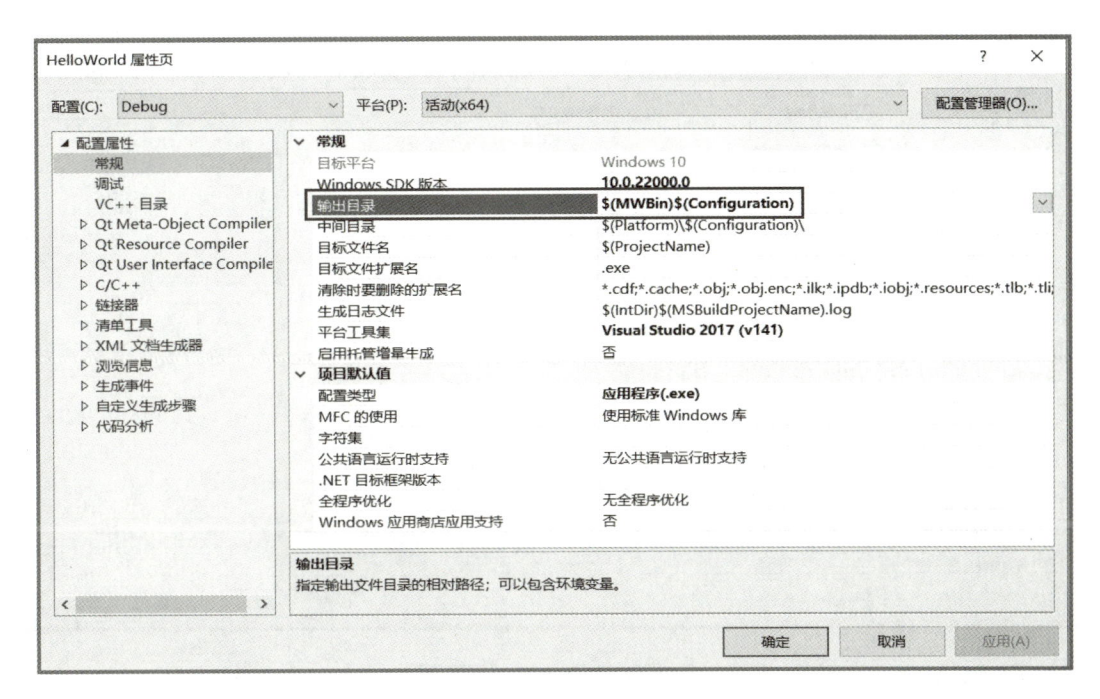

图 4-38 输出目录配置

（2）将图 4-38 中输出目录后面的 MWBin 替换为实际 SDK 的安装路径：

SDK 安装路径\bin\win_msvc2017x64

3）附加包含目录配置

（1）附加包含目录配置如图 4-39 和图 4-40 所示，向附加包含目录中添加 SDK 的 include 与 interface 目录。

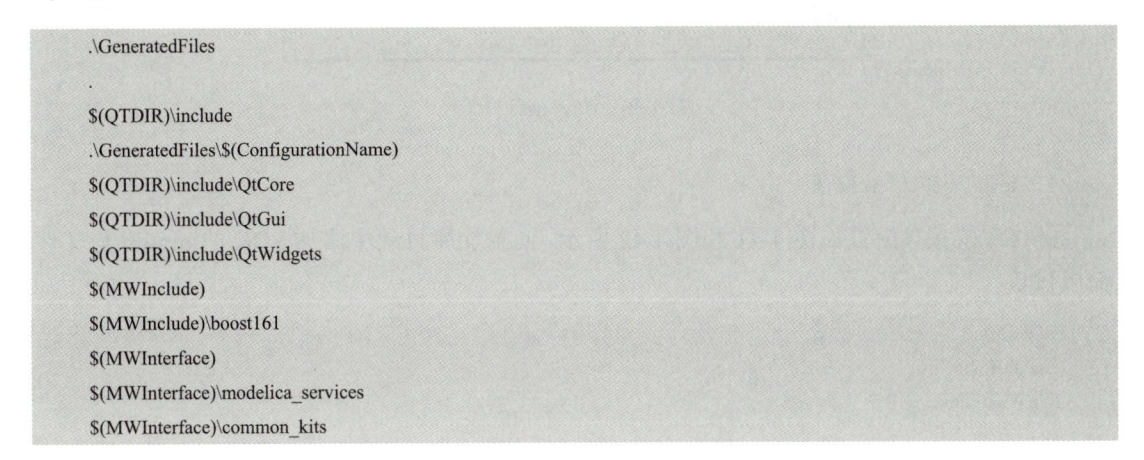

.\GeneratedFiles

.

$(QTDIR)\include

.\GeneratedFiles\$(ConfigurationName)

$(QTDIR)\include\QtCore

$(QTDIR)\include\QtGui

$(QTDIR)\include\QtWidgets

$(MWInclude)

$(MWInclude)\boost161

$(MWInterface)

$(MWInterface)\modelica_services

$(MWInterface)\common_kits

其中，$(MWInclude)表示 SDK 安装路径/include，$(MWInterface)表示 SDK 安装路径/interface。

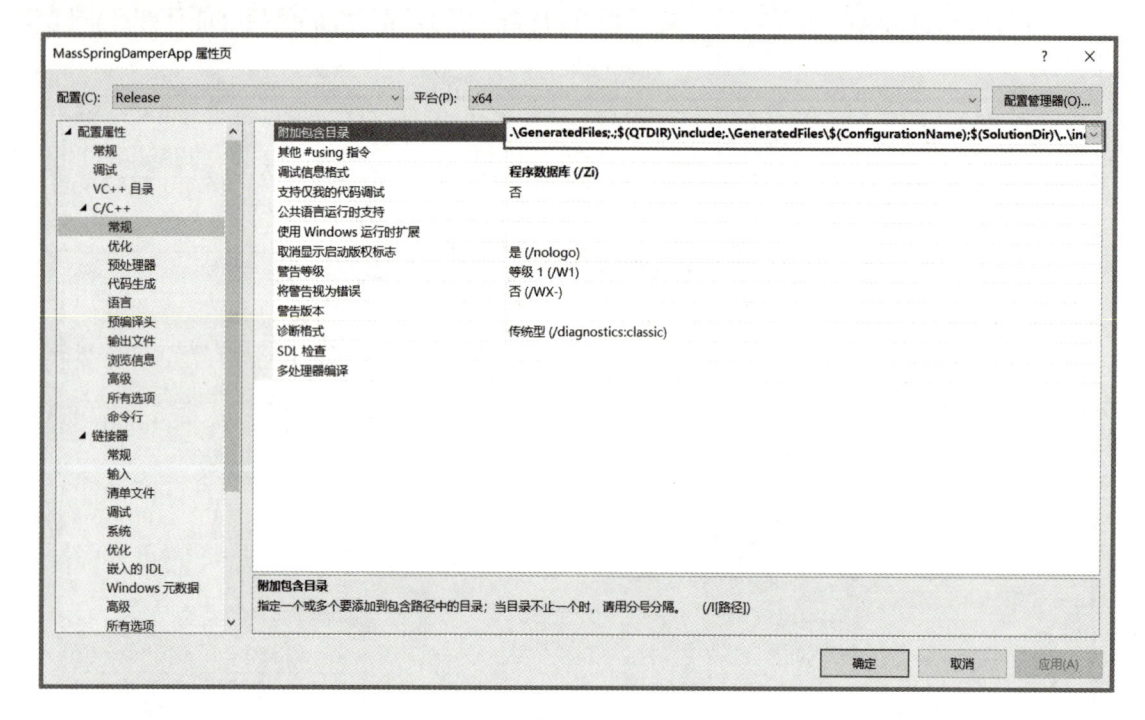

图 4-39　附加包含目录配置

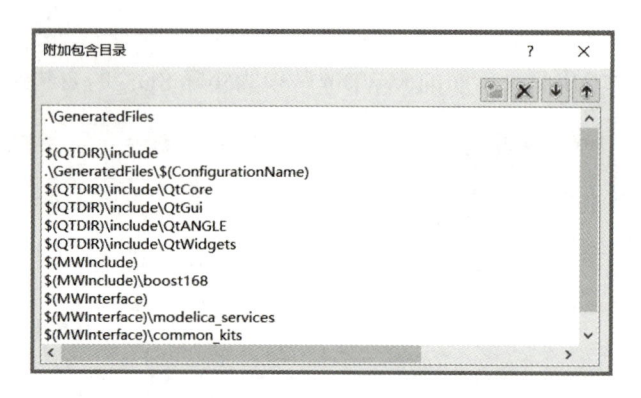

图 4-40　附加包含目录

4）链接库依赖项配置

链接库依赖项配置如图 4-41 和图 4-42 所示，向附加库目录中添加 SDK 的 bin\lib 与文件输出目录。

```
$(OutDir)
$(QTDIR)\lib
$(MWBin)\lib
```

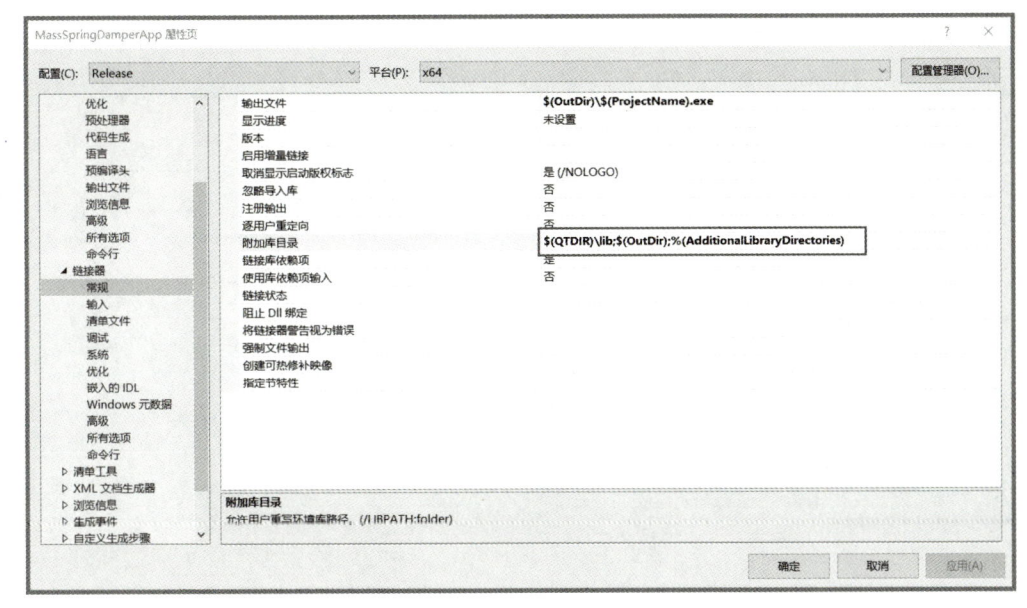

图 4-41　附加依赖项配置

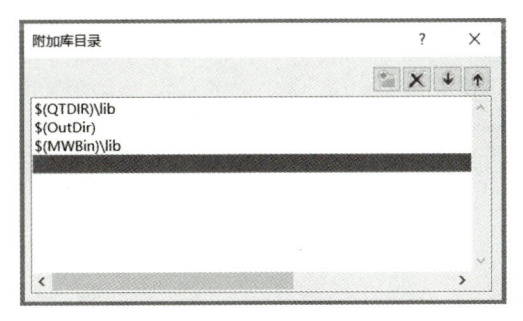

图 4-42　附加库目录

5）附加依赖项配置

（1）Debug 下的附加依赖项设置为

qtmaind.lib

Qt5Cored.lib

Qt5Guid.lib

Qt5Widgetsd.lib

mw_develop_d.lib

modelica_compiler_d.lib

mw_graphics_view_d.lib

mw_class_manager_d.lib

mw_global_d.lib

mw_help_d.lib

mw_sim_inst_d.lib

mw_sim_plot_d.lib

model_var_tree_d.lib

mw_develop_d.lib

（2）附加依赖项配置如图 4-43 和图 4-44 所示，Release 下的附件依赖项设置为

```
qtmain.lib
Qt5Core.lib
Qt5Gui.lib
Qt5Widgets.lib
mw_develop.lib
modelica_compiler.lib
mw_graphics_view.lib
mw_class_manager.lib
mw_global.lib
mw_help.lib
mw_sim_inst.lib
mw_sim_plot.lib
model_var_tree.lib
mw_develop.lib
```

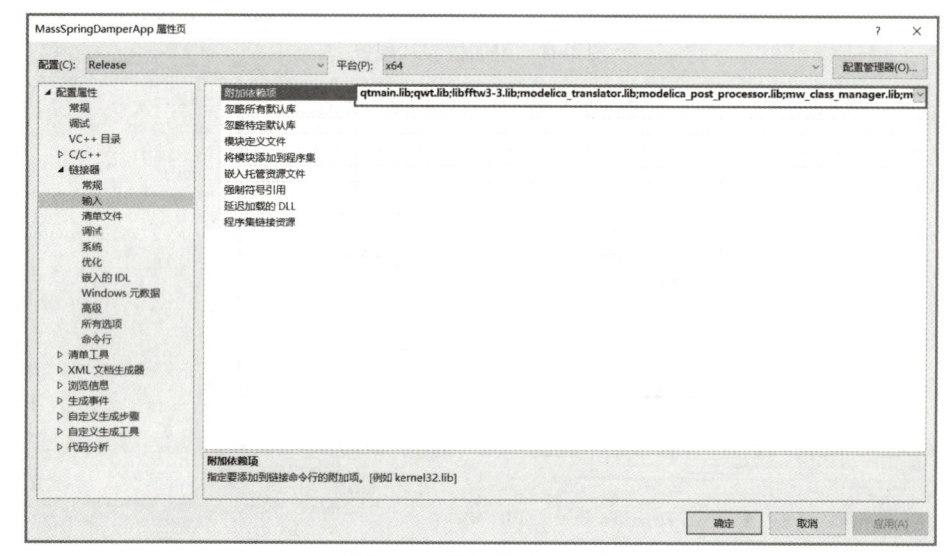

图 4-43　附加依赖项配置

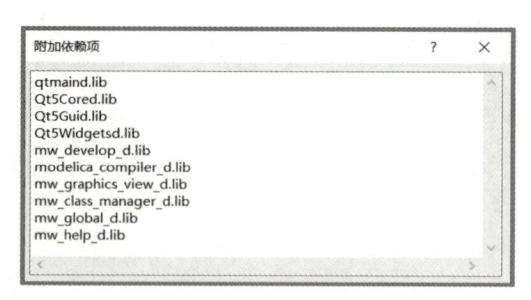

图 4-44　附加依赖项

2. Qt Designer 界面设计

（1）利用 Qt 控件搭建 MainWindow 界面，如图 4-45 所示。

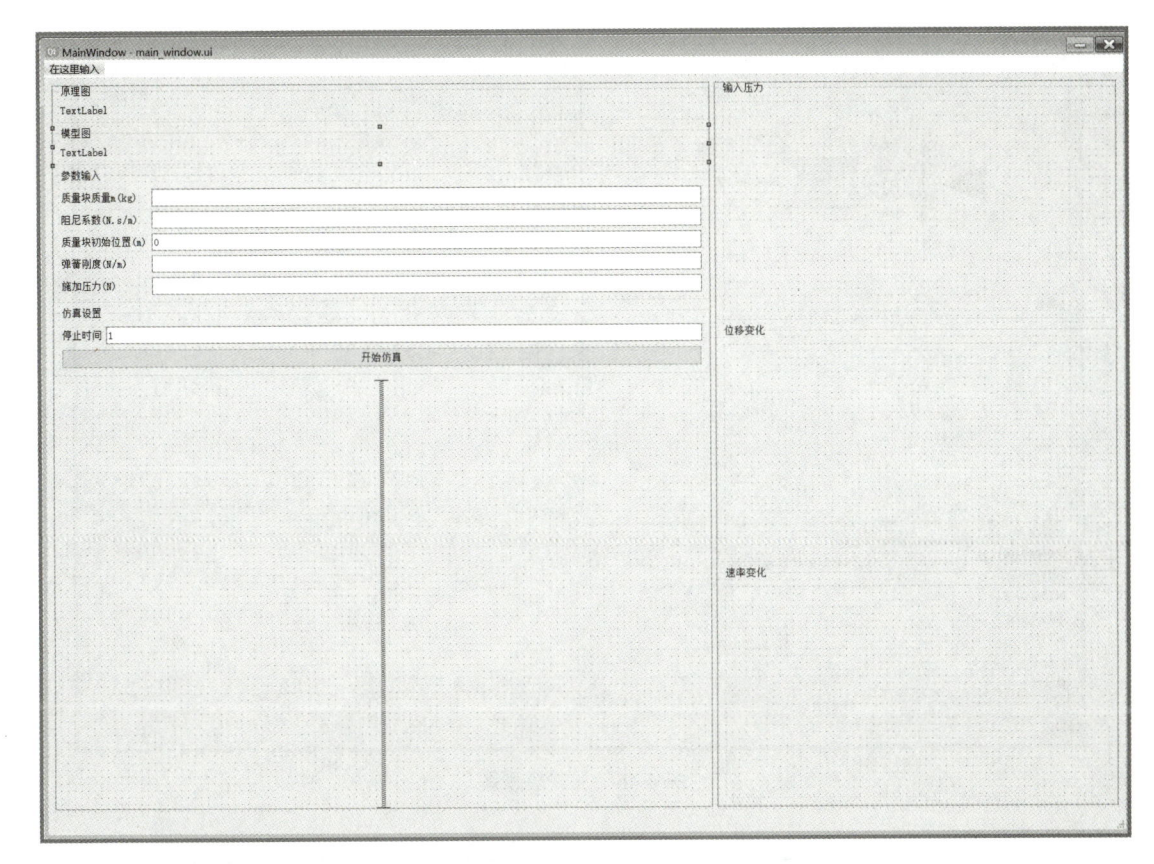

图 4-45　Qt 设计界面

（2）在界面中加载模型图，将模型图增加到界面中的 label 上，如图 4-46 所示。代码如下：

```
//初始化原理图
QString app_path = QApplication::applicationDirPath();
QString mo_path = app_path + "/../../../examples/MassSpringDamperApp/Resource/springDamper.png";
QPixmap pixmap(mo_path);
pixmap.scaled(ui.label->size(), Qt::IgnoreAspectRatio);
ui.label->setScaledContents(true);
ui.label->setPixmap(pixmap);

//初始化模型图
QString mo_path1 = app_path + "/../../../examples/MassSpringDamperApp/Resource/springDamper_model.png";
QPixmap pixmap1(mo_path1);
pixmap1.scaled(ui.label_8->size(), Qt::IgnoreAspectRatio);
ui.label_8->setScaledContents(true);
ui.label_8->setPixmap(pixmap1);
```

（3）在界面中加载曲线窗口，使用 SDK 中的 MwSimPlotWindow 类创建曲线窗口，嵌入 MainWindow 中，如图 4-47 所示。

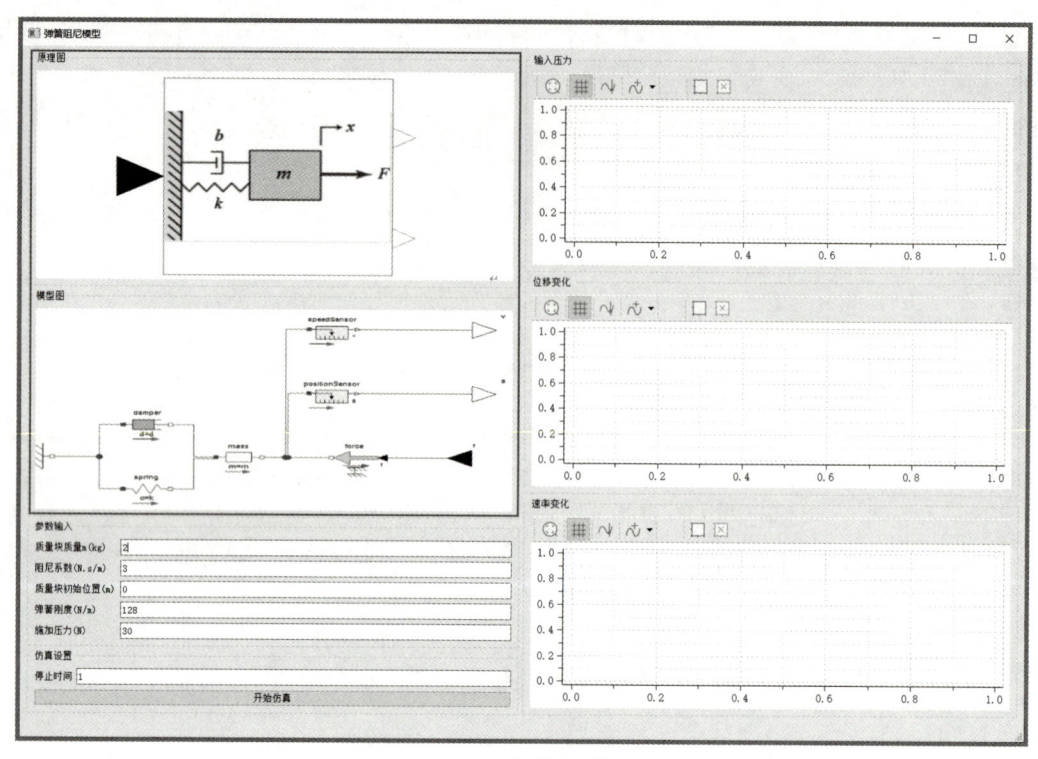

图 4-46　加载模型图

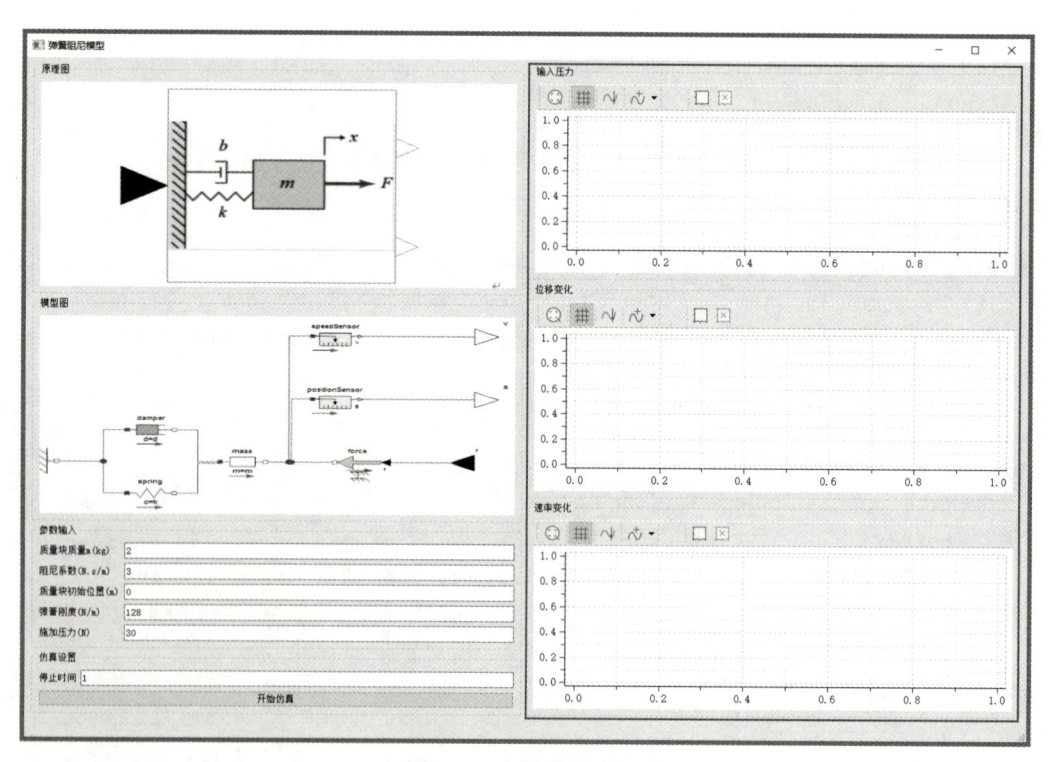

图 4-47　加载曲线窗口

代码如下：

```
//增加曲线窗口
    delete ui.widget;
    forcePlotWin = new MwSimPlotWindow(1, true, classMgr, this, false);
    ui.gridLayout_3->addWidget(forcePlotWin, 0, 0, 1, 1);
    forcePlotWin->show();

    delete ui.widget_2;
    sPlotWin = new MwSimPlotWindow(1, true, classMgr, this, false);
    ui.gridLayout_4->addWidget(sPlotWin, 0, 0, 1, 1);
    sPlotWin->show();

    delete ui.widget_3;
    vPlotWin = new MwSimPlotWindow(1, true, classMgr, this, false);
    ui.gridLayout_5->addWidget(vPlotWin, 0, 0, 1, 1);
    vPlotWin->show();

    forcePlotWin->menuBar()->hide();
    sPlotWin->menuBar()->hide();
    vPlotWin->menuBar()->hide();

    forcePlotWin->statusBar()->hide();
    sPlotWin->statusBar()->hide();
    vPlotWin->statusBar()->hide();
```

4.3.4 主要功能实现

1. main 函数

main 函数的主要功能如下:
（1）初始化 QApplication；
（2）初始化 MwClassManager；
（3）加载翻译文件（中文配置文件）；
（4）显示主窗口。
main 函数的代码如下：

```
int main(int argc, char *argv[])
{
    QApplication app(argc,argv);

    //初始化 SDK 内核管理类接口
    MwClassManager* classMgr = new MwClassManager();
    classMgr->Initialize();

    //加载中文配置文件
    classMgr->GetCoreOption()->LoadChineseTranslateFile(qAPP);
```

```
//显示主窗口
MainWindow main_win(classMgr);
main_win.show();

return app.exec();
}
```

2. 主要功能详解

开发流程如图 4-48 所示，包括提前加载底层模型及数据、单击"开始仿真"按钮、仿真完成等操作。

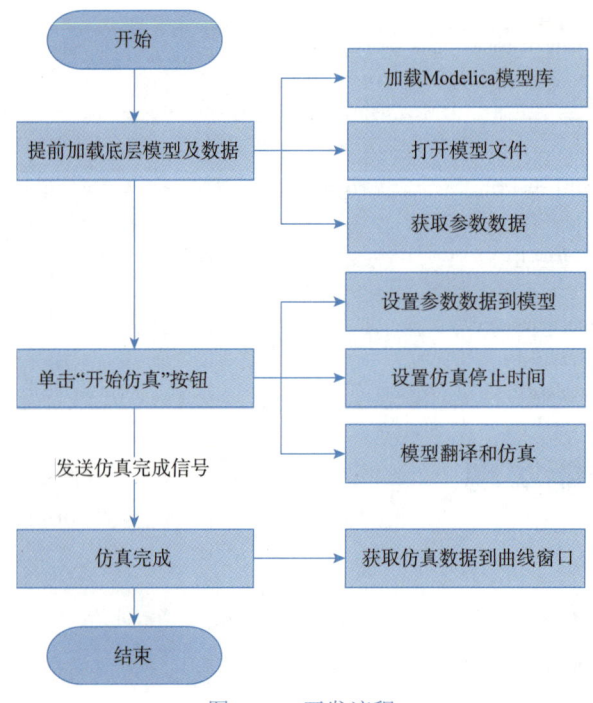

图 4-48 开发流程

1）提前加载底层模型及数据

MainWindow 中的构造函数主要加载如下功能：底层加载标准模型库、打开搭建好的质量-弹簧-阻尼系统模型文件、提前获取参数值并显示在面板中。

（1）底层加载标准模型库：获取 Modelica 标准模型库 3.2.1 版本，需在 bin 目录下的 Library 路径下存在该模型库，代码如下：

```
bool is_success = classMgr->GetMoHandler()->LoadMoLibrary("Modelica", "3.2.1");
```

（2）打开搭建好的质量-弹簧-阻尼系统模型文件，代码如下：

```
QString app_path = QApplication::applicationDirPath();
    QString mo_path = app_path + "/../../../examples/MassSpringDamperApp/Resource/MassSpringDamper.mo";
    bool is_success = classMgr->GetMoHandler()->OpenFile(mo_path.toStdWString());
```

（3）提前获取参数值并显示在面板中：为保证打开软件前，界面能够显示如下数据，需对模型中的相关参数进行获取，如图 4-49 所示。

图 4-49　参数数据

获取参数的代码如下：

```
//获取模型数据
    MWint key = classMgr->GetMoHandler()->GetKeyByTypeName("MassSpringDamper.Demo");
    if (key != 0)
    {
        QString value_force = QString::fromStdString(classMgr->GetMoHandler()->GetParamValue(key,
GetMwStrList("const.k")));
        QString value_m = QString::fromStdString(classMgr->GetMoHandler()->GetParamValue(key,
GetMwStrList("massSpringDamperModel.m")));
        QString value_k = QString::fromStdString(classMgr->GetMoHandler()->GetParamValue(key,
GetMwStrList("massSpringDamperModel.k")));
        QString value_d = QString::fromStdString(classMgr->GetMoHandler()->GetParamValue(key,
GetMwStrList("massSpringDamperModel.d")));
        QString value_s0 = QString::fromStdString(classMgr->GetMoHandler()->GetParamValue(key,
GetMwStrList("massSpringDamperModel.s0")));

        ui.lineEdit_force->setText(value_force);
        ui.lineEdit_m->setText(value_m);
        ui.lineEdit_k->setText(value_k);
        ui.lineEdit_d->setText(value_d);
        ui.lineEdit_s0->setText(value_s0);
    }
```

2）单击"开始仿真"按钮

模型库及模型文件加载完成后，可在界面中输入参数和仿真设置，完成后，单击"开始仿真"按钮，如图 4-50 所示。

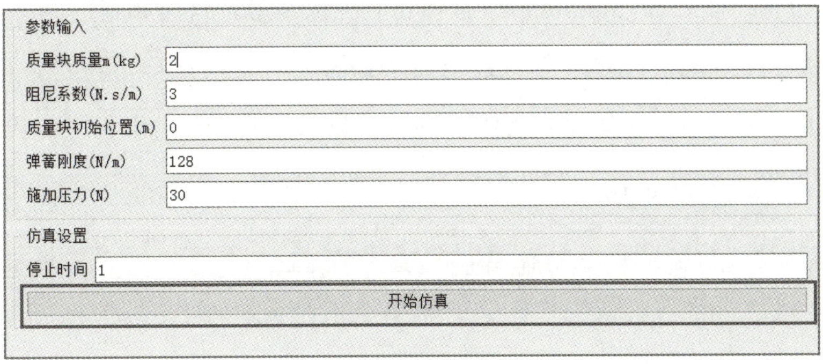

图 4-50　开始仿真按钮

单击"开始仿真"按钮后，需要将参数设置到模型中，并设置仿真停止时间，然后进行编译和仿真，最后完成仿真。

（1）将参数设置到模型中：获取输入框中对应的值，将其设置到模型中，代码如下：

```
//修改参数值
MWint key = classMgr->GetMoHandler()->GetKeyByTypeName("MassSpringDamper.Demo");
std::string value_force = ui.lineEdit_force->text().toStdString();
classMgr->GetMoHandler()->SetParamValue(key, GetMwStrList("const.k"), value_force);
std::string value_m = ui.lineEdit_m->text().toStdString();
classMgr->GetMoHandler()->SetParamValue(key, GetMwStrList("massSpringDamperModel.m"),value_m);
std::string value_k = ui.lineEdit_k->text().toStdString();
classMgr->GetMoHandler()->SetParamValue(key, GetMwStrList("massSpringDamperModel.k"),value_k);
std::string value_d = ui.lineEdit_d->text().toStdString();
classMgr->GetMoHandler()->SetParamValue(key, GetMwStrList("massSpringDamperModel.d"),value_d);
std::string value_s0 = ui.lineEdit_s0->text().toStdString();
classMgr->GetMoHandler()->SetParamValue(key, GetMwStrList("massSpringDamperModel.s0"),value_s0);
```

（2）设置仿真停止时间：获取输入框中的仿真停止时间，将其设置到仿真数据中，仿真数据需提前初始化，代码如下：

```
//应用仿真设置数据
MwSimData *sim_data = new MwSimData(L"MassSpringDamper",data_path.toStdWString(), path.toStdWString());
bool flag = sim_data->InitializeSimInst();

MwExperimentData *experiment_data = new MwExperimentData;
experiment_data->stopTime = ui.lineEdit_stopTime->text().toDouble();
sim_data->APPlyExperimentData(experiment_data);
```

（3）进行编译和仿真：在仿真前需要提前翻译模型，在构造函数中，提前创建用于仿真的 MwSimControl 类，并将该类与用于仿真的数据进行绑定，即可开始进行仿真，代码如下：

```
//在仿真前翻译模型
classMgr->GetMoHandler()->CompileModel("MassSpringDamper.Demo",path.toStdWString());

//仿真模型
 simCtrl->RebindSimData(sim_data);
bool is_success = simCtrl->StartSimulate(MwSimControl::Sim_ContinueMode);
```

（4）完成仿真：使用 SigSimStopped 接收仿真完成信号，代码如下：

```
connect(simCtrl, &MwSimControl::SigSimStopped, this, &MainWindow::SlotSimFinshed);
```

仿真完成后，需要获取仿真结果数据，并将其显示到曲线窗口中，主要代码如下：

```
MwSimData* sim_data =  simCtrl->GetSimData();
forcePlotWin->AddCurveToCurrentView("massSpringDamperModel.f", sim_data);
sPlotWin->AddCurveToCurrentView("massSpringDamperModel.s", sim_data);
vPlotWin->AddCurveToCurrentView("massSpringDamperModel.v", sim_data);
```

仿真结果如图 4-51 所示。

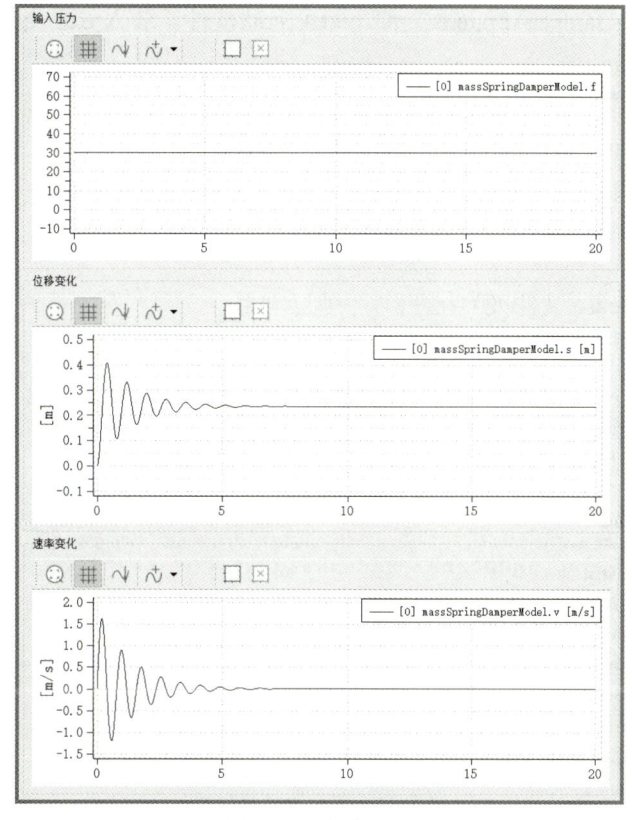

图 4-51　仿真结果

4.3.5　轻量化应用集成与部署

将生成的 exe 文件及依赖的 dll 文件放入"SDK 安装目录/bin/win_msvc2017x64/Release"目录下，如图 4-52 所示。

图 4-52　App 运行路径

双击 MassSpringDamperApp.exe 文件，即可启动软件。放入 exe 文件后可对软件实现打包，打包步骤如下：

（1）将 Release 文件夹的名称改为 bin；

（2）保存 bin\win_msvc2017x64 目录下的以下目录：

- external
- initial_files
- Library
- bin（原 Release 文件夹）
- setting
- simulator
- tools

最终打包目录如图 4-53 所示。

图 4-53　App 运打包目录

4.3.6　案例所用类和函数汇总

质量-弹簧-阻尼系统建模仿真 App 案例中使用到的 SDK 相关类和函数如表 4-5 所示。

表 4-5　相关类和函数汇总

类	函数	注释
MwClassManager	Initialize()	MwClassManager 初始化
	GetCoreOption()	获取 MwCoreOption 类
	GetMoHandler()	获取 MwMoHandler 类
MwCoreOption	LoadChineseTranslateFile()	加载中文翻译文件
MwMoHandler	LoadMoLibrary()	加载模型库
	OpenFile()	打开模型文件
	GetParamValue()	获取参数值
	GetKeyByTypeName()	根据模型名获取模型 key
	SetParamValue()	设置参数值
	CompileModel()	编译模型
MwSimControl	SigSimStopped()	发送仿真停止信号
	RebindSimData()	绑定仿真数据
	StartSimulate()	开始仿真
	GetSimData()	获取仿真结果数据

续表

类	函数	注释
MwSimData	InitializeSimInst()	初始化仿真数据
	APPlyExperimentData()	应用仿真设置
MwSimPlotWindow	AddCurveToCurrentView()	增加曲线数据到曲线窗口
MwExperimentData	—	仿真设置结构体

本 章 小 结

本章重点介绍系统建模仿真类工业 App，该 App 利用计算机模拟技术对生产过程、产品设计和设备运行等进行系统建模仿真，以实现生产优化、成本降低、质量提高和效率提升等目标。

本章首先介绍了系统建模仿真类工业 App 的技术特点和优势，通过应用示例让读者初步了解系统建模仿真类工业 App。其次，介绍了系统建模仿真类工业 App 的开发模式及开发流程，对比其与科学计算类工业 App 开发周期的不同。最后，以质量-弹簧-阻尼系统建模仿真 App 开发实践为例，介绍系统建模仿真类工业 App 具体的开发流程，包括系统建模仿真类工业 App 架构设计、构建系统模型库、App 主窗口设计、主要功能实现、轻量化应用集成与部署等。

习 题 4

1. 系统建模仿真类工业 App 开发的一般流程为_____，_____，_____和_____。
2. Sysplorer 的 API 分为两个层次：_____与_____，其中_____API 提供模型浏览器组件、中央视图组件、参数面板组件、仿真设置组件、曲线窗口组件等函数。
3. 系统建模仿真类工业 App 有什么优势？
4. 系统建模仿真类工业 App 有什么应用？试举出五个例子。
5. 使用 MWORKS SDK 进行 App 开发的流程是什么？请简要说明。
6. 简要介绍一下系统建模仿真类工业 App 的架构。
7. 如何使用 SDK 中的 MwSimPlotWindow 类创建曲线窗口并嵌入 MainWindow 中？请给出伪代码。
8. 如何打包使用 MWORKS SDK 开发的应用？
9. 在质量-弹簧-阻尼系统建模仿真 App 案例中使用了哪些 SDK 相关类和函数？试举出三个例子并说明它们的作用。

第 5 章
综合类工业 App 开发

综合类工业 App 开发是指针对综合类工业 App 的需求，进行软件和系统开发的过程。它涉及多个技术领域的整合和应用，旨在开发出能够满足工业生产和应用需求的综合应用软件或系统。

为了满足机械、电子、控制、液压、气压、热力学、电磁等领域的应用需求，以及航空、航天、车辆、船舶、能源等行业的知识积累、建模仿真与设计优化需求，同元软控公司的 Sysplorer 作为多领域工程系统研发平台，可以使不同领域的专家与企业工程师在统一的开发环境中对复杂工程系统进行多领域协同开发、试验和分析。

借助同元软控公司的 SDK，我们可以开发出满足各个行业建模仿真、设计分析需求的综合类工业 App。

本章将综合运用前面章节所介绍的知识来开发一个综合类工业 App，其定位于包含交互式建模、可视化参数设置和丰富后处理功能的完整工业 App，本章将以前驱纯电车 App 为例，为读者示范如何开发综合类工业 App。

通过本章学习，读者可以了解（或掌握）：
- ❖ 前驱纯电车 App 背景
- ❖ 前驱纯电车 App 需求分析
- ❖ 前驱纯电车 App 设计
- ❖ 前驱纯电车 App 实现
- ❖ 前驱纯电车 App 测试验证
- ❖ 前驱纯电车 App 部署发布

5.1 前驱纯电车 App 背景

车辆动力学性能是车辆的关键性能之一。车辆动力学性能直接涉及车辆的制动系统、转向系统、悬架系统、传动系统、轮胎,并且与整车质量分布、车身刚度都密切相关。此外,制动防抱死系统、牵引力控制系统、车辆稳定性控制系统、主动悬架控制系统等目前在汽车领域不断得到推广应用的底盘电控系统的基础都是车辆的动力学性能。车辆动力学性能不同,这些底盘电控系统的匹配参数也会由此发生改变。

车辆动力学性能影响车辆两方面的特性,一是车辆的安全性,主要体现在制动性能、稳定性能方面;二是车辆的舒适性,体现为车辆行驶过程中的振动频率及幅值的大小、各种冲击强度的大小等,舒适性主要与车辆的悬架系统相关。随着国内汽车普及率大幅提高,人们驾驶经验的不断增长,对驾驶过程中安全性和舒适性要求的不断提升,车辆动力学将越发得到汽车企业和消费者的重视。

同时由于车辆动力学性能涉及众多领域,影响多方面性能,其相关 App 开发难度很大,复杂程度很高,仅根据开发者的经验是无法实现开发目标的。为此,在汽车企业中普遍采用专业软件进行车辆动力学建模仿真,利用仿真结果指导方案设计及问题整改。

车辆设计分析应用是指利用建模仿真技术对车辆进行设计和性能分析的过程。过去在计算机建模仿真尚未形成主流时,为了对设计出的车辆进行性能分析,往往需要建造实物才可以进行分析,如今随着计算机性能的飞速提升,通过计算机建模仿真实现车辆的设计和性能分析,已经在现代汽车工程中扮演着重要的角色,其优势集中在如下 5 个方面。

1. 提高设计效率

传统的车辆设计需要进行大量的试验验证,耗费时间和成本较高。而建模仿真技术可以大大加快设计进程。通过建立精确的数学模型和仿真环境,工程师可以在计算机上进行多次虚拟试验,对车辆的各方面进行分析和优化,从而在设计阶段就找到最佳方案,提高设计效率。

2. 预测和评估性能

建模仿真应用可以预测和评估车辆在不同条件下的性能。例如,利用计算流体力学(CFD)技术可以模拟车辆在空气流动中的状态,包括模拟空气阻力、气流分布等对车辆的影响。通过对空气动力学性能的仿真分析,可以优化车身外形和空气动力学条件,降低车辆行驶阻力,提高燃油经济性和行驶稳定性。

3. 系统优化和集成

车辆是一个复杂的系统,由多个子系统组成,如发动机、传动系统、悬架系统、制动系统等。建模仿真应用可以将这些子系统进行集成,并优化整体性能。例如,通过建立发动机和传动系统的动力学模型,可以优化齿轮比、换挡策略等,以提高车辆的加速性能和燃油经济性。

4. 评估系统可靠性

车辆安全性是设计中至关重要的考虑因素。通过建模仿真应用，可以评估车辆在不同碰撞和事故情况下的安全性，如碰撞保护是否有效、车身刚度是否足够等。此外，还可以对车辆的可靠性进行评估，包括零部件的寿命分析和可靠性分析，以提高整车的质量和可靠性。

5. 环境友好和能源高效

随着对人们环境影响和能源消耗的关注日益增加，建模仿真应用在开发环境友好和能源高效的车辆方面起着关键作用。通过仿真分析，我们可以评估车辆的排放性能、能源利用效率，并优化动力系统和能源管理策略，以减少尾气排放和能源消耗。

总而言之，包含建模仿真的车辆设计分析应用的目标是提供更高效、更安全、更环保和更可靠的汽车产品。

根据以上对背景的描述可见，相较于前文所述的轻量化工业 App 的开发，综合类工业 App 的开发与其有较大的差别，例如：

（1）模型体量不同：相比于轻量化工业 App，综合类工业 App 由于需要涉及某个行业或领域的工业技术和方法，往往涵盖多方面内容，比如车辆设计分析综合类工业 App，其模型的构建涉及设计效率的提高、车辆性能的评估和预测、车辆系统的优化和集成、车辆安全性和可靠性的评估，以及车辆的环境友好和能源效率等方面。这些方面同时又和材料性质，能源消耗等方面相结合，需要大量的子模型以实现完整车辆模型的构建及仿真精确度的保证。而轻量化工业 App 往往只考虑上述各方面中的某一方面。

（2）交互界面完善程度不同：相比于轻量化工业 App，综合类工业 App 由于需要使用的模型数量较多，不能像轻量化工业 App 一样，直接在交互界面中打开，以实现模型的加载，而需要针对不同需求加载不同的模型执行后续各类任务。

下面将对前驱纯电车 App 的开发过程进行详细讲解。

5.2 前驱纯电车 App 需求分析

开发一个前驱纯电车 App 的目标是基于功能需求和非功能需求等多方面来实现一个高效、可靠且易于使用的前驱纯电车 App。从业务需求方面看，旨在提供一个在设计车辆模型和分析评估预测各种数据时高效的软件。下面将分别对界面需求、功能需求和非功能需求进行介绍。

1. 界面需求

（1）工具栏界面：工具栏能够支持打开模型、保存模型、检查模型、翻译模型、仿真模型、仿真设置等基础功能、保证方便快捷。

（2）进度和状态界面：
- 显示当前计算任务的进度和状态，以便用户了解计算的进行情况；
- 提供取消或暂停计算任务的选项，以便用户灵活控制任务的执行。

（3）模型编辑界面：
- 提供用户友好的表单或输入控件，以便用户输入计算模型所需的参数；
- 支持模型各种参数的编辑，如文本编辑、图形编辑；
- 提供输入验证和错误提示，确保输入的合法性和准确性；
- 支持导入和使用模型库。

2. 功能需求

（1）车辆模型导入：支持将车辆模型库及模型文件导入软件中进行仿真；

（2）模型建立和编辑：提供一个可视化界面，用于创建和编辑车辆模型，用户可以添加和调整模型的各个组件，如车辆动力系统、传动系统、悬架系统等；

（3）参数设置：允许用户设置模型的各种参数，如车辆质量、车辆尺寸、轮胎特性等，用户可以根据实际情况对这些参数进行调整；

（4）运行仿真：能够模拟车辆在不同条件下的运行行为，包括加速、减速、转弯、制动等；

（5）可视化结果：将模拟结果以图表或动画的形式呈现给用户，以便他们能够直观地理解车辆的行为。例如，显示车辆的速度、加速度、轮胎摩擦力等信息；

（6）控制算法评估：允许用户导入和测试不同车辆的控制算法，并修改不同参数，观察比对效果，评估算法在仿真过程中的性能和效果。

3. 非功能需求

（1）实时性：确保软件能够以实时响应的速度进行车辆仿真，以提供流畅的用户体验；

（2）稳定性和可靠性：确保软件在长时间运行和大规模仿真的情况下保持稳定且可靠。

5.3 前驱纯电车 App 设计

本节将讲解前驱纯电车 App 的各个模块及其功能设计，以及前驱纯电车 App 开发过程中用到的接口及接口功能。

5.3.1 前驱纯电车 App 界面设计

根据需求分析中的界面需求，界面中需要包含工具栏和各种功能的快捷操作按钮，方便用户进行各种操作；需要包含模型层界面，用于展示模型的图标、图形、文本视图，并允许编辑；需要包含组件参数界面，用于设置汽车相关控制参数，让用户直观地了解模型的行为；需要包含仿真结果界面，用于显示、保存仿真结果，并以曲线的方式查看数据，让用户直观查看模型数据；需要包含模型浏览器，能够显示用户开发的模型库和软件本身自带的模型库组件，方便用户浏览和使用；此外，需要包含仿真设置界面，让用户可以灵活地调整仿真环境和参数。

根据需求设计出的界面如图 5-1 所示。

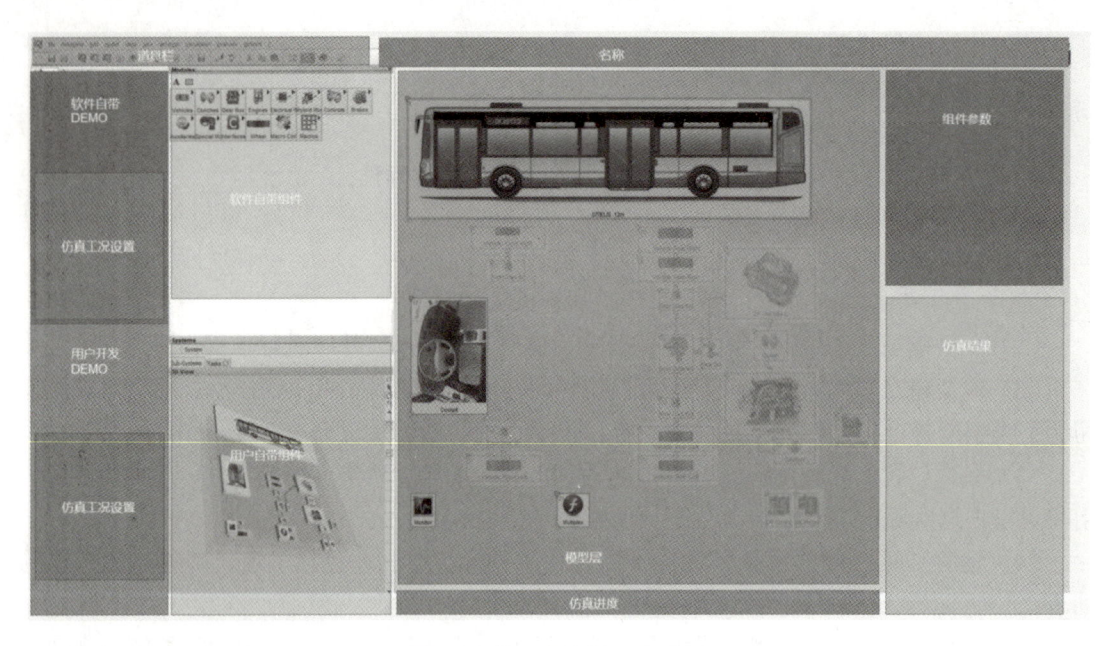

图 5-1 前驱电动车 App 界面

5.3.2 前驱纯电车 App 功能设计

通过将需求分析中的功能设计进行汇总，前驱纯电车 App 总体可分为四大模块，各个模块的设计遵循功能结构图设计原则：内部高聚合，外部低耦合。四大模块互相配合，最终组成完整的前驱纯电车 App，图 5-2 所示为前驱纯电车 App 功能结构图。

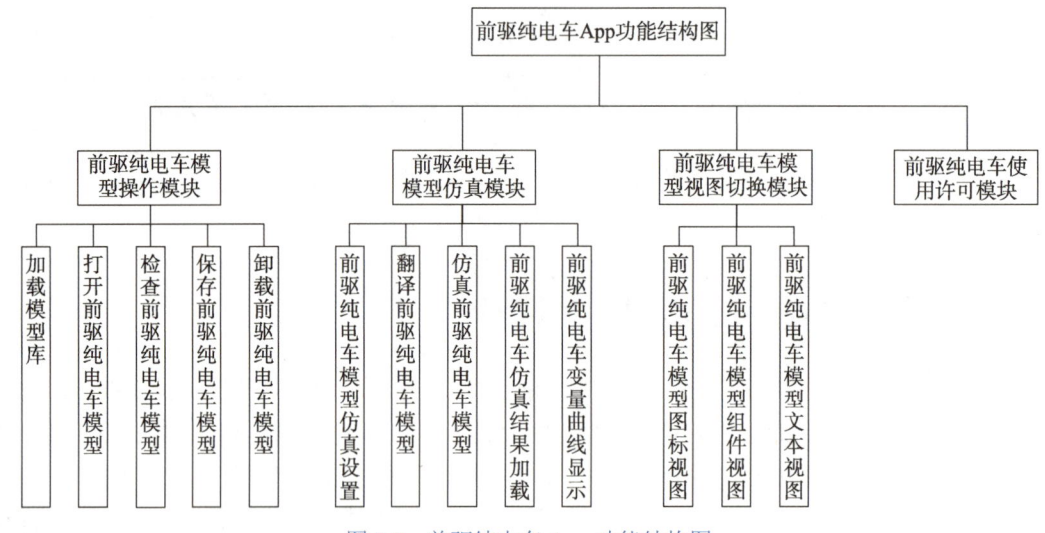

图 5-2 前驱纯电车 App 功能结构图

前驱纯电车 App 共包含四大功能模块，分别为前驱纯电车模型操作模块，前驱纯电车模型仿真模块，前驱纯电车模型视图切换模块，前驱纯电车使用许可模块。通过这些模块的组合使用，实现对构建的前驱纯电车简单无控制模型的模型打开、信息浏览、参数调整、模型仿真、视图切换等功能。如下是对这些模块的简要介绍，详细细节会在后续模型搭建的过程中逐一介绍。

1. 前驱纯电车模型操作模块

该模块包含加载模型库、打开前驱纯电车模型、检查前驱纯电车模型、保存前驱纯电车模型、卸载前驱纯电车模型这五个功能。该模块用于在前驱纯电车 App 中对模型本身进行相关操作。

2. 前驱纯电车模型仿真模块

该模块包含前驱纯电车模型参数设置浏览、前驱纯电车模型仿真设置、检查前驱纯电车模型、翻译前驱纯电车模型、仿真前驱纯电车模型、前驱纯电车模型仿真结果浏览、前驱纯电车变量曲线显示这六个功能。该模块用于前驱纯电车 App 中模型的仿真。

3. 前驱纯电车模型视图切换模块

该模块包含前驱纯电车模型图标视图、前驱纯电车模型组件视图、前驱纯电车模型文本视图这三个功能。该模块用于前驱纯电车设计分析应用中模型视图切换的相关操作。

4. 前驱纯电车使用许可模块

该模块用于前驱纯电车 App 的许可证选择。

上述四大功能模块中，前驱纯电车模型操作模块为基础，用于实现基础模型库的加载及各类与模型本身相关的操作；前驱纯电车模型仿真模块为核心，通过对载入的前驱纯电车模型的参数及仿真参数进行配置，可以仿真得到车辆在道路上运行情况，得到车辆运行性能数据；前驱纯电车模型视图切换模块和前驱纯电车使用许可模块为辅助部分，主要用于模型多种视图的切换和相关许可证的加载。

5.3.3 前驱纯电车 App 架构设计

在进行 App 的整体架构设计时，采用了 Qt 框架进行界面开发。Qt 框架提供了丰富的 GUI 组件和工具，使界面的设计和开发更加简便和高效。通过 Qt 框架，可以创建用户友好的界面，包括工具栏、菜单、对话框等，以满足 App 的界面需求。同时，底层核心模型处理采用了 Sysplorer.SDK（简称 SDK）。SDK 是一个提供核心模型处理功能的软件开发工具包，它包含了一系列功能丰富的 API 和工具，用于进行核心模型的建立、编辑和仿真等操作。通过调用 SDK 提供的 API，App 可以方便地进行核心模型的处理和管理。为了实现界面和核心模型的集成显示，App 将使用 SDK 提供的界面集成功能。这意味着 App 将通过 SDK 提供的接口，将核心模型的数据和结果集成到 Qt 界面中进行显示。这样，用户可以在 Qt 界面中直观地查看和操作核心模型的相关信息，并进行必要的参数设置和仿真控制。通过整合 Qt 框架和 SDK，可以充分发挥两者的优势，实现界面和核心模型的紧密结合，从而提供一个功能完善、易用且具有良好用户体验的 App。这种集成架构可以提高开发效率和 App 的可维护性，同时满足复杂模型处理和界面展示的需求。

核心启动类通过继承 QApplication 类，作为 App 的核心类，负责管理 App 的运行和事件循环。作为一个单例对象,核心启动类在整个 App 的生命周期中只有一个实例,确保 App 的统一管理和控制。

除了处理 App 的初始化、事件分发和窗口管理等基本任务,核心启动类还需要考虑其他关键功能的初始化和管理。

核心启动类需要初始化和管理模型管理服务接口。这涉及与后端服务进行通信,获取、加载和管理 App 所需的模型数据。这些模型数据可能包括算法模型、配置文件、数据集等。通过与模型管理服务接口的集成,核心启动类可以方便地获取和管理所需的模型数据,并在 App 的运行过程中进行相应的处理和使用。

此外,核心启动类还需要初始化和显示 App 的主窗口。这包括创建主窗口对象、设置主窗口的属性和样式、加载并显示主窗口等。主窗口通常是用户与应用程序进行交互和操作的主要界面,因此核心启动类需要确保主窗口的正确初始化和显示,以提供良好的用户体验。

综上所述,核心启动类在继承 QApplication 类的基础上,承担了更多的职责,包括许可证(License)管理、模型管理服务接口的初始化和管理,以及主窗口的初始化和显示。通过合理设计和管理核心启动类,可以确保 App 的正常运行,并提供丰富的功能和良好的用户体验。

在前驱电车核心启动类中分别初始化线程管理类、仿真管理类、模型管理器、License 服务类、主窗口类,如图 5-3 所示。

- 线程管理类:用于管理各线程的执行启动;
- 仿真管理类:用于管理仿真的开始、停止及仿真相关数据;
- 模型管理类:由 SDK 提供,用于初始化 SDK 底层模型操作类;
- License 服务类:由 SDK 提供,用于初始化相关 License 服务和可视化面板;
- 主窗口类:通过 Qt 中的 MainWindow 类实现主窗口显示,集成各类 SDK 提供的面板,用于呈现前驱纯电车 App 开发的建模仿真等。

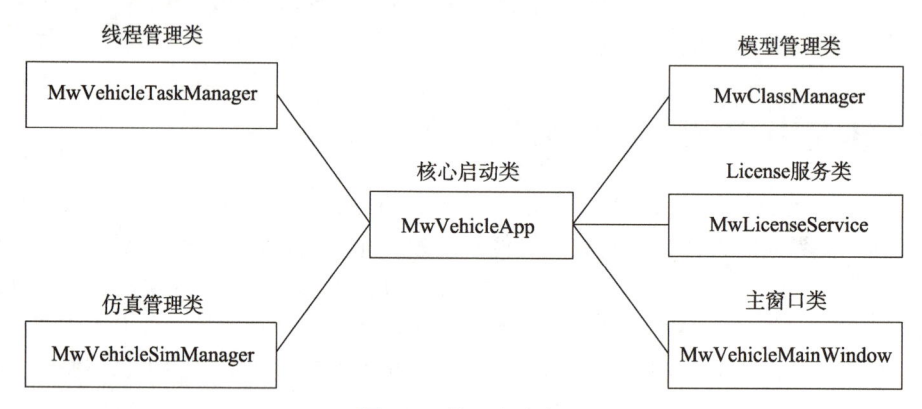

图 5-3 核心启动类

主窗口类继承 MainWindow 类,首先会在内部实现基础工具栏和按钮的初始化。这些基础工具栏和按钮包括常用的操作按钮、菜单项等,用于提供用户与 App 的交互功能。这样,用户可以通过单击按钮或选择菜单项来执行相应的操作,如打开、保存、导入、导出等。

其次,在主窗口类中会分别实现几大面板,如图 5-4 所示。其中,参数面板可以直接集成 SDK 提供的组件,并进行使用。参数面板可以用于显示和编辑与模型相关的参数,用户可以在界面中查看和修改参数值,从而影响模型的行为和结果。模型浏览器面板基本采用

QTreeView 类实现，该面板可以显示用户模型和软件自带模型库的树形结构，即模型树，以便用户浏览和选择模型。所有打开的模型都将在用户模型中进行呈现，这样用户可以方便地管理和操作模型。底层数据模型可以采用 SDK 提供的 model，无须考虑数据的存储和设计，简化了数据管理的复杂性。结果浏览器面板可以直接获取仿真数据，并将其通过一个简单的树形结构显示出来。该面板可以展示仿真变量的名称、值和描述等信息。用户可以通过浏览该面板，查看模型的仿真结果，并根据需要进行进一步分析和处理。主窗口类还与中央模型视图类和模型视图控制中心类交互，这些类都由 SDK 直接提供。中央模型视图类用于显示模型的主窗口，提供可视化的模型编辑和操作功能。模型视图控制中心类用于协调各个界面数据操作对主窗口产生的影响，确保数据的一致性和正确性。

通过以上的扩展，主窗口类可以实现基础工具栏和按钮的初始化，同时集成 SDK 提供的组件和面板，以实现参数管理、模型浏览、仿真结果展示等功能。这样，用户可以方便地操作和管理 App，同时提高 App 开发者的工作效率。

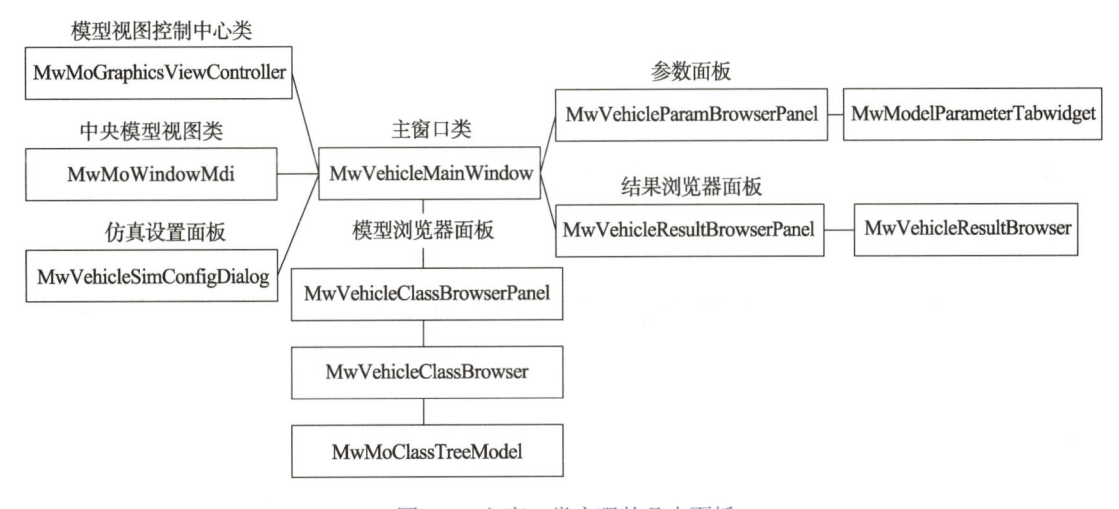

图 5-4 主窗口类实现的几大面板

参数面板：由 SDK 提供，可直接集成，用于显示和编辑模型中组件的参数信息。

结果浏览器面板：用于显示仿真结果数据，并可根据数据显示曲线窗口。

模型浏览器面板：显示已打开的模型库和模型文件，通过使用 SDK 提供的 MwMoClassTreeModel 类进行数据管理。

仿真设置面板：获取并设置仿真数据。

中央模型视图类：由 SDK 提供，用于直接显示中央模型视图。

中央模型视图控制中心类：由 SDK 提供，用于实现 SDK 底层接口对模型的操作及其他面板的数据更新操作等。

完成基本界面和功能类的设计后，考虑底层数据管理相关处理，设计线程管理类和仿真管理类。在检查模型、打开模型、加载模型库的过程中，由于会耗费一定的时间，通过给每个功能设计线程，可提高程序的执行效率和响应速度。在图形界面 App 中，将耗时的操作放在一个独立的线程中执行，可以避免阻塞用户界面，让用户继续进行其他操作；线程管理类将所有线程管理起来，方便系统执行调用操作。

此外，本案例主要涉及仿真结果数据，可将仿真控制类和仿真数据、仿真设置数据通过一个仿真管理类统一管理起来。通过仿真管理类，可以提供统一的数据访问接口，使得其他模块或组件可以方便地访问和操作数据，如图 5-5 所示。

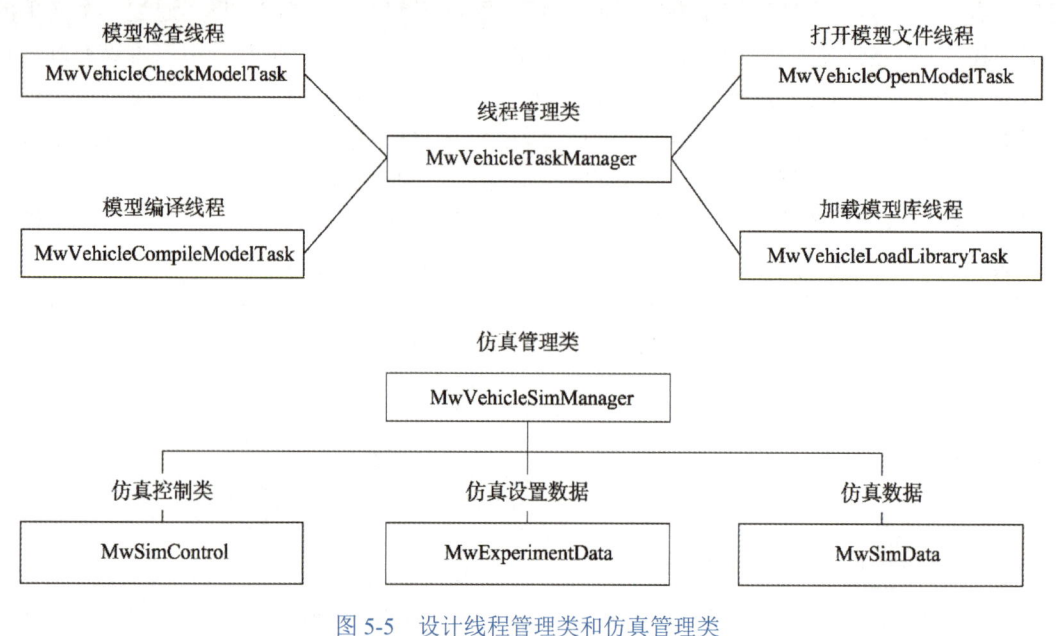

图 5-5　设计线程管理类和仿真管理类

线程涉及相关的主要功能由线程管理类控制：模型检查、模型编译、加载模型库、打开模型文件。

仿真相关控制由仿真管理类完成，管理 SDK 提供的仿真控制类、仿真数据及仿真设置数据。

5.3.4　前驱纯电车 App 接口

通过上述对前驱纯电车 App 类的分析和设计，为保证覆盖基本功能，主要类如 MwVehicleApp、MwVehicleMainWindow、MwVehicleClassBrowser、MwVehicleResultBrowser、MwVehicleSimManager 需要包含相关接口。MwVehicleApp 为核心启动类，需包含初始化接口，用于初始化各种类和界面，此外还应包含加载翻译文件接口，SDK 提供的相关界面默认为英文界面，通过提供的翻译包可转化为中文显示。MwVehicleMainWindow 为主窗口类，该类需包含主要功能接口，如开始仿真接口、加载模型接口、打开模型文件接口、检查模型接口、编译模型接口、打开仿真设置接口、打开 License 配置接口等。MwVehicleClassBrowser 为模型浏览器类，主要用于显示软件自带模型库和用户模型库，显示时需要显示文字和模型库图标，因此需包含获取模型文本接口、获取模型图标接口，此外需要包含双击事件处理接口和脏标处理接口等。MwVehicleResultBrowser 为结果浏览器类，主要包含加载显示仿真数据接口、打开曲线窗口接口、增加节点接口等。MwVehicleSimManager 为仿真管理类，需要包含获取仿真数据、获取仿真设置数据等主要接口。

前驱纯电车 App 案例接口设计如表 5-1 所示。

表 5-1 前驱纯电车 App 案例接口设计

类	接口	注释
MwVehicleApp	Initialize	初始化
	LoadChineseTranslateFile	加载翻译文件
MwVehicleMainWindow	LoadLibrary	加载模型
	StartSimulate	开始仿真
	SlotOpenModel	打开模型文件
	SlotSaveModel	保存模型文件
	SlotUnloadModel	卸载模型文件
	SlotCheckModel	检查模型
	SlotCompileModel	编译模型
	SlotSimulateModel	仿真模型
	SlotSimConfig	打开仿真设置
	SlotOpenLicense	打开 License 配置
MwVehicleClassBrowser	GetText	获取模型文本
	GetIcon	获取模型图标
	GetCurrentClassKey	获取当前模型 key
	SlotItemDoubleClicked	双击事件处理
	SlotClassDirtyChanged	脏标处理
MwVehicleResultBrowser	LoadSimData	加载仿真数据
	CloseAllPlotWindow	关闭曲线窗口
	AppendChildItem	增加节点
	PlotCurve	打开曲线窗口
MwVehicleSimManager	SimulateModel	仿真模型
	GetCurrentSimData	获取仿真数据
	GetExperimentData	获取仿真设置数据

前驱纯电车 App 案例中使用到的 SDK 相关类和接口如表 5-2 所示，该表简要介绍了相关接口所属类及其相关注释，如需要了解更为详细的接口文档，请查阅同元软控官网的开发文档获得支持。

表 5-2 前驱纯电车 App 案例中使用到的 SDK 相关类和接口

类	接口	注释
MwClassManager	Initialize	MwClassManager 类初始化
	GetCoreOption	获取 MwCoreOption 类
	GetMoHandler	获取 MwMoHandler 类
MwCoreOption	LoadChineseTranslateFile	加载中文翻译文件
MwMoGraphicsViewController	SigUpdate	中央模型视图更新信号
	SetMdiInterface	设置视图
	GetIcon	获取模型图标
	SetClassDirty	设置脏标

续表

类	接口	注释
MwMoWindowMdi	OpenMoWindow	显示打开的模型
	GetCurrentClassKey	获取当前模型窗口中的模型键值
	SaveCurrentWindow	保存当前模型窗口中的模型键值
	SwitchCurrentMoView	视图类型切换
MwMoClassTreeModel	AppendTopClass	增加顶层模型
	RemoveClass	移除模型
MwModelParameterTabWidget	SlotUpdate	更新面板
MwMoHandler	OpenFile	打开模型文件(mo,bmf,mef)
	UnloadModel	卸载已加载或打开的模型
	GetTopClassInFileByKey	根据 key 获取模型顶层类键值
	SaveModel	将修改内容保存到模型底层文件
	CompileModel	编译模型
	CheckModel	检查模型文本
	GetKeyByTypeName	根据模型的名称获取模型 key
	LoadMoLibrary	加载模型库(mo)
	GetTopClassInFile	获取文件中的顶层
	GetFullnameProp	获取模型或元素的全名
MwSimControl	GetSimData	获取仿真数据
	RebindSimData	绑定仿真数据
	StartSimulate	开始仿真
MwSimData	InitializeSimInst	初始化仿真实例
	ApplyExperimentData	应用仿真设置
	GetVarTreeRoot	读取结果变量
MwSimConfigWidget	GetSimConfig	获取仿真设置
MwSimPlotWindow	AddCurveToCurrentView	添加变量到曲线窗口
MwLicenseService	StartupLicenseSetDialog	弹出 License 配置对话框

5.4 前驱纯电车 App 实现

前驱纯电车 App 用于车辆的设计验证，读者可通过修改车辆的参数进行车辆设计；可通过仿真车辆行驶性能进行设计验证，即通过加载车辆模型库（简化版），选择对应型号的车辆并修改车辆属性（包括车辆类型、尺寸、重量、动力等特征），实现车辆的设计；通过仿真计算模拟车辆在道路上的运行情况，得到车辆运行性能数据，包括车辆的加速度、悬架系统的振动情况、轮胎的压力分布等，基于性能数据分析车辆设计的合理性、优越性。

图 5-6 为前驱纯电车 App 主窗口，主要由五部分组成，分别是中央模型视图，左侧的模型浏览器，底部的参数面板，右侧的结果浏览器及显示变量曲线的曲线窗口。

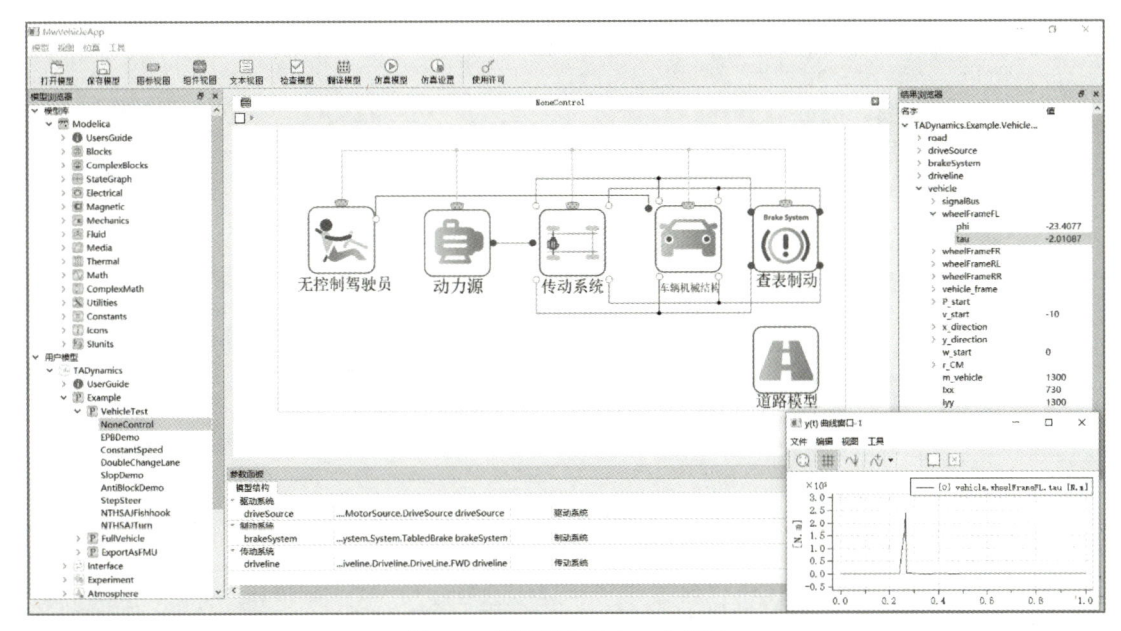

图 5-6 前驱纯电车 App 主窗口

5.4.1 前驱纯电车 App 类实现

在程序入口创建一个 MwVehicleApp 实例，调用 Initialize()接口进行初始化后，调用 Exec()接口开启车辆 App，代码如下：

```
#include "mw_vehicle_app.h"

int main(int argc, char *argv[])
{
    MwVehicleApp mw_app(argc, argv);
    mw_app.Initialize();
    return mw_app.Exec();
}
```

1. MwVehicleApp 类

MwVehicleApp 类作为车辆 App 和 Qt 事件循环的入口，继承 QApplication 类，负责初始化使用 SDK 开发 App 依赖的一些必要的环境及创建车辆 App 主窗口，代码如下：

```
void MwVehicleApp::Initialize()
{
    classManager = new MwClassManager();
    classManager->Initialize();
    LoadChineseTranslateFile();

    pLicenseService = new MwLicenseService(nullptr);
    pLicenseService->Initialize();

    taskManager = new MwVehicleTaskManager();
```

```
        simManager = new MwVehicleSimManager();
        mainWin = new MwVehicleMainWindow();

        mainWin->showMaximized();
}
```

其中 LoadChineseTranslateFile 类负责加载 SDK 的中文翻译，代码如下：

```
void MwVehicleApp::LoadChineseTranslateFile()
{

            QString app_path=qApp->aQString app_path = qApp->applicationDirPath();
            QString tr_file_path = app_path + "/../setting/language/Chinese-Simplified";
            QDir tr_dir(tr_file_path);
            if (!tr_dir.exists())
            {
                return;
            }
            tr_dir.setFilter(QDir::Files | QDir::NoSymLinks);
            tr_dir.setNameFilters(QStringList("*.qm"));

            QStringList file_list = tr_dir.entryList();
            QStringList::iterator iter = file_list.begin();
            for (; iter != file_list.end(); ++iter)
            {
                QTranslator* qtranslator = new QTranslator();
                qtranslator->load(*iter, tr_file_path);
                qApp->installTranslator(qtranslator);
            }
}
```

2. MwVehicleMainWindow 类

MwVehicleMainWindow 类为车辆 App 主窗口类，继承 MainWindow 类，负责如下事务：

（1）提供各功能的按钮及接口实现，包括打开模型、保存模型、切换中央模型视图、检查模型、翻译模型、仿真模型、仿真设置和使用许可。

（2）构建各个面板组件，包括中央模型视图、模型浏览器、参数面板、结果浏览器。

初始化界面前需要先创建 MwMoGraphicsViewController 实例，其负责同步各个面板因模型变化而产生的界面刷新，代码如下：

```
void MwVehicleMainWindow::SetupUI()
{
    moController = new MwMoGraphicsViewController(ClassMgrPtr);

    mdiModelView = new MwMoWindowMdi(moController, this);
    moController->SetMdiInterface(mdiModelView);
    centralLayout->addWidget(mdiModelView, 0, 0, 1, 1);

    dockClassBrowser = new MwVehicleClassBrowserPanel(
```

```cpp
        QStringLiteral("模型浏览器"), this);
    dockParamBrowser = new MwVehicleParamBrowserPanel(
        moController, QStringLiteral("参数面板"), this);
    dockResultBrowser = new MwVehicleResultBrowserPanel(
        QStringLiteral("结果浏览器"), this);

    this->addDockWidget(Qt::LeftDockWidgetArea, dockClassBrowser);
    this->addDockWidget(Qt::BottomDockWidgetArea, dockParamBrowser);
    this->addDockWidget(Qt::RightDockWidgetArea, dockResultBrowser);
    this->setCorner(Qt::BottomLeftCorner, Qt::LeftDockWidgetArea);
    this->setCorner(Qt::BottomRightCorner, Qt::RightDockWidgetArea);

    window()->restoreGeometry(
        QSettings().value("windowGeometry").toByteArray());
}
```

通过连接 MwMoGraphicsViewController 类中的 SigUpdate 信号和各面板中的 SlotUpdate 接口数来同步界面更新，代码如下：

```cpp
void MwVehicleMainWindow::InitConnections()
{
    connect(moController, &MwMoGraphicsViewController::SigUpdate,
        mdiModelView, &MwMoWindowMdi::SlotUpdate);
    connect(moController, &MwMoGraphicsViewController::SigUpdate,
        dockClassBrowser->GetClassBrowser()->GetClassBrowserTreeModel(),
        &MwMoClassTreeModel::SlotUpdate);
    connect(moController, &MwMoGraphicsViewController::SigUpdate,
        dockParamBrowser->GetParamBrowser(),
        &MwModelParameterTabWidget::SlotUpdate);
}
```

3. MwMoWindowMdi 类

中央模型视图如图 5-7 所示。

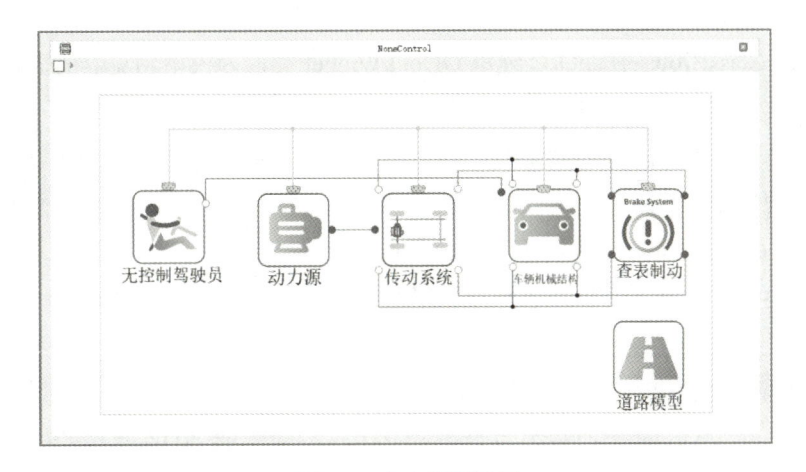

图 5-7 中央模型视图

MwMoWindowMdi 类为 SDK 提供的、用于显示中央模型视图，基类为 QMdiArea，支持显示组件的图标视图、组件视图和文本视图，并支持编辑。

使用时注意，在创建对象后，调用 MwMoGraphicsViewController 类的 SetMdiInterface 接口将 MwMoWindowMdi 类设置进去，代码如下：

```
mdiModelView = new MwMoWindowMdi(moController, this);
moController->SetMdiInterface(mdiModelView);
```

4. MwVehicleClassBrowserPanel 类

模型浏览器如图 5-8 所示。

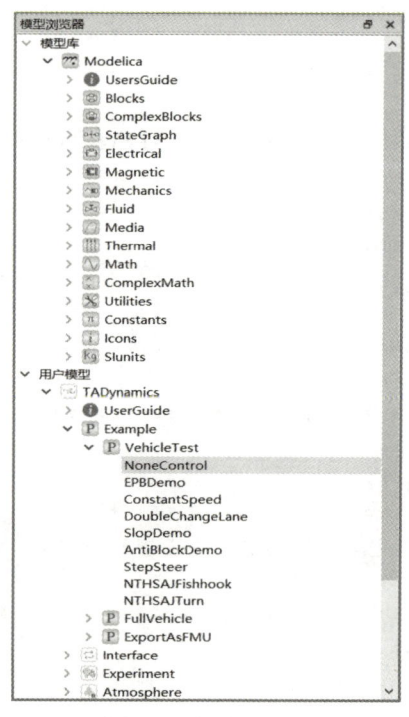

图 5-8　模型浏览器

MwVehicleClassBrowserPanel 类继承 QDockWidget 类，为模型浏览器的面板容器，其内部创建了 MwVehicleClassBrowser 类，代码如下：

```
classBrowser = new MwVehicleClassBrowser(this);
this->setWidget(classBrowser);
```

MwVehicleClassBrowser 类继承 QTreeView 类，用于显示模型树，其内部创建了 MwMoClassTreeModel 类，并将其设置为模型浏览器的数据模型，代码如下：

```
treeModel = new MwMoClassTreeModel(ClassMgrPtr);
this->setModel(treeModel);
```

MwMoClassTreeModel 类的基类为 QStandardItemModel，是 SDK 提供的模型浏览器数据模型，负责构造内核加载的模型对应的上层数据树状结构，并将其设置到 QTreeView 类中使用。

5. MwVehicleParamBrowserPanel 类

参数面板如图 5-9 所示。

图 5-9　参数面板

MwVehicleParamBrowserPanel 类继承 QDockWidget 类，为参数面板的容器，其内部创建了 MwModelParameterTabWidget 类，代码如下：

```
paramBrowser = new MwModelParameterTabWidget(
        mo_controller, MwParamEditMode::PEM_Panel, this);
this->setWidget(paramBrowser);
```

MwModelParameterTabWidget 类为 SDK 提供的参数面板组件，其可以通过连接 MwMoGraphicsViewController 类的 SigUpdate 信号，实现对当前选中组件的参数显示和编辑。

6. MwVehicleResultBrowserPanel 类

结果浏览器如图 5-10 所示。

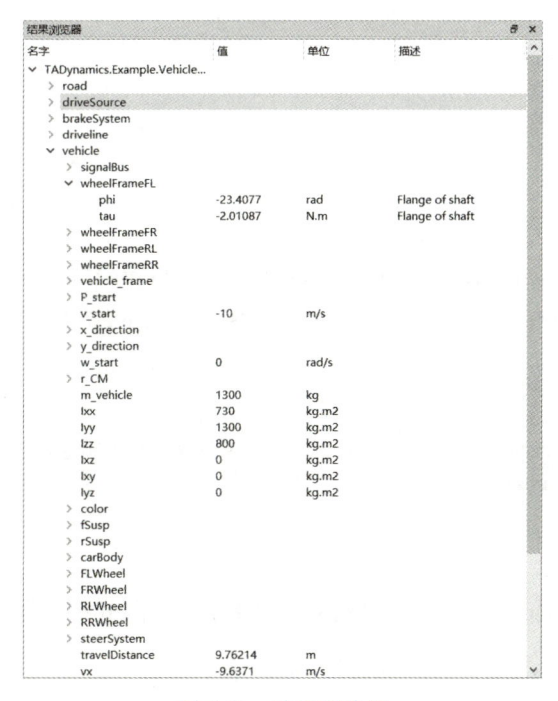

图 5-10　结果浏览器

MwVehicleResultBrowserPanel 类继承 QDockWidget 类，为结果浏览器的面板容器，其内部创建了 MwVehicleResultBrowser 类，代码如下：

```
resultBrowser = new MwVehicleResultBrowser(this);
this->setWidget(resultBrowser);
```

MwVehicleResultBrowser 类继承 QTreeWidget 类，用于显示仿真结果变量。

5.4.2 前驱纯电车 App 模型操作模块

1. 加载模型库

MwVehicleMainWindow 类中实现了加载系统模型库的接口 LoadLibrary，接口中创建了一个 MwVehicleLoadLibraryTask 线程进行模型库加载，代码如下：

```
void MwVehicleMainWindow::LoadLibrary(const QString &lib_name, const QString &lib_ver)
{
    if (TaskMgrPtr->IsTaskRunning())
    {
        ShowStatus(QStringLiteral("当前有任务正在进行，无法加载模型库。"));
        return;
    }

    if (ClassMgrPtr->GetMoHandler()->GetKeyByTypeName(lib_name.toStdString()))
    {
        ShowStatus(QStringLiteral("模型库已加载。"));
        return;
    }

    ShowStatus(QStringLiteral("正在加载模型库") + lib_name + " " + lib_ver);
    EnableUI(false, true);
    MwVehicleLoadLibraryTask *load_library_task = new MwVehicleLoadLibraryTask(lib_name, lib_ver);
    TaskMgrPtr->Execute(load_library_task);
}
```

MwVehicleLoadLibraryTask 类继承 QThread 类，负责在线程中执行加载模型库的操作，通过调用 SDK 提供的 MwMoHandler 类中的 LoadMoLibrary 接口实现，代码如下：

```
void MwVehicleLoadLibraryTask::run()
{
    loadSuccess = ClassMgrPtr->GetMoHandler()->LoadMoLibrary(libName.toStdString(), libVersion.toStdString());
    emit SigLoadLibraryFinish();
}
```

模型库加载成功后，触发 MwVehicleMainWindow 类中的 SlotLoadLibraryFinish 接口，调用 MwVehicleClassBrowser 类中的 AddLibrary 接口更新模型浏览器界面，显示模型树，代码如下：

```
void MwVehicleMainWindow::SlotLoadLibraryFinish(QThread *thread)
{
```

```cpp
    MwVehicleLoadLibraryTask *load_lib_task = dynamic_cast<MwVehicleLoadLibraryTask*>(thread);
    if (load_lib_task != nullptr && load_lib_task->IsLoadLibrarySuccess())
    {
        QString lib_name;
        load_lib_task->GetLibName(lib_name);
    }
}
```

AddLibrary 接口调用 MwMoClassTreeModel 类中的 AppendTopClass 接口实现模型树结构的显示，代码如下：

```cpp
void MwVehicleClassBrowser::AddLibrary(const QString &lib_name)
{
    clearSelection();
    MWint mo_key = ClassMgrPtr->GetMoHandler()->GetKeyByTypeName(lib_name.toStdString());
    treeModel->AppendTopClass(mo_key, QStringLiteral("模型库"));
    UpdateModelIcon(mo_key);
    this->expand(treeModel->GetItem(mo_key)->index());
}
```

接口中的 UpdateModelIcon 用于更新模型树中指定模型及其嵌套模型的图标，调用 MwMoGraphicsViewController 类中的 GetIcon 接口可获取模型图标，代码如下：

```cpp
void MwVehicleClassBrowser::UpdateModelIcon(MWint key)
{
    QStandardItem *item = treeModel->GetItem(key);
    if (item == nullptr)
    {
        return;
    }
    MwMoGraphicsViewController *mo_controller = AppPtr->GetMainWindow()->GetMoGraphicsViewController();
    item->setIcon(mo_controller->GetIcon(key, QSize(20, 20)));
    for (int i = 0; i < item->rowCount(); ++i)
    {
        UpdateNestedModelIcon(item->child(i, 0));
    }
}
```

2. 打开前驱纯电车模型

MwVehicleMainWindow 类中实现了打开模型的接口 SlotOpenModel，接口中创建了一个 MwVehicleOpenFileTask 线程来打开模型文件，代码如下：

```cpp
void MwVehicleMainWindow::SlotOpenModel()
{
    if (TaskMgrPtr->IsTaskRunning())
    {
        ShowStatus(QStringLiteral("当前有任务正在进行，无法打开模型。"));
        return;
```

```
        }
        QString str_file = QFileDialog::getOpenFileName(this, QStringLiteral("打开模型文件"), "", tr("*.mo"));
        if (str_file.isEmpty())
        {
            return;
        }

        if (ClassMgrPtr->GetMoHandler()->GetTopClassInFile(str_file.toStdWString()))
        {
            ShowStatus(QStringLiteral("模型已加载。"));
            return;
        }

        ShowStatus(QStringLiteral("正在打开模型") + str_file);
        EnableUI(false, true);
        MwVehicleOpenFileTask *open_file_task = new MwVehicleOpenFileTask(str_file);
        TaskMgrPtr->Execute(open_file_task);
    }
```

MwVehicleOpenFileTask 类继承 Qthread 类,负责在线程中执行打开模型文件的操作,通过调用 SDK 提供的 MwMoHandler 类中的 OpenFile 接口实现,代码如下:

```
void MwVehicleOpenFileTask::run()
{
    openSuccess = ClassMgrPtr->GetMoHandler()->OpenFile(filePath.toStdWString());
    emit SigOpenFileFinish();
}
```

模型文件加载成功后,触发 MwVehicleMainWindow 类中的 SlotOpenModelFinish 接口,调用 MwVehicleClassBrowser 类中的 AddUserModel 接口更新模型浏览器界面,显示模型树,并且调用 MwMoWindowMdi 类中的 OpenMoWindow 接口,在中央模型视图中显示打开的模型,代码如下:

```
void MwVehicleMainWindow::SlotOpenModelFinish(QThread *thread)
{
    MwVehicleOpenFileTask *open_file_task = dynamic_cast<MwVehicleOpenFileTask*>(thread);
    if (open_file_task != nullptr && open_file_task->IsOpenFileSuccess())
    {
        MWint mo_key = open_file_task->GetTopClassKeyInFile();
    }
}
```

3. 检查前驱纯电车模型

MwVehicleMainWindow 类中实现了检查模型语法语义是否正确的模型检查接口 SlotCheckModel,接口中创建了一个 MwVehicleCheckModelTask 线程进行模型检查,代码如下:

```
void MwVehicleMainWindow::SlotCheckModel()
```

```
{
    if (TaskMgrPtr->IsTaskRunning())
    {
        ShowStatus(QStringLiteral("当前有任务正在进行，无法检查模型。"));
        return;
    }

    QString model_name = QString::fromStdString(moController->GetCurrentClassName());
    if (model_name.isEmpty())
    {
        return;
    }

    ShowStatus(QStringLiteral("正在检查模型") + model_name);
    EnableUI(false, true);
    MwVehicleCheckModelTask *check_model_task = new MwVehicleCheckModelTask(model_name);
    TaskMgrPtr->Execute(check_model_task);
}
```

MwVehicleCheckModelTask 类继承 QThread 类，负责在线程中执行检查模型的操作，通过调用 SDK 提供的 CheckModel 接口实现，代码如下：

```
void MwVehicleCheckModelTask::run()
{
    checkSuccess = ClassMgrPtr->GetMoHandler()->CheckModel(modelName.toStdString());
    emit SigCheckModelFinish();
}
```

4. 保存前驱纯电车模型

MwVehicleMainWindow 类中实现了保存模型的接口 SlotSaveModel，接口首先调用 MwMoWindowMdi 类中的 GetCurrentClassKey 接口获取当前模型窗口的模型键值，然后调用 MwMoHandler 类中的 GetTopClassFileByKey 接口获取当前模型的顶层类键值，以此顶层模型为保存的对象。接着调用 MwMoWindowMdi 类中的 SaveCurrentWindow 接口及 MwMoHandler 类中的 SaveModel 接口保存窗口状态和底层模型文件，最后调用 MwMoGraphicsViewController 类中的 SetClassDirty 接口移除顶层模型的脏标志。代码如下：

```
void MwVehicleMainWindow::SlotSaveModel()
{
    if (TaskMgrPtr->IsTaskRunning())
    {
        ShowStatus(QStringLiteral("当前有任务正在进行，无法保存模型。"));
        return;
    }

    MWint class_key = mdiModelView->GetCurrentClassKey();
    if (class_key == 0)
```

```cpp
        {
            return;
        }

        QString mo_name = QString::fromStdString(ClassMgrPtr->GetMoHandler()->GetFullnameProp(class_key));
        MWint top_class_key = ClassMgrPtr->GetMoHandler()->GetTopClassInFileByKey(class_key);
        ShowStatus(QStringLiteral("正在保存模型") + mo_name);
        if (mdiModelView->SaveCurrentWindow() &&
            ClassMgrPtr->GetMoHandler()->SaveModel(ClassMgrPtr->GetMoHandler()->GetFullnameProp(top_class_key)) == MWStat_Ok)
        {
            moController->SetClassDirty(top_class_key, false);
            ShowStatus(QStringLiteral("模型") + mo_name + QStringLiteral("保存成功。"));
        }
        else
        {
            ShowStatus(QStringLiteral("模型") + mo_name + QStringLiteral("保存失败。"));
        }
    }
```

5. 卸载前驱纯电车模型

MwVehicleMainWindow 类中实现了卸载模型的接口 SlotUnloadModel，接口首先调用 MwVehicleClassBrowser 类中的 UnloadModel 接口来卸载模型树，然后调用 MoWindowMdi 类中的 CloseMoWindow 接口关闭模型窗口，最后调用 MwMoHandler 类中的 UnloadModel 接口卸载底层模型数据。代码如下：

```cpp
void MwVehicleMainWindow::SlotUnloadModel()
{
    if (TaskMgrPtr->IsTaskRunning())
    {
        ShowStatus(QStringLiteral("当前有任务正在进行，无法卸载模型。"));
        return;
    }

    MWint mo_key = dockClassBrowser->GetClassBrowser()->GetCurrentClassKey();
    QString mo_name = QString::fromStdString(ClassMgrPtr->GetMoHandler()->GetFullnameProp(mo_key));
    ShowStatus(QStringLiteral("正在卸载模型") + mo_name);

    if (ClassMgrPtr->GetMoHandler()->UnloadModel(mo_name.toStdString()))
    {
        ShowStatus(QStringLiteral("模型") + mo_name + QStringLiteral("卸载成功。"));
    }
    else
    {
        ShowStatus(QStringLiteral("模型") + mo_name + QStringLiteral("卸载失败。"));
    }
}
```

5.4.3 前驱纯电车 App 模型仿真模块

1. 前驱纯电车模型仿真设置

MwVehicleMainWindow 类中实现了仿真设置的接口 SlotSimConfig，接口创建了一个 MwVehicleSimConfigDialog 线程打开对话框并弹出，代码如下：

```cpp
void MwVehicleMainWindow::SlotSimConfig()
{
    MwVehicleSimConfigDialog sim_config_dlg(SimMgrPtr->GetExperimentData(), this);
    sim_config_dlg.exec();
}
```

在 MwVehicleSimConfigDialog 类中创建一个 SDK 提供的 MwSimConfigWidget 仿真设置组件，并将其设置到对话框内显示，代码如下：

```cpp
void MwVehicleSimConfigDialog::SetupUi()
{
    centralLayout = new QVBoxLayout(this);
    simConfigWgt = new MwSimConfigWidget(expData, this);
    centralLayout->addWidget(simConfigWgt);
}
```

2. 翻译前驱纯电车模型

MwVehicleMainWindow 类中实现了翻译模型的接口 CompileModel，接口中创建了一个 MwVehicleCompileModelTask 线程进行模型翻译，代码如下：

```cpp
void MwVehicleMainWindow::CompileModel(bool translate_and_sim)
{
    if (TaskMgrPtr->IsTaskRunning())
    {
        ShowStatus(QStringLiteral("当前有任务正在进行，无法翻译模型。"));
        return;
    }

    QString model_name = QString::fromStdString(moController->GetCurrentClassName());
    if (model_name.isEmpty())
    {
        return;
    }

    ShowStatus(QStringLiteral("正在翻译模型") + model_name);
    dockResultBrowser->GetResultBrowser()->CloseAllPlotWindow();
    EnableUI(false, true);
    MwVehicleCompileModelTask *compile_model_task = new MwVehicleCompileModelTask(model_name, translate_and_sim);
    TaskMgrPtr->Execute(compile_model_task);
}
```

MwVehicleCompileModelTask 类继承 QThread 类，负责在线程中创建仿真实例目录并调用 MwMoHandler 类中的 CompileModel 接口翻译模型，代码如下：

```cpp
void MwVehicleCompileModelTask::run()
{
    SimMgrPtr->CreateSimInstDir(modelName);
    SimMgrPtr->GetSimInstDir(modelName, simInstDir);
    compileSuccess = ClassMgrPtr->GetMoHandler()->CompileModel(modelName.toStdString(), simInstDir.toStdWString());
    emit SigCompileModelFinish();
}
```

3. 仿真前驱纯电车模型

MwVehicleMainWindow 类中实现了仿真模型的接口 StartSimulate，接口调用了 MwVehicleSimManager 类中的 SimulateModel 接口实现仿真，代码如下：

```cpp
void MwVehicleMainWindow::StartSimulate()
{
    if (TaskMgrPtr->IsTaskRunning())
    {
        ShowStatus(QStringLiteral("当前有任务正在进行，无法仿真模型。"));
        return;
    }

    QString model_name = QString::fromStdString(moController->GetCurrentClassName());
    if (model_name.isEmpty())
    {
        return;
    }

    ShowStatus(QStringLiteral("正在仿真模型") + model_name);
    EnableUI(false, true);
    SimMgrPtr->SimulateModel(model_name);
}
```

SimulateModel 接口首先将之前与 MwSimControl 类绑定的 MwSimData 类销毁，并创建新的 MwSimData 类与之绑定，然后调用 MwSimData 类中的 InitializeSimInst 接口初始化仿真实例，并调用 MwSimData 类中的 ApplyExperimentData 接口应用仿真设置。最后调用 SimControl 类中的 StartSimualte 类启动仿真。代码如下：

```cpp
bool MwVehicleSimManager::SimulateModel(const QString &model_name)
{
    modelName = model_name;
    MwSimData *sim_data = simCtrl->GetSimData();
    if (sim_data)
    {
        delete sim_data;
        simCtrl->RebindSimData(nullptr);
```

```
        }
        QString result_path, inst_path;
        GetSimInstDir(model_name, inst_path);
        GetSimResultPath(model_name, result_path);
        sim_data = new MwSimData(model_name.toStdWString(),
                                 result_path.toStdWString(),
                                 inst_path.toStdWString());
        sim_data->InitializeSimInst();
        sim_data->ApplyExperimentData(expData);

        simCtrl->RebindSimData(sim_data);
        return simCtrl->StartSimulate(MwSimControl::Sim_ContinueMode);
    }
```

4. 前驱纯电车模型仿真结果加载

MwVehicleResultBrowser 类中实现了加载仿真结果的接口 LoadSimData，接口加载仿真结果并构造一棵变量树，代码如下：

```
void MwVehicleResultBrowser::LoadSimData(MwSimData *sim_data)
{
    this->clear();
    popro::MwVarTree* var_root = sim_data->GetVarTreeRoot();
    if (var_root == nullptr)
        return;

    QTreeWidgetItem* top_item = new QTreeWidgetItem();
    top_item->setText(0, QString::fromStdWString(var_root->Name()));
    top_item->setData(0, Qt::UserRole, QVariant::fromValue(QString::fromStdWString(var_root->GetFullName())));
    this->addTopLevelItem(top_item);

    AppendChildItem(sim_data, top_item, var_root);

    this->expandToDepth(0);
}
```

变量树的数据结构通过 MwSimData 类中的 MwVarTree 类获得，MwVarTree 类中还包含变量名称、全名、描述、单位、值等信息。

5. 前驱纯电车变量曲线显示

MwVehicleResultBrowser 类中实现了显示变量曲线的接口 PlotCurve，接口创建了一个 MwSimPlotWindow 线程添加曲线到曲线窗口中显示，代码如下：

```
void MwVehicleResultBrowser::PlotCurve(QTreeWidgetItem *item)
{
    QString var_name = item->data(0, Qt::UserRole).value<QString>();
    MwSimPlotWindow *plot_win = new MwSimPlotWindow(1, true, ClassMgrPtr, this, false);
```

```
vecPlotWin.append(plot_win);
connect(plot_win, &MwSimPlotWindow::SigWindowClosed, this, &MwVehicleResultBrowser::SlotWindowClosed);
plot_win->setAttribute(Qt::WA_DeleteOnClose);
MwAbstractData *abs_data = SimMgrPtr->GetCurrentSimData();
plot_win->AddCurveToCurrentView(var_name, abs_data);
plot_win->show();
}
```

调用 MwSimPlotWindow 类中的 AddCurveToCurrentView 接口可以将变量曲线添加到当前窗口视图中。

5.4.4　前驱纯电车 App 模型视图切换模块

中央模型视图可以切换三种视图类型，分别是图标视图、组件视图和文本视图。

在图标视图中，可以查看和编辑当前模型的图标，如图 5-11 所示。

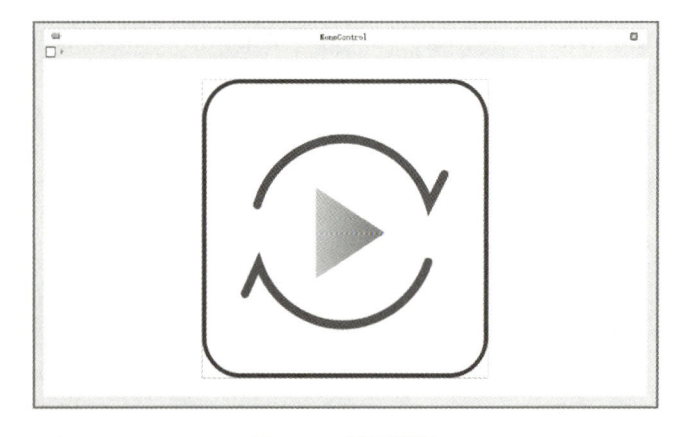

图 5-11　图标视图

在组件视图中，可以查看模型的结构和连接关系，并通过鼠标拖动的方式修改模型结构和连接，如图 5-12 所示。

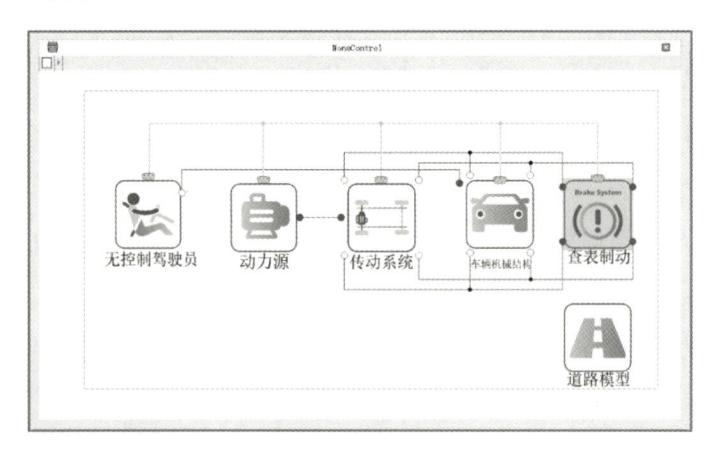

图 5-12　组件视图

在文本视图中，可以查看模型的文本（基于 Modelica 建模语言），支持编辑文本，并能检查语法是否正确，如图 5-13 所示。

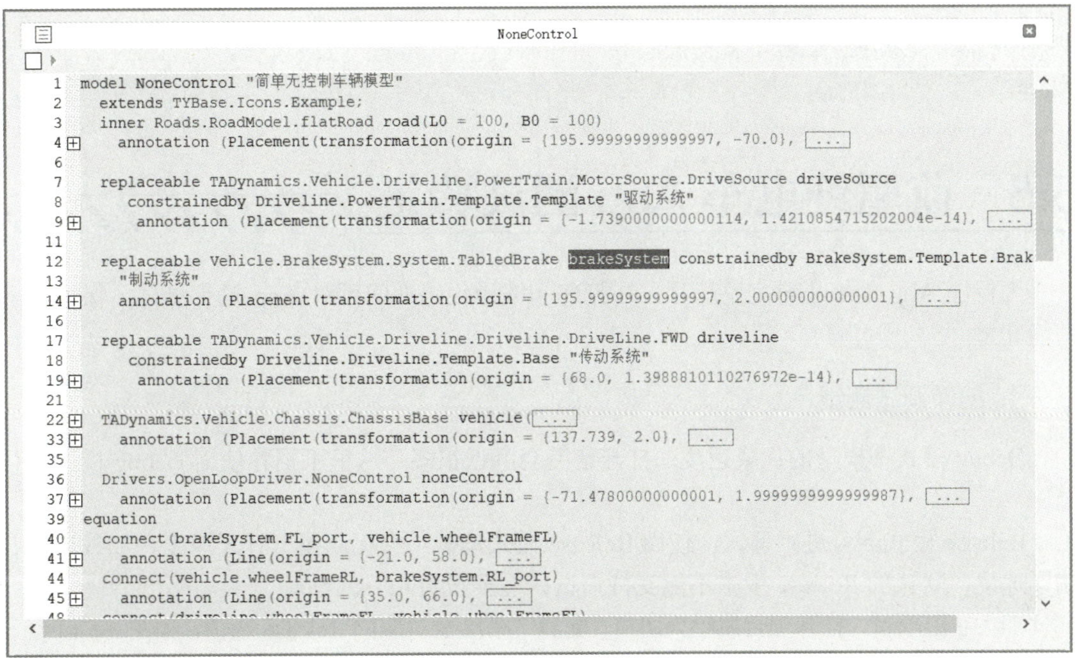

图 5-13 文本视图

MwVehicleMainWindow 类中实现了切换中央视图类型的接口 SlotSwitchView，接口调用 MwMoWindowMdi 类中的 SwitchCurrentMoView 接口实现视图类型切换，代码如下：

```
void MwVehicleMainWindow::SlotSwitchView()
{
    QAction *action_sender = qobject_cast<QAction*>(sender());
    if (action_sender == action2IconView)
    {
        mdiModelView->SwitchCurrentMoView(MLAYER_ICON);
    }
    else if (action_sender == action2DiagramView)
    {
        mdiModelView->SwitchCurrentMoView(MLAYER_DIAGRAM);
    }
    else if (action_sender == action2TextView)
    {
        mdiModelView->SwitchCurrentMoView(MLAYER_TEXT);
    }else{}
}
```

5.4.5 前驱纯电车 App 使用许可模块

MwVehicleMainWindow 类实现了配置 License 的接口 SlotOpenLicense，接口调用

MwLicenseService 类中的 StartupLicenseSetDialog 接口弹出 License 配置对话框，代码如下：

```
void MwVehicleMainWindow::SlotOpenLicense()
{
    LicenseServicePtr->StartupLicenseSetDialog();
}
```

5.5 前驱纯电车 App 测试验证

为保证 App 能够正常完整运行，在打包和编译代码期间可对 App 进行测试，保证 App 功能完整。

1. 编译调试测试

Debug 模式下模型的加载速度、打开速度会降低很多，这里不推荐使用 Debug 模式进行调试。

Release 模式下可进行调试，使用 Release 模式调试，会提高模型打开速度、加载速度、编译速度，默认的 Release 版本不能支持调试，需要设置项目属性。

（1）右击项目，打开项目属性，切换"配置"菜单至对应的 Release 选项，如图 5-14 所示。

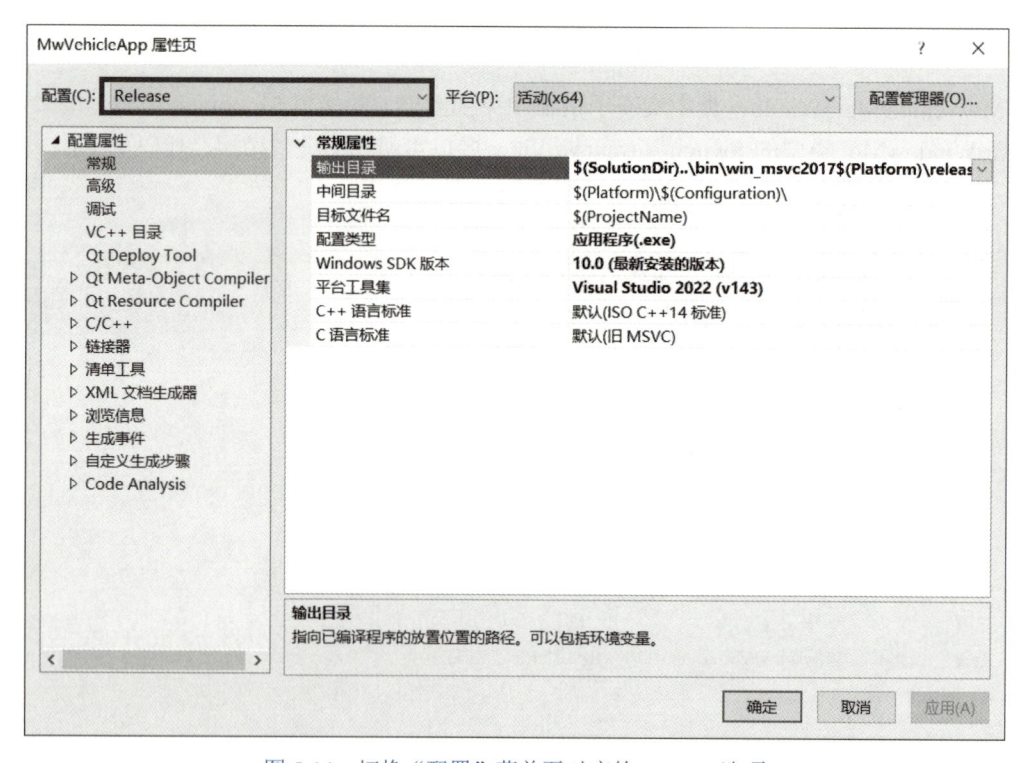

图 5-14 切换"配置"菜单至对应的 Release 选项

（2）在左侧"配置属性"菜单中找到"C/C++ - 优化"选项，将"优化"设置为"已禁用(/Od)"，如图 5-15 所示。

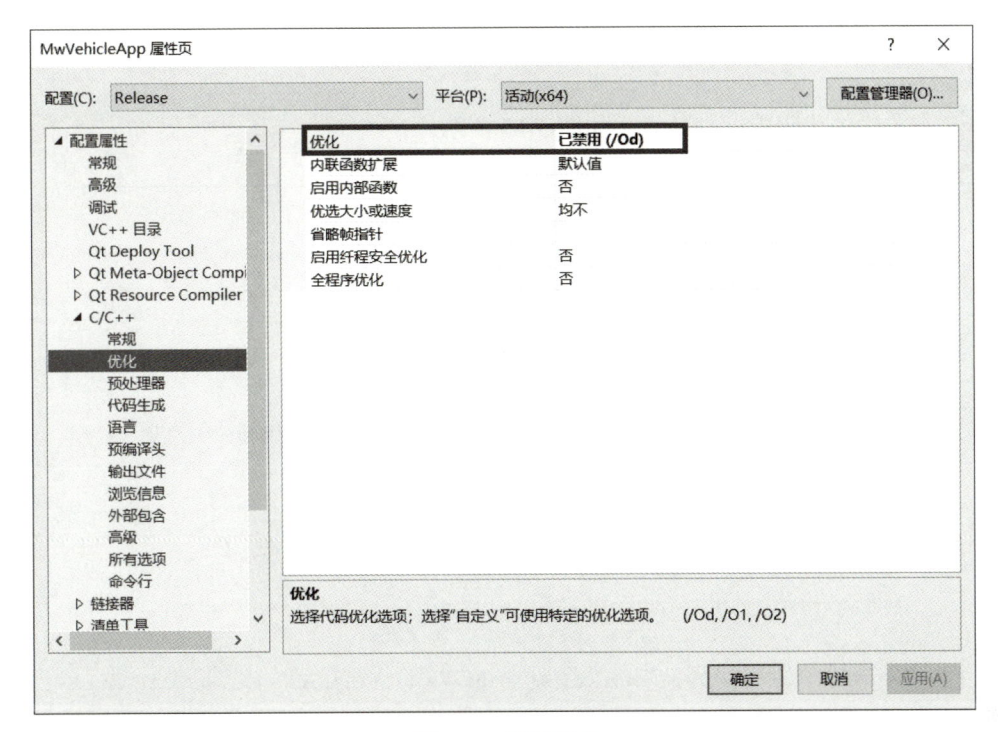

图 5-15 配置优化

（3）在左侧"配置属性"菜单中选择"链接器 - 调试"选项，将"生成调试信息"设置为"生成调试信息(/DEBUG)"，如图 5-16 所示。

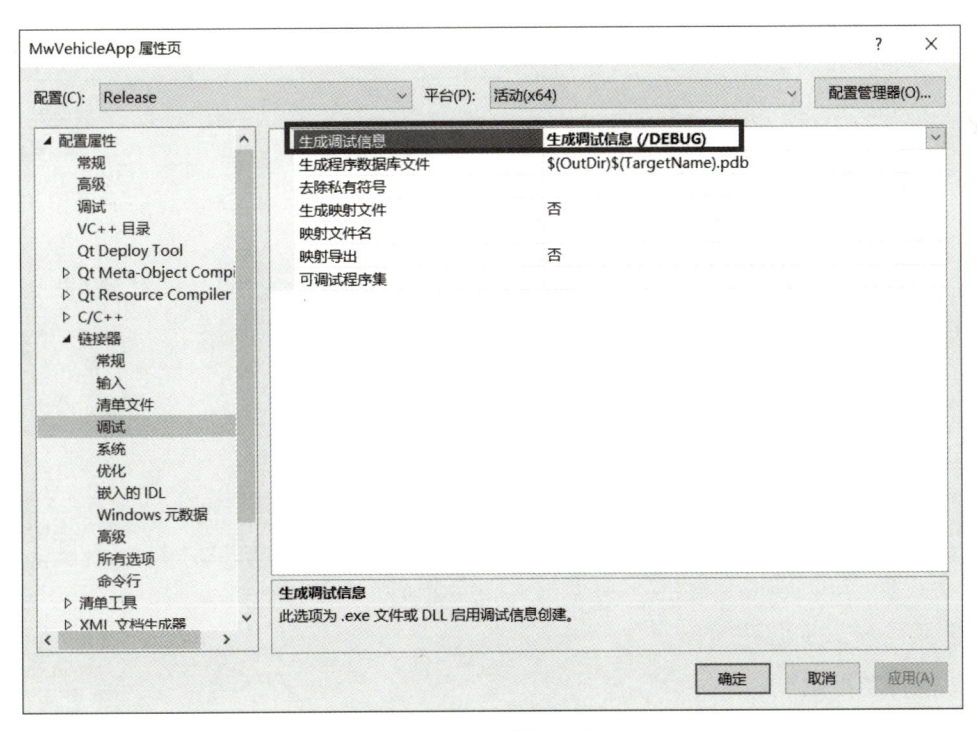

图 5-16 配置调试项

（4）单击"应用"按钮，然后单击"确定"按钮，就可以进行断点调试了，断点调试步骤如下。

- 在关注的代码附近打断点，如图 5-17 所示。

图 5-17　打断点

- 将光标放到参数值上，单击鼠标右键，选择"添加监视变量"选项，可直接看到当前变量数据，如图 5-18 所示。

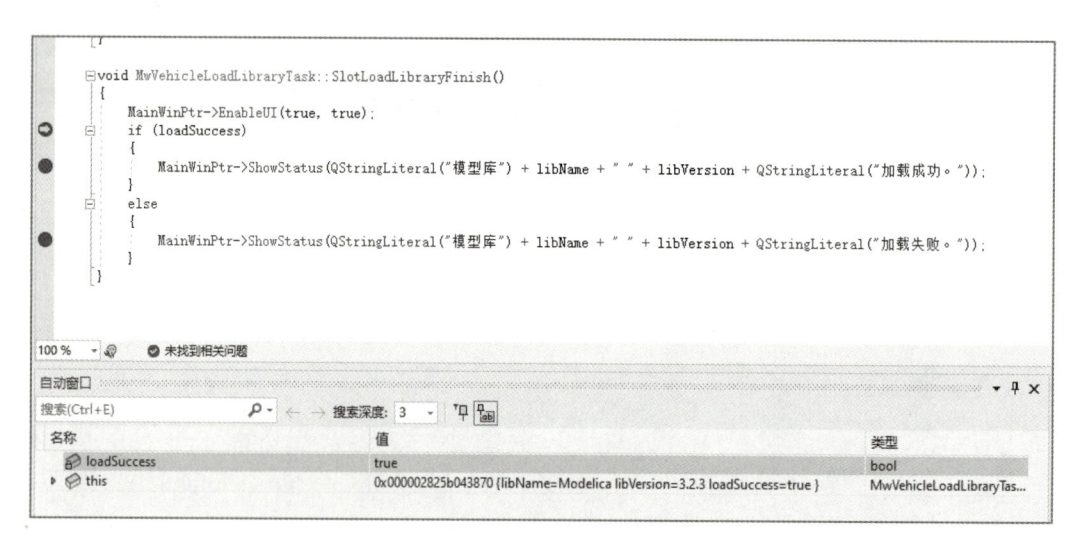

图 5-18　断点变量监视

2. 软件功能测试

App 开发完成后，按照相应的软件测试方法，可对照功能点功能列表进行详细的功能测试，确保软件在功能上完整，保证用户的体验。

3. 集成测试

独立 App 无须进行集成测试。

5.6　前驱纯电车 App 部署发布

由于前驱纯电车 App 可以不依赖开发环境独立运行，因此测试无问题的 App 可以依据本节提供的方法进行打包、部署、发布，发布后，App 即可独立运行，不需要另外安装软件或执行其他操作。

将生成的 exe 文件及依赖的 dll 放入"SDK 安装目录/bin/win_msvc2017x64/Release"目录下，如图 5-19 所示。

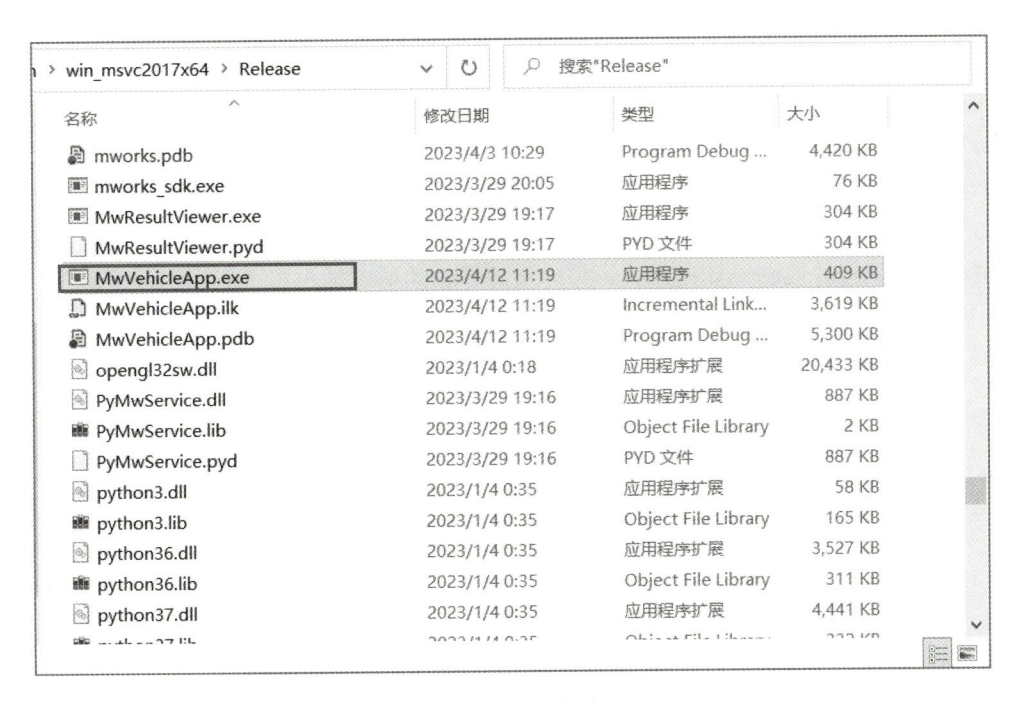

图 5-19　App 打包

双击 MassSpringDamperApp.exe 文件即可启动软件，放入 exe 文件后可对软件打包，打包步骤如下：

（1）将 Release 文件夹的名称改为 bin。
（2）保存 bin\win_msvc2017x64 目录下的以下目录：
- external
- initial_files
- Library
- bin (原 Release 文件夹)
- setting

- simulator
- tools

最终打包目录如图 5-20 所示。

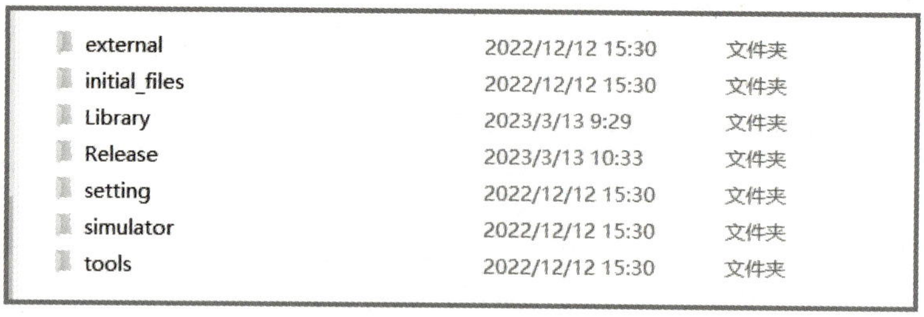

external	2022/12/12 15:30	文件夹
initial_files	2022/12/12 15:30	文件夹
Library	2023/3/13 9:29	文件夹
Release	2023/3/13 10:33	文件夹
setting	2022/12/12 15:30	文件夹
simulator	2022/12/12 15:30	文件夹
tools	2022/12/12 15:30	文件夹

图 5-20　App 打包目录

本 章 小 结

本章以前驱纯电车 App 设计分析应用为例，为读者示范如何开发综合类工业 App。先分析前驱纯电车 App 背景，进而设计功能，针对各个模块完成开发实践并部署。前驱纯电车 App 共包含四大功能模块，分别为前驱纯电车模型操作模块、前驱纯电车模型仿真模块、前驱纯电车模型视图切换模块、前驱纯电车使用许可模块。各个功能模块遵循"内部高聚合，外部低耦合"的设计原则，互相配合，最终组成完整的前驱纯电车 App。

习　题　5

1. 前驱纯电车 App 的四大功能模块是_____、_____、_____和_____。
2. MwGraphicsView 类是 Sysplorer.SDK 的_____模块，同时也是_____模块，为系统提供图形化建模和文本建模能力。
3. 请简要阐述前驱纯电车 App 的开发过程。
4. 前驱纯电车 App 是如何打包的？
5. 前驱纯电车 App 的四大功能模块分别有什么作用？
6. 前驱纯电车 App 的中央模型视图中可以切换哪三种视图类型？
7. 请简要阐述前驱纯电车 App 的开发框架。
8. 前驱纯电车 App 的主窗口主要由几部分构成？
9. 通过学习本章，你对前驱纯电车有什么新的认识？

附录 A 科学计算 API

A.1 基础 API

1. 输入命令 API

（1）import 命令可导入整个库或者库中的模块，语法格式如下：

```
import Pkg
import Pkg.Module
import Pkg.Function
```

import 命令相关说明如表 A-1 所示。

表 A-1 import 命令说明表

功能	导入整个库或者库中的模块
说明	import 可导入列表的作用域为：库，模块，函数

示例	（1）导入整个 Pkg 库：
	`import TyMath`
	（2）导入 Pkg 库下的模块 Module：
	`import TyMath.LinearAlgebra`
	（3）导入 Pkg 库下的函数 Function：
	`import LinearAlgebra.ldlt`
	（4）导入不存在的库：
	`import test1`
	输出结果如下：
	ERROR: ArgumentError: Package test1 not found in current path:\- Run \`import Pkg; Pkg.add("test1")\` to install the test1 package.

（2）using 命令可加载整个库或者库中的模块，并使其可直接使用，语法格式如下：

```
using Pkg
using Pkg.Module
using Pkg:Function
```

using 命令相关说明如表 A-2 所示。

表 A-2　using 命令说明表

功能	加载整个库或者库中的模块，并使其可直接使用
说明	using 可加载的作用域为：库，模块，函数。
输入参数	（1）Pkg，库的名称： 库的名称，指定为字符串或字符向量 示例：TyMath （2）Module，模块的名称： 字符串|字符向量 模块的名称，指定为字符串或字符向量 示例：LinearAlgebra （3）Function，函数的名称： 字符串|字符向量 函数的名称，指定为字符串或字符向量 示例：ldlt
示例	（1）加载整个 Pkg 库： using TyMath （2）加载 Pkg 库下的模块 Module： using TyMath.LinearAlgebra （3）加载 Pkg 库下的函数 Function： using LinearAlgebra:ldlt （4）加载不存在的库： using test1 输出结果如下： ERROR: ArgumentError: Package test1 not found in current path:\\- Run \`import Pkg; Pkg.add("test1")\` to install the test1 package.

（3）varinfo 命令用于展示模块中的变量及大小和类型，语法格式如下：

```
varinfo()
```

varinfo 命令相关说明如表 A-3 所示。

表 A-3　varinfo 命令说明表

功能	展示模块中的变量及大小和类型
示例	（1）展示工作区变量名称 列出当前工作区中以字母 a 开头的变量的名称。 a = 1 ab = 2 lion = 3 lions = 4 varinfo(r"^a") 输出结果如下： name　size　summary ———————————— a　　　8 bytes　Int64 ab　　 8 bytes　Int64 ans　　8 bytes　Int64 显示当前工作区中以 ion 结尾的变量的名称。 varinfo(r"ion$") 输出结果如下： name　size　summary lion　　8 bytes　Int64

示例	（2）列出嵌套或匿名函数中的工作区变量
	列出当前工作区中在嵌套函数中暂停的所有变量名称
	创建文件 who_demo.m，其中包含以下语句：
	``
	function who_demo()
	    global date_time = Dates.format.(DateTime(now()), "dd-U-yyyy")
	    global date_time_array = split(date_time, "-")
	
	    function get_date(d)
	        global day = d[1]
	        global mon = d[2]
	        global year = d[3]
	    end
	    get_date(date_time_array)
	end
	``
	运行 who_demo，Syslab 将在出现 keyboard 命令的行中暂停：
	`who_demo()`
	调用 getvariables 函数：
	`res = TyBase.getvariables()`
	输出结果如下：
	``
	6-element Vector{Any}:
	 :ans
	 :date_time
	 :date_time_array
	 :day
	 :mon
	 :year
	``

（4）@show 命令用于显示表达式和结果并返回结果，语法格式如下：

@show 表达式

@show 命令相关说明如表 A-4 所示。

表 A-4　@show 命令说明表

功能	显示表达式和结果并返回结果
示例	定义一个表达式 a = 1 输出结果如下： 1 显示 a 的表达式和结果并返回结果： @show a 输出结果如下： a = 1 1

2. 环境和设置 API

perl 命令用于调用 Perl 脚本文件，语法格式如下：

perl()

perl 命令相关说明如表 A-5 所示。

表 A-5 perl 命令说明表

功能	使用操作系统可执行文件调用 Perl 脚本文件
说明	perl(perlfile)：调用 Perl 脚本文件 perlfile perl(perlfile,args...)：使用参数 arg1,...,argN 调用脚本文件 result = perl(___)：返回结果，此命令可与先前语法中的任何输入参数一起使用
示例	运行 Perl 脚本文件 hello.pl 创建文件 hello.pl，其中包含以下语句： $input = $ARGV[0]; print "Hello $input."; 将此文件保存到 Syslab 路径中，在 Syslab 命令行中输入： filepath = pkgdir(TyBase) * "/examples/SystemCommands/perl/hello.pl" perl(filepath, "World") 输出结果如下： ans =Hello World.Process(`perl 'E:\Syslab\bran     ches\TyBase/examples/SystemCommands/perl/hello.pl' World     `, ProcessExited(0))

A.2　典型科学计算 API 应用案例

1. Julia 调用平台层 API

本案例使用 FFT 分析周期性数据，通过 Julia 代码调用平台层 API。本案例代码在科学计算环境中可直接运行，案例文件路径为：<Syslab 安装路径>\Examples\04 数学\07 傅里叶分析与滤波\01 使用 FFT 分析周期性数据.jl。

可以使用傅里叶变换来分析数据中的变化，例如，分析一个时间段内的自然事件。下面的代码是天文学家使用苏黎世太阳黑子相对数对约 300 年的太阳黑子的数量和大小进行统计，并对 1700 年至 2000 年间的苏黎世数绘图的代码。

```
include("01 sunspot.jl")
year = sunspot[:, 1]
relNums = sunspot[:, 2]
figure(1)
plot(year, relNums)
xlabel("Year")
ylabel("Zurich Number")
title("Sunspot Data")
```

运行结果如图 A-1 所示。

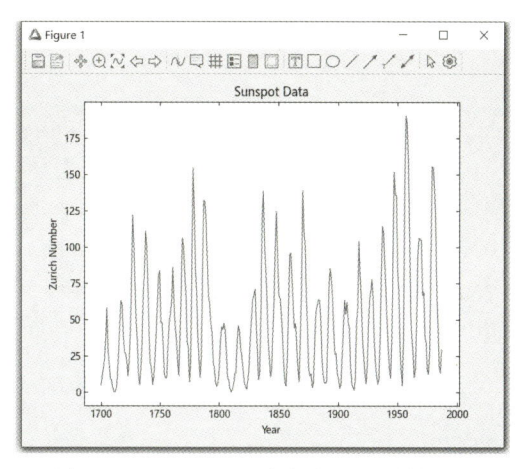

图 A-1　1700—2000 年年间苏黎世数绘图

为了更详细地看太阳黑子活动的周期特性，将对其中前 50 年的数据进行绘图。

```
figure(2)
plot(year[1:50], relNums[1:50], "b.-", markerfacecolor = "auto", markeredgecolor = "none")
xlabel("Year")
ylabel("Zurich Number")
title("Sunspot Data")
```

运行结果如图 A-2 所示。

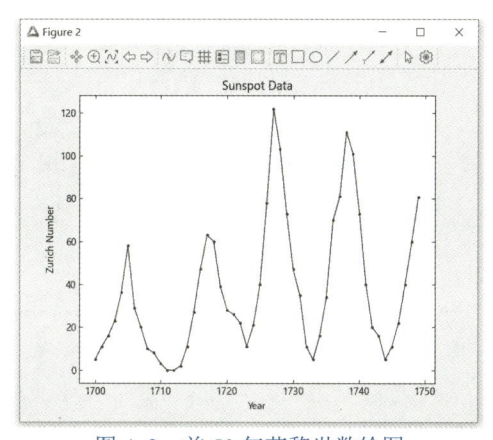

图 A-2　前 50 年苏黎世数绘图

傅里叶变换是一种基础的信号处理工具，可确定数据中的频率分量。使用 fft 函数获取苏黎世数据的傅里叶变换。删除存储数据总和的输出的第一个元素。绘制该输出的其余部分，其中包含傅里叶系数关于实轴的镜像图。

```
y = fft(relNums)
y = y[2:end]
figure(3)
plot(real(y), imag(y), "ro")
ylabel("imag(y)")
title("Fourier Coefficients")
```

运行结果如图 A-3 所示。

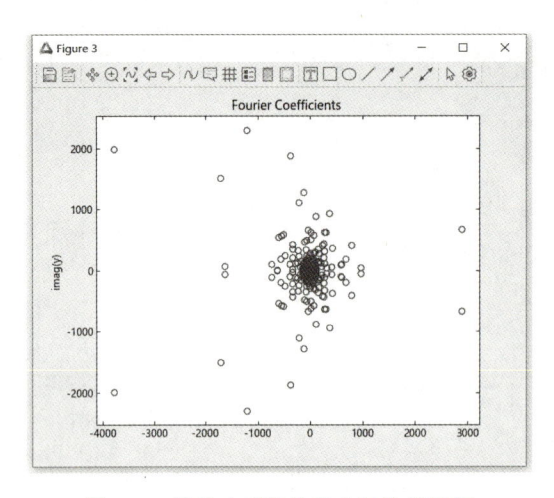

图 A-3　傅里叶系数关于实轴的镜像图

单独的傅里叶系数难以解释。计算系数时，更有意义的方法是计算其平方幅值，即幂。由于一半的系数在幅值中是重复的，因此只需要对一半的系数计算幂。下面的代码以频率函数的形式绘制功率谱图，以每年的周期数为测量单位。

```
n = length(y)
power = abs.(y[1:Int(floor(n / 2))]) .^ 2    # power of first half of transform data
maxfreq = 1 / 2                              # maximum frequency
freq = [1:n/2...] / (n / 2) * maxfreq        # equally spaced frequency grid
figure(4)
plot(freq, power)
xlabel("Cycles/Year")
ylabel("Power")
```

运行结果如图 A-4 所示。

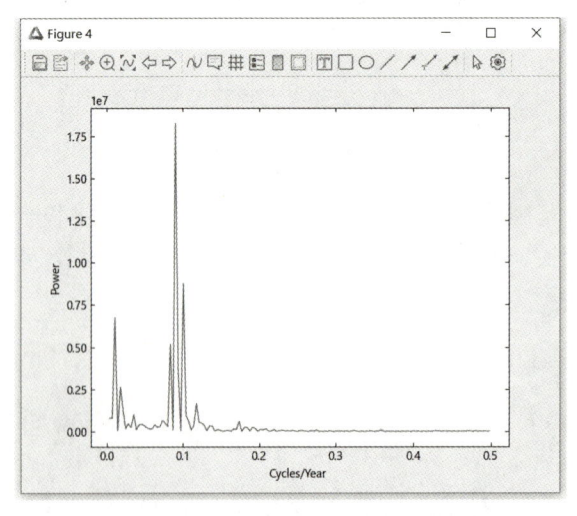

图 A-4　以频率函数的形式绘制功率谱图

太阳黑子活动发生的最大频率低于每年一次。为了查看更易解释的周期活动，下面的代码以周期函数形式绘制幂图，以每周期的年数为测量单位。

```
period = 1 ./ freq
figure(5)
plot(period, power)
xlim([0 50]); #zoom in on max power
xlabel("Years/Cycle")
ylabel("Power")
```

运行结果如图 A-5 所示。该图揭示了太阳黑子活动约每 11 年出现一次高峰。

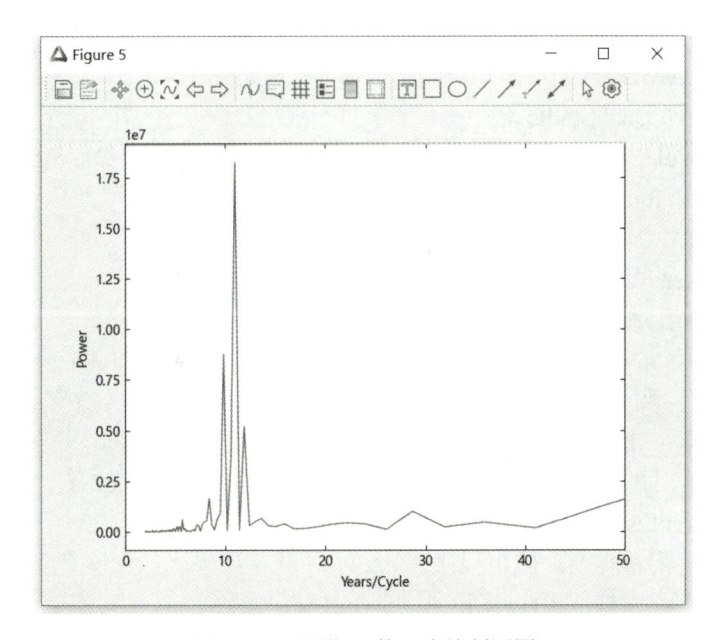

图 A-5　以周期函数形式绘制幂图

上述算法代码中使用了平台层 API 中如表 A-6 所示的函数。

表 A-6　应用案例所用函数表

函数名	说明
fft	用快速傅里叶变换（FFT）算法计算 X 的离散傅里叶变换（DFT）
figure	创建图形窗口
plot	二维线图
xlabel	为 x 轴添加标签
ylabel	为 y 轴添加标签
title	添加图形标题
length	返回集合元素数量
abs	绝对值
floor	将 X 中的每个元素四舍五入为小于或等于该元素的最接近整数
xlim	设置或查询 x 轴范围

2. C++调用平台层 API

1）开发规范

Julia 提供了 C-API 可以用于将 Julia 代码集成到更大的 C/C++ 项目中,而不需要用 C/C++ 重写所有内容。因为几乎所有的编程语言都会调用 C 函数的方法,Julia C API 也可以用来建立进一步的语言桥梁（如从 Python 或 C# 调用 Julia）。

2）示例代码

以下例子演示了如何开发一个简单的 C++ 工程 ArrayMaker,它调用了 Julia 函数库 TyMath 中的 magic 函数。

（1）创建 C++ 工程：使用 Visual Studio 创建 C++ 工程,其中包括 2 个项目：ArrayMaker（算法项目）、ArrayMakerTest（测试项目）,工程配置如下。

- 开发环境：Visual Studio。
- 环境变量：JULIA_DIR =（本平台 Julia 程序安装路径,如 C:\Program Files\MWorks.Syslab2022\Tools\julia-1.7.3）。
- 将 $(JULIA_DIR)\bin 添加到 PATH 路径
- ArrayMarker 项目属性配置：
  - ✓ 常规 - 配置类型：动态链接库（.dll）
  - ✓ C/C++ - 常规 - 附加包含目录：$(JULIA_DIR)\include\julia
  - ✓ C/C++ - 预处理器 - 预处理器定义：添加宏 ARRAYMAKER_LIB
  - ✓ 链接器 - 常规 - 附加库目录：$(JULIA_DIR)\lib
  - ✓ 链接器 - 输入 - 附加依赖项：libjulia.dll.a;libopenlibm.dll.a
- ArrayMarkerTest 项目属性配置：
  - ✓ 常规 - 配置类型：应用程序（.exe）
  - ✓ 链接器 - 常规 - 附加库目录：$(OutDir)
  - ✓ 链接器 - 输入 - 附加依赖项：ArrayMaker.lib

（2）编写代码：开发好的 ArrayMaker 工程,其文件结构如图 A-6 所示。

图 A-6 C++ 代码文件结构

- ArrayMaker_global.h：动态库导出定义头文件；
- CallFunc.h：CallJulia 函数的头文件；
- CallFunc.cpp：CallJulia 函数的实现文件；
- ArrayMakerTest.cpp：测试代码文件；
- start-env.bat：Visual Studio 工程启动脚本，因为该 Visual Studio 工程依赖同元 Julia 环境变量，所以需要通过 bat 脚本加载变量后启动 Visual Studio 工程。

ArrayMaker_global.h 代码如下：

```
#pragma once
#ifndef BUILD_STATIC
# if defined(ARRAYMAKER_LIB)
#   define ARRAYMAKER_EXPORT __declspec(dllexport)
# else
#   define ARRAYMAKER_EXPORT __declspec(dllimport)
# endif
#else
# define ARRAYMAKER_EXPORT
#endif
```

CallFunc.h 代码如下：

```
#ifndef ARRAYMAKER_H
#define ARRAYMAKER_H
#include "ArrayMaker_global.h"
extern "C" ARRAYMAKER_EXPORT void CallJulia();
#endif
```

CallFunc.cpp 代码如下：

```
#include "CallFunc.h"
#include <uv.h>
#include <julia.h>
JULIA_DEFINE_FAST_TLS    // only define this once
void CallJulia()
{
    //初始化
    jl_init();

    //调用 Julia 数学库 TyMath
    jl_eval_string("using TyMath");
    jl_function_t *func = jl_get_function((jl_module_t *)jl_eval_string("TyMath"), "magic");
    jl_value_t *argument1 = jl_box_int64(3);
    jl_array_t *ret = (jl_array_t*)jl_call1(func, argument1);
    int *yData = (int*)jl_array_data(ret);
    for (size_t i = 0; i < jl_array_len(ret); i++)
    {
        printf("%d ", yData[i]);
    }
```

```
    //退出
    jl_atexit_hook(0);
}
```

ArrayMakerTest.cpp 代码如下:

```
#include "../ArrayMaker/CallFunc.h"
int main()
{
    //调用同元 Julia 函数库 TyMath 求幻方矩阵 magic
    CallJulia();
}
```

start-env.bat 代码如下:

```
set JULIA_DEPOT_PATH=C:/Users/Public/TongYuan/.julia
@echo off
REM julia
set KMP_DUPLICATE_LIB_OK=TRUE
REM PythonCall
set JULIA_CONDAPKG_BACKEND=Null
set PYTHON_JULIAPKG_OFFLINE=yes
set JULIA_PYTHONCALL_EXE=@PyCall
@echo on
start /B "" "./ArrayMaker.sln"
```

上述代码中使用了平台层 API 中如表 A-7 所示的函数。

表 A-7　应用案例所用函数表

函数名	简介
TyMath.magic	幻方矩阵

附录 B
系统建模仿真 API

B.1 模型文件操作 API

1. 新建模型文件

NewModel 函数用于新建模型并返回新建模型的 key，语法格式如下：

```
/*
* @brief 新建模型
* @param [in]   class_info   新建模型信息
* @return 新建模型的 key
*/
MWint MwMoHandler::NewModel(const MwNewClassInfo& class_info);
```

NewModel 函数相关说明如表 B-1 所示。

表 B-1 NewModel 函数说明表

功能	新建模型文件
说明	用于新建模型文件，可指定模型名称、模型类型、模型存储路径，会自动为模型生成 key
输入参数	class_info 新建模型信息
输出参数	新建模型的 key

示例	MwClassManager* classMgr = new MwClassManager();
	classMgr->Initialize();
	MwNewClassInfo new_info("model");
	new_info.strIdent = "new_model";
	new_info.strDescription = "new_model";
	class_info.strMoDir = "D:/";
	bool actual_res = classMgr->GetMoHandler()->NewModel(new_info);

2. 打开模型库

LoadMoLibrary 函数用于打开模型库，并返回模型库是否打开成功，语法格式如下：

```
/*
```

```
*  @brief 打开模型库
*  @param [in]    strLibName      模型库名称
*  @param [in]    strLibVersion   模型库版本
*  @return 模型库是否打开成功
*/
bool MwMoHandler::LoadMoLibrary(
const std::string& str_lib_name,
const std::string& str_lib_version);
```

LoadMoLibrary 函数相关说明如表 B-2 所示。

表 B-2 LoadMoLibrary 函数说明表

功能	打开模型库
说明	一般用于加载带版本号的模型库，如 Modelica 3.2.1，也可加载用户自己的模型库文件，调用该函数可将模型库放在 bin/Lbrary 目录下，并按照内置库模型库的放置规则进行相关配置，即可直接使用该接口加载内置模型库
输入参数	strLibName　　模型库名称 strLibVersion　模型库版本
输出参数	ture 或 false　　模型库是否打开成功

示例	MwClassManager* classMgr = new MwClassManager();
	classMgr->Initialize();
	bool is_success = classMgr->GetMoHandler()->LoadMoLibrary("Modelica", "3.2.1");

3. 将模型保存到文件中

SaveModel 函数用于保存模型到文件中，语法格式如下：

```
/*
*  @brief 将模型保存到文件中
*  @param [in]   model_name    模型名
*  @param [in]   save_encoding   采用编码方式(-1-默认(同原来模型编码方式),0-ANSI,1-UNI16_LE,2-UNI16_BE, 3-UTF_8)
*  @param [in]   ignore_encoding_lost  是否忽略编码转换时的字符丢失，默认是 false
*  @note 根据输入模型查找到模型所在文件，然后保存文件中的唯一顶层模型
*/
MWstatus MwMoHandler::SaveModel(
        const std::string& model_name,
        bool ignore_encoding_lost=false,
        int save_encoding=-1);
```

SaveModel 函数相关说明如表 B-3 所示。

表 B-3 SaveModel 函数说明表

功能	将模型保存到文件中
说明	保存模型，对模型进行相关修改，如设置模型参数后，需调用该函数对模型进行保存
输入参数	model_name　　　　　　模型名 save_encoding　　　　　采用编码方式[-1（默认，同原来模型编码方式），0-ANSI,1-UNI16_LE,2-UNI16_BE,3-UTF_8] ignore_encoding_lost　 是否忽略编码转换时字符丢失，默认是 false

续表

示例	MwClassManager* classMgr = new MwClassManager(); classMgr->Initialize(); ClassMgrPtr->GetMoHandler()->SaveModel(ClassMgrPtr->GetMoHandler()->GetFullnameProp(top_class_key)) == MWStat_Ok)

4. 卸载模型

UnloadModel 函数用于卸载模型,语法格式如下:

```
/*
* @brief 卸载模型
* @param [in]  model_name   模型名称
* @return 模型库是否卸载成功
* @note  若卸载库模型,则该库的引用判断和移除许可由调用者保证;移除模型会移除顶层模型
*/
bool MwMoHandler::UnloadModel(const std::string& model_name);
```

UnloadModel 函数相关说明如表 B-4 所示。

表 B-4 UnloadModel 函数说明表

功能	卸载模型
说明	将模型从软件中卸载,不会删除本地文件,若卸载的模型处于 package 中,则整个 package 模型将被卸载
输入参数	model_name 模型名称
输出参数	ture 或 false 模型库是否卸载成功

示例	MwClassManager* classMgr = new MwClassManager();
	classMgr->Initialize();
	std::string mo_name = ClassMgrPtr->GetMoHandler()->GetFullnameProp(mo_key);
	ClassMgrPtr->GetMoHandler()->UnloadModel(mo_name);

B.2 模型参数操作 API

1. 获取指定参数的变型值

GetParamValue 函数用于获取指定参数的变型值,语法格式如下:

```
/*
* @brief  获取指定参数的变型值
* @param  [in]cls_key      主模型 key
* @param  [in]name_nodes   参数全名节点列表
* @return 字符串格式的变型值
*/
std::string MwMoHandler::GetParamValue(MWint cls_key, const MwStrList& name_nodes);
```

GetParamValue 函数相关说明如表 B-5 所示。

表 B-5　GetParamValue 函数说明表

功能	获取指定参数的变型值
说明	获取指定参数值，传入主模型 key 并且将 name_nodes 传入该模型下的参数名时，可获取到该参数名的值；传入主模型 key，并且将 name_nodes 传入该模型下的组件名和参数名时，可获取到该组件下对应的参数名的值
输入参数	cls_key　　　　主模型 key name_nodes　　参数全名节点列表
输出参数	字符串格式的变型值

示例	（1）获取模型下的参数值：
	MwClassManager* classMgr = new MwClassManager();
	classMgr->Initialize();
	QString model_name = "Modelica.Blocks.Examples.PID_Controller";
	MWint model_key = classMgr->GetMoHandler()->GetKeyByTypeName(model_name.toStdString());
	MwStrList name_nodes;
	name_nodes.push_back("driveAngle");
	std::string value = classMgr->GetMoHandler()->GetParamValue(model_key, name_nodes);
	value = "1.570796326794897"
	（2）获取模型下 PI 组件的参数 k 的值：
	MwClassManager* classMgr = new MwClassManager();
	classMgr->Initialize();
	QString model_name = "Modelica.Blocks.Examples.PID_Controller";
	MWint model_key = classMgr->GetMoHandler()->GetKeyByTypeName(model_name.toStdString());
	MwStrList name_nodes;
	name_nodes.push_back("PI");
	name_nodes.push_back("k");
	std::string value = classMgr->GetMoHandler()->GetParamValue(model_key, name_nodes);
	value = "100";

2. 设置指定参数的变型值

SetParamValue 函数用于设置指定参数的变型值，语法格式如下：

```
/*
* @brief   设置指定参数的变型值
* @param   [in]cls_key      主模型 key
* @param   [in]name_nodes   参数全名节点列表
* @param   [in]val          设置模型值
* @return  字符串格式的变型值
*/
bool MwMoHandler::SetParamValue(
    MWint cls_key,
    const MwStrList& name_nodes,
    const std::string& val);
```

SetParamValue 函数相关说明如表 B-6 所示。

表 B-6　SetParamValue 函数说明表

功能	设置指定参数的变型值
说明	修改参数值，传入主模型 key，并且将 name_nodes 传入该模型下的参数名时，可修改到该参数名的值；传入主模型 key 并且将 name_nodes 传入该模型下的组件名和参数名时，可修改到该组件下对应的参数名的值；修改后注意调用 SaveModel 函数将修改参数保存到模型中
输入参数	cls_key　　　主模型 key name_nodes　参数全名节点列表 val　　　　　设置模型值
输出参数	字符串格式的变型值

示例	MwClassManager* classMgr = new MwClassManager();
	classMgr->Initialize();
	QString model_name = "Modelica.Blocks.Examples.PID_Controller";
	MWint model_key
	= classMgr->GetMoHandler()->GetKeyByTypeName(model_name.toStdString());
	MwStrList name_nodes;
	name_nodes.push_back("PI");
	　　name_nodes.push_back("k");
	　　bool value = classMgr->GetMoHandler()->SetParamValue(model_key, name_nodes, "200");
	classMgr->GetMoHandler() -> SaveModel(model_name);

B.3　模型属性获取 API

1. 通过模型的类型全名查找模型 key

GetKeyByTypeName 函数用于通过模型的类型全名查找模型的 key 并返回，语法格式如下：

```
/**
 * @brief   通过模型的类型全名查找模型 key
 * @param   [in]type_name            类型全名
 * @return  获取到的 key
 */
MWint MwMoHandler::GetKeyByTypeName(const std::string& type_name);
```

GetKeyByTypeName 函数相关说明如表 B-7 所示。

表 B-7　GetKeyByTypeName 函数说明表

功能	通过模型的类型全名查找模型 key
说明	若传入的为模型的全名，则查找模型 key；若传入模型下对应的组件全名，则可查找该组件的 key
输入参数	type_name　　类型全名
输出参数	获取到的 key

示例	（1）获取模型的 key： 　　MwClassManager* classMgr = new MwClassManager(); 　　classMgr->Initialize(); 　　QString model_name = "Modelica.Blocks.Examples.PID_Controller"; 　　MWint model_key 　　　= classMgr->GetMoHandler()->GetKeyByTypeName(model_name.toStdString()); （2）获取模型下组件全名为 PI 的 key： 　　MwClassManager* classMgr = new MwClassManager(); 　　classMgr->Initialize(); 　　QString model_name = "Modelica.Blocks.Examples.PID_Controller.PI"; 　　　MWint model_key = classMgr->GetMoHandler()->GetKeyByTypeName(model_name.toStdString());

2. 获取元素的全名属性

GetFullnameProp 函数用于通过模型 key 获取模型全名并返回，语法格式如下：

```
/**
 * @brief   通过模型 key 获取模型全名
 * @param   [in]key                 模型 key
 * @return  获取到的全名
 */
std::string MwMoHandler::GetFullnameProp (MWint key);
```

GetFullnameProp 函数相关说明如表 B-8 所示。

表 B-8　GetFullnameProp 函数说明表

功能	获取元素的全名属性
说明	通过模型 key 可获取到模型全名，通过组件 key 也可获取到组件全名
输入参数	key　　模型 key
输出参数	获取到的全名

示例	获取模型的全名：
	　　MwClassManager* classMgr = new MwClassManager();
	　　classMgr->Initialize();
	　　QString model_name = "Modelica.Blocks.Examples.PID_Controller";
	　　　MWint model_key = classMgr->GetMoHandler()->GetKeyByTypeName(model_name.toStdString());
	　　classMgr->GetMoHandler()->GetFullnameProp(model_key);
	　　Modelica.Blocks.Examples.PID_Controller

3. 获取文件中的顶层类

GetTopClassInFile 函数用于获取文件中的顶层类并返回键值列表，语法格式如下：

```
/**
 * @brief 获取文件中的顶层类
 * @param [in]   strFile    模型文件物理路径
```

```
 * @return 文件中的顶层类键值 vector
 */
MWint MwMoHandler::GetTopClassInFile(const std::wstring &file);
```

GetTopClassInFile 函数相关说明如表 B-9 所示。

表 B-9 GetTopClassInFile 函数说明表

功能	获取文件中的顶层类
说明	获取模型所在顶层类的 key 值
输入参数	strFile 模型文件物理路径
输出参数	文件中的顶层类键值 vector
示例	MwClassManager* classMgr = new MwClassManager(); classMgr->Initialize(); QString model_name = "Modelica.Blocks.Examples.PID_Controller"; MWint model_key = classMgr->GetMoHandler()->GetKeyByTypeName(model_name.toStdString()); MWint key = classMgr->GetMoHandler()->GetTopClassInFile(full_file_name);

4. 获取与给定类型处于同一文件的顶层父类

GetTopClassInFileByKey 函数用于获取与给定类型处于同一文件的顶层父类，语法格式如下：

```
/**
 * @brief 获取与给定类型处于同一文件的顶层父类
 * @param [in] key  模型键值
 * @return 父类键值
 */
MWint MwMoHandler::GetTopClassInFileByKey(MWint key);
```

GetTopClassInFileByKey 函数相关说明如表 B-10 所示。

表 B-10 GetTopClassInFileByKey 函数说明表

功能	获取与给定类型处于同一文件的顶层父类
说明	获取同一文件中的顶层父类的模型 key
输入参数	key 模型键值
输出参数	父类键值
示例	MwClassManager* classMgr = new MwClassManager(); classMgr->Initialize(); QString model_name = "Modelica.Blocks.Examples.PID_Controller"; MWint model_key = classMgr->GetMoHandler()->GetKeyByTypeName(model_name.toStdString()); MWint key = classMgr->GetMoHandler()->GetTopClassInFileByKey(model_key);

B.4　元素及属性判定 API

1. 是否为内置类型

IsBuiltIn 函数用于判断模型类型是否为内置类型，语法格式如下：

```
/**
 * @brief  判断模型类型是否是内置类型
 * @param [in]class_key   模型键值
 * @return 判断结果
 */
MWbool MwMoHandler::IsBuiltInType(MWint class_key)const;
```

IsBuiltInType 函数相关说明如表 B-11 所示。

表 B-11　IsBuiltInType 函数说明表

功能	判断模型类型是否为内置类型
输入参数	class_key　模型键值
输出参数	判断结果

示例	MwClassManager* classMgr = new MwClassManager();
	classMgr->Initialize();
	QString model_name = "Modelica.Blocks.Examples.PID_Controller";
	MWint model_key
	= classMgr->GetMoHandler()->GetKeyByTypeName(model_name.toStdString());
	bool res = classMgr->GetMoHandler()->IsBuiltInType(model_key);

2. 是否为 package 类型

IsPackageType 函数用于判断模型类型是否为 package 类型，语法格式如下：

```
/**
 * @brief 判断模型类型是否是 package 类型
 * @param [in]key   模型键值
 * @return 判断结果
 */
MWbool MwMoHandler::IsPackageType(MWint key)const;
```

IsPackageType 函数相关说明如表 B-12 所示。

表 B-12　IsPackageType 函数说明表

功能	判断模型类型是否为 package 类型
输入参数	key　模型键值
输出参数	判断结果

续表

示例	MwClassManager* classMgr = new MwClassManager();
	classMgr->Initialize();
	QString model_name = "Modelica.Blocks.Examples.PID_Controller";
	　　MWint model_key
	= classMgr->GetMoHandler()->GetKeyByTypeName(model_name.toStdString());
	bool res = classMgr->GetMoHandler()->IsPackageType(model_key);

3. 是否为 model 类型

IsModelType 函数用于判断模型类型是否为 model 类型，语法格式如下：

```
/**
 * @brief  判断模型类型是否是 model 类型
 * @param [in]key  模型键值
 * @return 判断结果
 */
MWbool MwMoHandler:: IsModelType (MWint key)const;
```

IsModelType 函数相关说明如表 B-13 所示。

表 B-13　IsModelType 函数说明表

功能	判断模型类型是否为 model 类型
输入参数	key　模型键值
输出参数	判断结果

示例	MwClassManager* classMgr = new MwClassManager();
	classMgr->Initialize();
	QString model_name = "Modelica.Blocks.Examples.PID_Controller";
	　　MWint model_key
	= classMgr->GetMoHandler()->GetKeyByTypeName(model_name.toStdString());
	bool res = classMgr->GetMoHandler()->IsModelType (model_key);

B.5　模型属性查找 API

1. 获取组件及其类型键值

LookupCompAndTypeEx 函数用于获取组件及其类型键值（应用重声明），语法格式如下：

```
/**
 * @brief   通过组件的全名查找组件类型键值（应用重声明）
 * @param   [in]main_key           主模型
 * @param   [in]compo_name         组件全名
 * @param   [out]class_key         组件类型键值
 * @return 查找到的 key
 */
```

```
MWint MwMoHandler::LookupCompAndTypeEx(
MWint main_key,
const std::list<std::string>& compo_name,
MWint* class_key);
```

LookupCompAndTypeEx 函数相关说明如表 B-14 所示。

表 B-14 LookupCompAndTypeEx 函数说明表

功能	获取组件及其类型键值
说明	通过传入模型 key，在 compo_name 中传入组件名称，将获取到该组件对应的类型 key
输入参数	main_key 主模型 compo_name 组件全名 class_key 组件类型键值
输出参数	查找到的 key

示例	MwClassManager* classMgr = new MwClassManager();
	classMgr->Initialize();
	String model_name = "Modelica.Blocks.Examples.PID_Controller";
	MWint model_key
	= classMgr->GetMoHandler()->GetKeyByTypeName(model_name.toStdString());
	MWint type_key = 0;
	MwStrList name_nodes;
	name_nodes.push_back("PI");
	classMgr->GetMoHandler()->LookupCompAndTypeEx(model_key, name_nodes, &type_key);

2. 获得与指定端口相连的连接线

LookupConnectionsOfPort 函数用于获得与指定端口相连的连接线：

```
/**
 * @brief 获得与指定端口相连的连接线
 * @param    [in]key                主模型
 * @param    [in]port_key           端口的键值
 * @return 该端口所有的连接线 key 的列表
 */
std::vector<MWint> MwMoHandler::LookupConnectionsOfPort(
MWint key,
const std::string& port_key);
```

LookupConnectionsOfPort 函数相关说明如表 B-15 所示。

表 B-15 LookupConnectionsOfPort 函数说明表

功能	获得与指定端口相连的连接线
输入参数	main_key 主模型 port_key 端口的键值
输出参数	该端口所有的连接线的 key 列表

示例	MwClassManager* classMgr = new MwClassManager();
	classMgr->Initialize();
	String model_name = "Modelica.Blocks.Examples.PID_Controller";
	MWint model_key
	= classMgr->GetMoHandler()->GetKeyByTypeName(model_name.toStdString());
	auto vecList = classMgr->GetMoHandler()->LookupConnectionsOfPort(model_key, "PI");

运行结果	[capacity]　3 [allocator]　allocator [0]　3162013887488 [1]　3162013887008 [2]　3162013886576 [原始视图]　{...}

B.6　编译仿真 API

1. 检查模型

CheckModel 函数用于对模型进行检查并返回检查结果，语法格式如下：

```
/**
 * @brief    检查模型
 * @param    [in]model_name  模型名
 * @return   模型检查结果
 */
bool MwMoHandler::CheckModel(const std::string& model_name);
```

CheckModel 函数相关说明如表 B-16 所示。

表 B-16　CheckModel 函数说明表

功能	检查模型
说明	检查模型文本是否存在错误，与 Sysplorer 上的仿真-检查按钮的功能一致
输入参数	model_name 模型名
输出参数	模型检查结果

示例	MwClassManager* classMgr = new MwClassManager();
	classMgr->Initialize();
	checkSuccess = ClassMgrPtr->GetMoHandler()->CheckModel(modelName.toStdString());

2. 编译模型

CompileModel 函数用于对模型进行编译，生成求解器并返回编译结果，语法格式如下：

```
/**
```

```
 * @brief   编译模型，生成求解器（先 TranslateModel，再 MakeSolver）
 * @param   [in] model_name   模型名
 * @param   [in] sim_inst_path   求解器实例的目录
 * @return  模型编译结果
 */
bool MwMoHandler::CompileModel(const std::string& model_name, const std::wstring& sim_inst_path);
```

CompileModel 函数相关说明如表 B-17 所示。

表 B-17 CompileModel 函数说明表

功能	编译模型，生成求解器
说明	在对 MwSimData 进行初始化和仿真之前需先调用该函数，对模型进行编译
输入参数	model_name 模型名 sim_inst_path 求解器实例的目录
输出参数	模型编译结果

示例	MwClassManager* classMgr = new MwClassManager();
	classMgr->Initialize();
	compileSuccess = ClassMgrPtr->GetMoHandler()->CompileModel(modelName.toStdString(), simInstDir.toStdWString());

3. 仿真控制类

1）公共类型

SimScale 类用于对仿真规模进行设置，语法格式如下：

```
enum SimScale
{
    Sim_Single,
    Sim_Batch
}
```

SimScale 类相关说明如表 B-18 所示。

表 B-18 SimScale 类说明表

功能	设置仿真规模	
参数	Sim_Single	单次仿真
	Sim_Batch	批量仿真

SimMode 类用于对仿真模式进行设置，语法格式如下：

```
enum SimMode
{
    Sim_ContinueMode,
    Sim_RealtimeMode,
    Sim_InteractiveStepMode,
    Sim_InteractiveRealTimeMode,
    Sim_SavetoDBModel
}
```

SimMode 类相关说明如表 B-19 所示。

表 B-19　enum SimMode 类说明表

功能	设置仿真模式	
参数	Sim_ContinueMode	持续仿真模式
	Sim_RealtimeMode	实时仿真模式
	Sim_InteractiveStepMode	交互单步仿真模式
	Sim_InteractiveRealTimeMode	交互实时仿真模式
	Sim_SavetoDBModel	通信仿真模式

ExitCode 类用于对仿真退出代码进行设置，语法格式如下：

```
enum ExitCode
{
    EXIT_NORMAL,
    KERNEL_EXIT_FATAL = 1,
    KERNEL_EXIT_ALLOC_FAILED,
    KERNEL_EXIT_INST_FAILED,
    KERNEL_EXIT_INIT_FAILED,
    KERNEL_EXIT_STEP_FAILED,
    SOLVER_EXIT_INALID_CMD_LINE = 101,
    SOLVER_EXIT_LOAD_SHARED_FAILED,
    SOLVER_EXIT_CREATE_RESULT_FAILED,
    SOLVER_EXIT_NO_CONFIG_FILE,
    SOLVER_EXIT_INST_FAILED,
    EXIT_IOTDB_FAIL,
    EXIT_IOTDB_TIMES_FAIL,
    EXIT_UNKOWN_ERROR = 999
}
```

ExitCode 类相关说明如表 B-20 所示。

表 B-20　ExitCode 类说明表

功能	设置仿真退出代码	
参数	EXIT_NORMAL	正常退出
	KERNEL_EXIT_FATAL	严重错误而退出
	KERNEL_EXIT_ALLOC_FAILED	内存分配失败而退出
	KERNEL_EXIT_INST_FAILED	实例化失败而退出
	KERNEL_EXIT_INIT_FAILED	初始化失败而退出
	KERNEL_EXIT_STEP_FAILED	单步计算失败而退出
	SOLVER_EXIT_INALID_CMD_LINE	无效的命令行
	SOLVER_EXIT_LOAD_SHARED_FAILED	加载主控层共享库失败
	SOLVER_EXIT_CREATE_RESULT_FAILED	后处理服务创建结果文件失败
	SOLVER_EXIT_NO_CONFIG_FILE	XML 配置文件不存在
	SOLVER_EXIT_INST_FAILED	求解器实例化失败
	EXIT_IOTDB_FAIL	启动 IoTDB 失败
	EXIT_IOTDB_TIMES_FAIL	插入 IoTDB 时间序列出错
	EXIT_UNKOWN_ERROR	未知错误

2）绑定仿真数据

RebindSimData 函数用于绑定仿真数据，语法格式如下：

```
void RebindSimData(MwSimData *data)
```

RebindSimData 函数相关说明如表 B-21 所示。

表 B-21　RebindSimData 函数说明表

功能	绑定仿真数据
说明	去除已绑定的 SimData，并与新 data 建立单向引用
输入参数	data　　仿真数据
示例	在调用 RebindSimData 函数之前先调用 GetSimData 函数获取一次 MwSimControl 当前绑定的 MwSimData，然后创建一个新的 MwSimData 并调用 RebindSimData 函数将其绑定到 MwSimControl 上，再调用 GetSimData 函数查看当前 MwSimControl 绑定的 MwSimData： MwSimControl *sim_ctrl = new MwSimControl; MwSimData *before_data = sim_ctrl->GetSimData(); MwSimData *sim_data = new MwSimData(L"PID_Controller", L"C:/Users/TR/Documents/MWORKS/WorkSpace/PID_Controller/Result.msr", L"C:/Users/TR/Documents/MWORKS/WorkSpace/PID_Controller"); sim_ctrl->RebindSimData(sim_data); MwSimData *after_data = sim_ctrl->GetSimData();
运行结果	before_data 为空指针，sim_data 和 after_data 指向的为同一个 MwSimDta 对象 before_data 0x0000000000000000 <NULL> MwSimData * sim_data 0x000001a35e8ea690 {simInstId=3452816845 hasInitialized=false originModel="" ...} MwSimData * after_data 0x000001a35e8ea690 {simInstId=3452816845 hasInitialized=false originModel="" ...} MwSimData *

3）获取仿真数据

GetSimData 函数用于获取仿真数据，语法格式如下：

```
MwSimData* GetSimData()
```

GetSimData 函数相关说明如表 B-22 所示。

表 B-22　GetSimData 函数说明表

功能	获取仿真数据
说明	获取当前绑定的 SimData
示例	在调用 RebindSimData 函数之前先调用 GetSimData 函数获取一次 MwSimControl 当前绑定的 MwSimData，然后创建一个新的 MwSimData 并调用 RebindSimData 函数将其绑定到 MwSimControl 上，再调用 GetSimData 函数查看当前 MwSimControl 绑定的 MwSimData MwSimControl *sim_ctrl = new MwSimControl; MwSimData *sim_data = new MwSimData(L"PID_Controller", L"C:/Users/TR/Documents/MWORKS/WorkSpace/PID_Controller/Result.msr", L"C:/Users/TR/Documents/MWORKS/WorkSpace/PID_Controller"); sim_ctrl->RebindSimData(sim_data); MwSimData *after_data = sim_ctrl->GetSimData();

续表

运行结果	before_data 为空指针，sim_data 和 after_data 指向的为同一个 MwSimDta 对象，符合预期结果		
	before_data	0x0000000000000000 <NULL>	MwSimData *
	sim_data	0x000001a35e8ea690 {simInstId=3452816845 hasInitialized=false originModel="" ...}	MwSimData *
	after_data	0x000001a35e8ea690 {simInstId=3452816845 hasInitialized=false originModel="" ...}	MwSimData *

4）开始仿真

StartSimulate 函数用于启动仿真过程，语法格式如下：

```
bool StartSimulate(
SimMode mode = Sim_ContinueMode,
SimScale scale = Sim_Single)
```

StartSimulate 函数相关说明如表 B-23 所示。

表 B-23　StartSimulate 函数说明表

功能	开始仿真

示例	MwSimControl *sim_ctrl = new MwSimControl;
	　　QString data_path = simInstDir + "/Result.msr";
	　　MwSimData *sim_data = new MwSimData(L"PID_Controller", data_path.toStdWString(), simInstDir.toStdWString());
	　　sim_data->InitializeSimInst();
	　　sim_ctrl->RebindSimData(sim_data);
	　　sim_ctrl->StartSimulate(MwSimControl::Sim_ContinueMode);

运行结果	仿真成功，符合预期结果

5）停止仿真信号

SigSimStopped 函数用于发出仿真停止信号，语法格式如下：

```
void SigSimStopped(int exit_code)
```

SigSimStopped 函数相关说明如表 B-24 所示。

表 B-24　SigSimStopped 函数说明表

功能	停止仿真
输入参数	exit_code

B.7　结果查询 API

1. 公共类型

SimResultStatus 类用于显示仿真实例结果状态，语法格式如下：

```
enum SimResultStatus
{
    Sim_Empty,
```

```
        Sim_Succeeded,
        Sim_Stopped,
        Sim_Failed,
        Sim_Writing,
        Sim_Paused
}
```

SimResultStatus 类相关说明如表 B-25 所示。

表 B-25 SimResultStatus 类说明表

功能	显示仿真实例结果状态	
参数	Sim_Empty	仿真实例为空
	Sim_Succeeded	仿真成功
	Sim_Stopped	仿真停止
	Sim_Failed	仿真失败
	Sim_Writing	仿真进行中
	Sim_Paused	仿真暂停

2. 公共函数

1）应用仿真设置

ApplyExperimentData 函数用于对仿真设置进行应用，语法格式如下：

```
/**
 * @brief    应用仿真设置
 * @param    [in]exp_data 仿真设置数据
 */
void SetExperimentData(MwExperimentData exp_data)
```

ApplyExperimentData 函数相关说明如表 B-26 所示。

表 B-26 ApplyExperimentData 函数说明表

功能	应用仿真设置	
输入参数	exp_data	仿真设置数据

示例	QString data_path = simInstDir + "/Result.msr";
	    MwSimData *sim_data = new MwSimData(L"PID_Controller", data_path.toStdWString(), simInstDir.toStdWString());
	    sim_data->InitializeSimInst();
	    MwExperimentData exp_data;
	    exp_data.stopTime = 10;
	    exp_data.intervalLength = 0.01;
	    exp_data.numberOfIntervals = 0;
	    exp_data.algorithm = "Radau5";
	    exp_data.tolerance = 0.0002;
	    sim_data->SetExperimentData(exp_data);	

2）获取结果变量树的根节点

GetVarTreeRoot 函数用于获取结果变量树的根节点，语法格式如下：

```
popro::MwVarTree* GetVarTreeRoot()
```

GetVarTreeRoot 函数相关说明如表 B-27 所示。

表 B-27 GetVarTreeRoot 函数说明表

功能	获取结果变量树的根节点

示例	MwSimData *sim_data = new MwSimData(L"PID_Controller", L"C:/Users/TR/Documents/MWORKS/WorkSpace/PID_Controller/Result.msr", L"C:/Users/TR/Documents/MWORKS/WorkSpace/PID_Controller");
	 sim_data->InitializeSimInst();
	 popro::MwVarTree *root = sim_data->GetVarTreeRoot();

运行结果	获取到结果变量树的根节点信息

3）初始化仿真实例

InitializeSimInst 函数用于初始化仿真实例，语法格式如下：

bool InitializeSimInst()

InitializeSimInst 函数相关说明如表 B-28 所示。

表 B-28 InitializeSimInst 函数说明表

功能	初始化仿真实例

示例	用 MwSimData 的 InitializeSimInst 接口进行初始化，然后调用 GetVarTreeRoot 接口，获取结果变量树的根节点。
	 MwSimData *sim_data = new MwSimData(L"PID_Controller", L"C:/Users/TR/Documents/MWORKS/WorkSpace/PID_Controller/Result.msr", L"C:/Users/TR/Documents/MWORKS/WorkSpace/PID_Controller");
	 sim_data->InitializeSimInst();
	 popro::MwVarTree *root = sim_data->GetVarTreeRoot();

运行结果	获取到结果变量树的根节点信息，符合预期结果

4）读取结果变量

GetVarData 函数用于读取结果变量，语法格式如下：

```
/**
 * @brief  读取结果变量
 * @param  [in]var_name 仿真设置数据
 * @param  [out]times 时间点数组
 * @param  [out]values 对应时间点的值
 */
bool GetVarData(
const std::wstring &var_name,
std::vector<Mwdouble> &times,
std::vector<Mwdouble> &values)
```

GetVarData 函数相关说明如表 B-29 所示。

表 B-29 GetVarData 函数说明表

功能	读取结果变量
输入参数	var_name 仿真设置数据 times 时间点数组 values 对应时间点的值

示例	MwSimData *sim_data = new MwSimData(L"PID_Controller", L"C:/Users/TR/Documents/MWORKS/WorkSpace/PID_Controller/Result.msr");
	sim_data->InitializeSimInst();
	std::vector<MWdouble> times, values;
	sim_data->GetVarData(L"PI.u_s", times, values);

运行结果	获取到变量 PI.u_s 的仿真结果数据点集 （表格显示 times 和 values 两个 vector，size=509，capacity 509，各时间点值如 [0]=0.0000000000000000, [1]=0.0080000000000000002, [2]=0.0160000000000000, ... [31]=0.2480000000000000，values 各点均为 0.0000000000000000，类型均为 double）

B.8 图形组件 API

1. 模型视图管理类

1）公共类型

MwModelicaLayer 类用于设置模型视图层次，语法格式如下：

```
enum MwModelicaLayer
{
    MLAYER_ICON,
    MLAYER_DIAGRAM,
    MLAYER_TEXT,
    MLAYER_DOCUMENT,
    MLAYER_UNKNOW
}
```

MwModelicaLayer 类相关说明如表 B-30 所示。

表 B-30　MwModelicaLayer 类说明表

功能	设置模型视图层次	
参数	MLAYER_ICON MLAYER_DIAGRAM MLAYER_TEXT MLAYER_DOCUMENT MLAYER_UNKNOW	模型图标图层 模型组件图层 模型文本图层 模型帮助图层

mogv::MoGvEvent::Type 类用于设置模型视图活动，语法格式如下：

```
enum mogv::MoGvEvent::Type
{
    None = 0,
    SelectChanged,
    ComponentLevelChanged,
    ViewChanged,
    MoWindowChanged,
    ActivateWindowChanged,
    ModelDataChanged,
    ModelAppended,
    ModelRemoved
}
```

mogv::MoGvEvent::Type 类相关说明如表 B-31 所示。

表 B-31　mogv::MoGvEvent::Type 类说明表

功能	设置模型视图活动	
参数	None SelectChanged ComponentLevelChanged ViewChanged MoWindowChanged ActivateWindowChanged ModelDataChanged ModelAppended ModelRemoved	不合法的活动 组件选择变化 组件层次变化 视图变化 模型窗口切换 活动窗口变化 模型数据变化 模型打开或新建 卸载顶层模型或删除嵌套模型

2）公共函数

SetMdiInterface 函数用于设置视图接口类，语法格式如下：

```
/**
 * @brief 设置视图接口类
 * @param   [in]mdi 视图接口
 */
void SetMdiInterface(MwMdiInterface *mdi)
```

SetMdiInterface 函数相关说明如表 B-32 所示。

表 B-32 SetMdiInterface 函数说明表

功能	设置视图接口类
说明	设置视图接口类，创建模型控制器后，需调用该函数设置一个模型视图
输入参数	mdi 视图接口

示例	MwClassManager *class_manager = new MwClassManager;
	class_manager->Initialize();
	class_manager->GetMoHandler()->LoadMoLibrary("Modelica", "3.2.1");
	class_manager->GetMoHandler()->OpenFile(L"C:/Users/TR/Documents/MWORKS/WorkSpace/PID_Controller.mo");
	MWint mo_key
	= class_manager->GetMoHandler()->GetTopClassInFile(L"C:/Users/TR/Documents/MWORKS/WorkSpace/PID_Controller.mo");
	
	MwMoGraphicsViewController *mo_controller
	= new MwMoGraphicsViewController(class_manager);
	MwMoWindowMdi *mo_mdi = new MwMoWindowMdi(mo_controller);
	mo_controller->SetMdiInterface(mo_mdi);
	
	mo_controller->OpenMoWindow(mo_key);
	
	main_win.setCentralWidget(mo_mdi);
	main_win.showMaximized();

SetClassDirty 函数用于设置模型脏标志，语法格式如下：

```
/**
 * @brief 设置模型脏标志
 * @param   [in]class_key  模型 key
 * @param   [in]dirty       是否设置脏标
 */
void SetClassDirty(MWint class_key, bool dirty)
```

SetClassDirty 函数相关说明如表 B-33 所示。

表 B-33 SetClassDirty 函数说明表

功能	设置模型脏标志
说明	设置模型脏标志，当中央视图的模型发生改变后，可调用该函数将模型树设置为脏标
输入参数	class_key 模型 key dirty 是否设置脏标

示例	MwClassManager *class_manager = new MwClassManager;
	class_manager->Initialize();
	class_manager->GetMoHandler()->LoadMoLibrary("Modelica", "3.2.1");
	class_manager->GetMoHandler()->OpenFile(L"C:/Users/TR/Documents/MWORKS/WorkSpace/PID_Controller.mo");
	MWint mo_key
	= class_manager->GetMoHandler()->GetTopClassInFile(L"C:/Users/TR/Documents/MWORKS/WorkSpace/PID_Controller. mo");
	
	MwMoGraphicsViewController *mo_controller
	= new MwMoGraphicsViewController(class_manager);
	MwMoWindowMdi *mo_mdi = new MwMoWindowMdi(mo_controller);
	mo_controller->SetMdiInterface(mo_mdi);
	
	mo_controller->OpenMoWindow(mo_key);
	
	main_win.setCentralWidget(mo_mdi);
	main_win.showMaximized();
	mo_controller->SetClassDirty(mo_key,true);

GetCurrentClassKey 函数用于获取当前窗口的模型 key，语法格式如下

MWint GetCurrentClassKey()

GetCurrentClassKey 函数相关说明如表 B-34 所示。

表 B-34 GetCurrentClassKey 函数说明表

功能	获取当前窗口的模型 key

示例	MwClassManager *class_manager = new MwClassManager;
	class_manager->Initialize();
	class_manager->GetMoHandler()->LoadMoLibrary("Modelica", "3.2.1");
	class_manager->GetMoHandler()->OpenFile(L"C:/Users/TR/Documents/MWORKS/WorkSpace/PID_Controller.mo");
	MWint mo_key
	= class_manager->GetMoHandler()->GetTopClassInFile(L"C:/Users/TR/Documents/MWORKS/WorkSpace/PID_Controller. mo");
	
	MwMoGraphicsViewController *mo_controller
	= new MwMoGraphicsViewController(class_manager);
	MwMoWindowMdi *mo_mdi = new MwMoWindowMdi(mo_controller);
	mo_controller->SetMdiInterface(mo_mdi);
	
	mo_controller->OpenMoWindow(mo_key);
	
	main_win.setCentralWidget(mo_mdi);
	main_win.showMaximized();
	MWint cur_key = mo_controller->GetCurrentClassKey();

3）信号

SigUpdate 函数用于设置模型视图更新信号，语法格式如下：

```
/*
**    @brief 操作 ClassBrowser/ModelicaWindow(ModelicaView)/PropertyPanel 等面板
 *    @param [in]mo_event 模型视图行为类型
 *    @param [in]class_key_list 模型视图的行为操作对象 key 列表
**    @note 触发 UpdateType 类型的信号，激活连接信号的面板同步刷新
 */
void SigUpdate(mogv::MoGvEvent mo_event, Qlist<MWint> class_key_list)
```

SigUpdate 函数相关说明如表 B-35 所示。

表 B-35　SigUpdate 函数说明表

功能	设置模型视图更新信号
说明	设置模型视图更新信号，报告模型视图中发生的行为，以供其他面板刷新
输入参数	mo_event　　　　模型视图行为类型 class_key_list　　模型视图的行为操作对象 key 列表

SigClassDirtyChanged 函数用于显示模型脏标志变化信号，语法格式如下：

```
void SigClassDirtyChanged(MWint class_key)
```

2. 中央视图控件

CloseAllWindow 函数用于关闭当前打开的所有窗口，语法格式如下：

```
void CloseAllWindow()
```

CloseAllWindow 函数相关说明如表 B-36 所示。

表 B-36　CloseAllWindow 函数说明表

功能	关闭当前打开的所有窗口
示例	mo_mdi->CloseAllWindow();

3. 模型树数据类

AppendTopClass 函数用于添加顶层模型，语法格式如下：

```
/**
 * @brief   添加顶层模型
 * @param [in]key 模型 key
 * @param [in]classify_name 类型名
 */
void AppendTopClass(MWint key, const Qstring &classify_name)
```

AppendTopClass 函数相关说明如表 B-37 所示。

表 B-37 AppendTopClass 函数说明表

功能	添加顶层模型	
输入参数	key classify_name	模型 key 类型名
| 示例 | ```cpp
QMainWindow main_win;

MwClassManager *class_manager = new MwClassManager;
class_manager->Initialize();
class_manager->GetMoHandler()->LoadMoLibrary("Modelica", "3.2.1");
MWint lib_key = class_manager->GetMoHandler()->GetKeyByTypeName("Modelica");

MwMoClassTreeModel *tree_model = new MwMoClassTreeModel(class_manager);
QTreeView *tree_view = new QTreeView;
tree_view->setModel(tree_model);
tree_model->SetClassifyName(QStringList() << QStringLiteral("模型库"));

main_win.setCentralWidget(tree_view);
main_win.showMaximized();
tree_model->AppendTopClass(lib_key, QStringLiteral("模型库"));
```<br><br>（接口测试窗口：模型库 / Modelica / UsersGuide / Blocks / Examples（PID_Controller、Filter、FilterWithDifferentiation、FilterWithRiseTime、InverseModel、ShowLogicalSources、LogicalNetwork1、RealNetwork1、IntegerNetwork1、BooleanNetwork1、Interaction1、BusUsage、BusUsage_Utilities）/ Continuous / Discrete / Interaction / Interfaces / Logical / Math / MathInteger / MathBoolean / Nonlinear / Routing / Sources / Tables / Types / Icons）<br><br>`tree_model->AppendTopClass(lib_key, QStringLiteral("用户模型"));` | |
```

续表

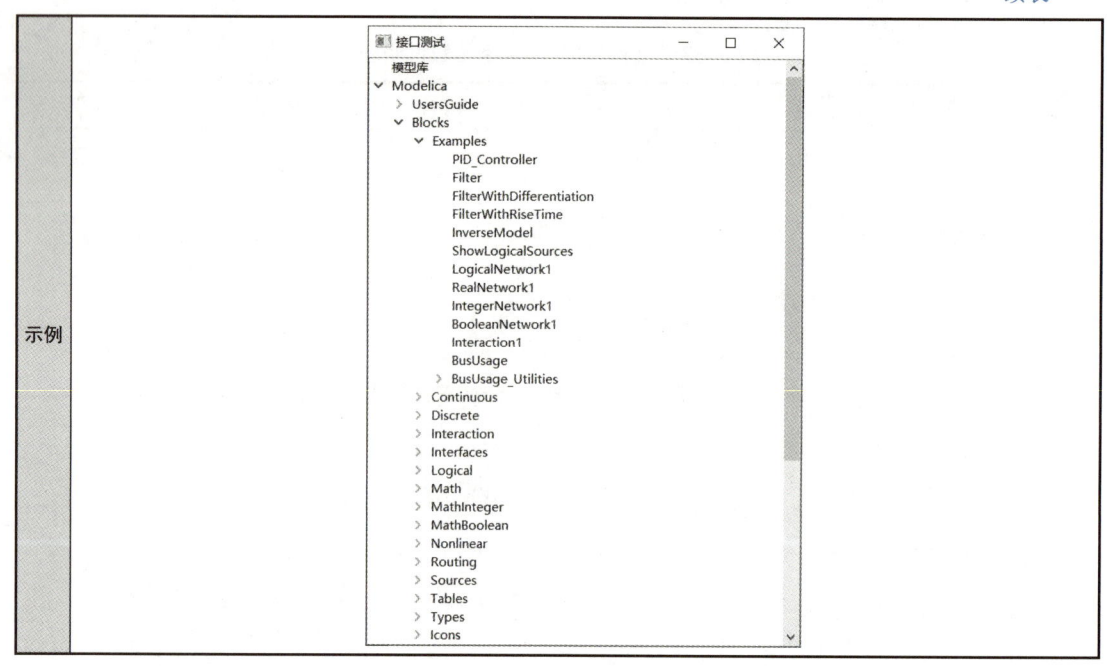

示例	（接口测试窗口显示模型库树，包含 Modelica > Blocks > Examples 下的 PID_Controller、Filter、FilterWithDifferentiation、FilterWithRiseTime、InverseModel、ShowLogicalSources、LogicalNetwork1、RealNetwork1、IntegerNetwork1、BooleanNetwork1、Interaction1、BusUsage、BusUsage_Utilities，以及 Continuous、Discrete、Interaction、Interfaces、Logical、Math、MathInteger、MathBoolean、Nonlinear、Routing、Sources、Tables、Types、Icons 等节点）

RemoveClass 函数用于移除模型，语法格式如下：

```
void RemoveClass(MWint key)
```

RemoveClass 函数相关说明如表 B-38 所示。

表 B-38　RemoveClass 函数说明表

功能	移除模型
说明	移除模型，模型视图中心和模型浏览树会自动进行移除刷新
示例	调用 MwMoClassTreeModel 的 InsertClass 函数，参数 1 设置为 PID_Controller 模型键值，参数 2 设置为 Modelica 模型树顶层节点 `tree_model->RemoveClass(lib_key);` （接口测试窗口显示模型库树：Modelica 下包含 UsersGuide、Blocks、ComplexBlocks、StateGraph、Electrical、Magnetic、Mechanics、Fluid、Media、Thermal、Math、ComplexMath、Utilities、Constants、Icons、SIunits，以及 PID_Controller）

4. 模型参数面板类

1）公共类型

MwParamEditMode 类用于设置参数编辑模式，语法格式如下：

```
enum MwParamEditMode
{
    PEM_Panel,
    PEM_Dialog
}
```

MwParamEditMode 类相关说明如表 B-39 所示。

表 B-39　MwParamEditMode 类说明表

功能	设置参数编辑模式	
参数	PEM_Panel PEM_Dialog	面板模式 对话框模式

2）公共函数

GetParamEditMode 函数用于获取参数编辑模式，语法格式如下：

```
MwParamEditMode GetParamEditMode()
```

GetParamEditMode 函数相关说明如表 B-40 所示。

表 B-40　GetParamEditMode 函数说明表

功能	获取参数编辑模式

示例	QMainWindow main_win;
	
	MwClassManager *class_manager = new MwClassManager;
	class_manager->Initialize();
	MwMoGraphicsViewController *mo_controller = new MwMoGraphicsViewController(class_manager);
	MwModelParameterTabWidget *param_wgt = new MwModelParameterTabWidget(mo_controller, PEM_Dialog);
	
	main_win.setCentralWidget(param_wgt);
	main_win.showMaximized();
	MwParamEditMode edit_mode = param_wgt->GetParamEditMode();

运行结果	edit_mode　　　PEM_Dialog (1)　　　MwParamEditMode

3）公共槽函数

SlotUpdate 函数用于响应模型视图模块更新信号，语法格式如下：

```
void SlotUpdate(mogv::MoGvEvent mo_event, Qlist<MWint> ckass_key_list)
```

SlotUpdate 函数相关说明如表 B-41 所示。

表 B-41　SlotUpdate 函数说明表

功能	响应模型视图模块更新信号
说明	响应模型视图模块更新信号，刷新参数面板

5. 仿真曲线视图类

1）公共函数

AddCurveToCurrentView 函数用于添加变量曲线到当前视图中，语法格式如下：

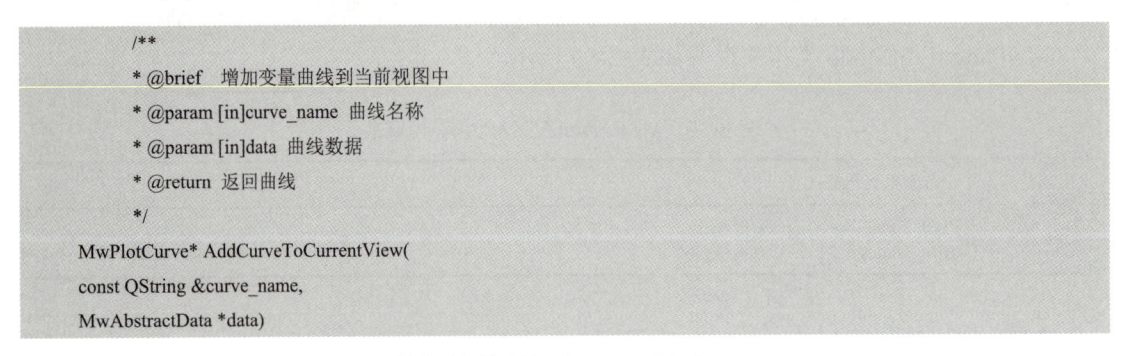

```
/**
 * @brief   增加变量曲线到当前视图中
 * @param [in]curve_name  曲线名称
 * @param [in]data  曲线数据
 * @return  返回曲线
 */
MwPlotCurve* AddCurveToCurrentView(
const QString &curve_name,
MwAbstractData *data)
```

AddCurveToCurrentView 函数相关说明如表 B-42 所示。

表 B-42　AddCurveToCurrentView 函数说明表

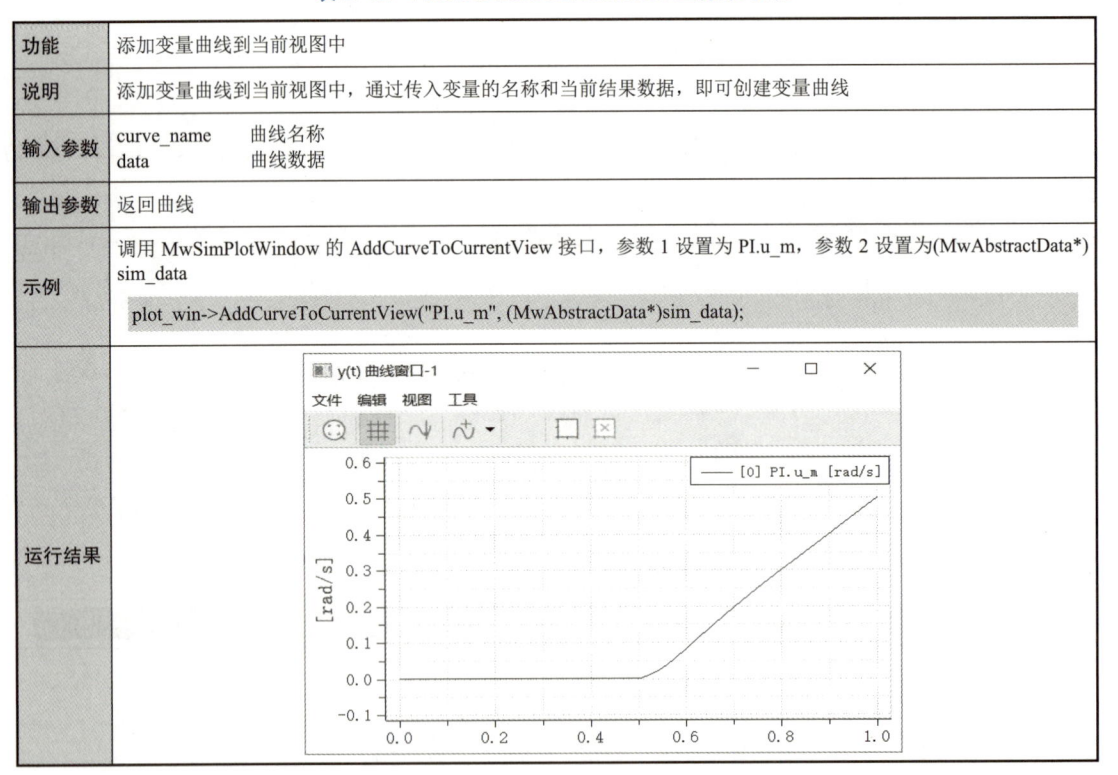

功能	添加变量曲线到当前视图中
说明	添加变量曲线到当前视图中，通过传入变量的名称和当前结果数据，即可创建变量曲线
输入参数	curve_name　　曲线名称 data　　　　　曲线数据
输出参数	返回曲线
示例	调用 MwSimPlotWindow 的 AddCurveToCurrentView 接口，参数 1 设置为 PI.u_m，参数 2 设置为(MwAbstractData*) sim_data plot_win->AddCurveToCurrentView("PI.u_m", (MwAbstractData*)sim_data);
运行结果	

6. 模型仿真设置控件

模型仿真设置控件，用于显示和修改模型仿真设置。

控件使用：

```
MwExperimentData exp_data;
MwSimConfigWidget sim_config_wgt = new MwSimConfigWidget(exp_data, &main_win);
```

其中，MwExperimentData 结构用于对仿真进行配置，语法格式如下：

```
struct MwExperimentData
{
    MWdouble startTime;
    MWdouble stopTime;
    MWdouble intervalLength;
    MWcint numberOfIntervals;
    std::string algorithm;
    MWdouble tolerance;
    MWdouble fixedOrInitStepSize;
    std::vector<std::pair<MWdouble, MWdouble>> pieceWiseStep;
}
```

MwExperimentData 结构相关说明如表 B-43 所示。

表 B-43 MwExperimentData 说明表

功能	进行仿真配置	
参数	startTime	仿真开始时间
	stopTime	仿真终止时间
	intervalLength	仿真输出步长
	numberOfIntervals	仿真输出步数
	algorithm	积分算法
	tolerance	精度
	fixedOrInitStepSize	初始积分步长
	pieceWiseStep	分段固定积分步长数组

GetSimConfig 函数用于获取界面上的仿真设置，语法格式如下：

```
/**
 * @brief  求解器仿真条件对象
 */
void GetSimConfig(MwExperimentData *sim_config)
```

GetSimConfig 函数相关说明如表 B-44 所示。

表 B-44 GetSimConfig 函数说明表

功能	获取界面上的仿真设置

示例	MwSimConfigWidget *sim_config_wgt = new MwSimConfigWidget(new MwExperimentData);
	QDialog dlg;
	QVBoxLayout *layout = new QVBoxLayout;
	layout->addWidget(sim_config_wgt);
	dlg.setLayout(layout);
	sim_config_wgt->GetSimConfig(&exp_data);

续表

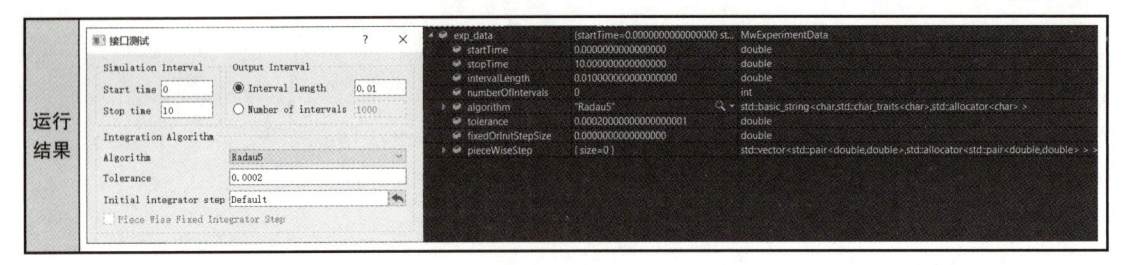

运行结果	(screenshot of 接口测试 dialog with Simulation Interval, Output Interval, Integration Algorithm settings, and exp_data tree view showing startTime, stopTime, intervalLength, numberOfIntervals, algorithm, tolerance, fixedOrInitStepSize, pieceWiseStep fields)

B.9　系统配置 API

1. 设置工作路径

SetWorkPath 函数用于设置工作路径，语法格式如下：

```
/**
 * @brief 设置工作路径
 * @param [in]工作路径
 */
void SetWorkPath(const std::wstring &work_path);
```

SetWorkPath 函数相关说明如表 B-45 所示。

表 B-45　SetWorkPath 函数说明表

功能	设置工作路径
输入参数	work_path　　　　　工作路径

示例	std::wstring path = classMgr->GetCoreOption->WorkPath();
	classMgr->GetCoreOption->SetWorkPath(new_path);
	std::wstring res_path = classMgr->GetCoreOption->WorkPath();

2. 获取工作路径

WorkPath 函数用于获取工作路径，语法格式如下：

```
/**
 * @brief 获取工作路径
 */
void WorkPath (const std::wstring &work_path);
```

WorkPath 函数相关说明如表 B-46 所示。

表 B-46　WorkPath 函数说明表

功能	获取工作路径
输出参数	当前工作路径

示例	std::wstring path = classMgr->GetCoreOption->WorkPath();
	classMgr->GetCoreOption->SetWorkPath(new_path);
	std::wstring res_path = classMgr->GetCoreOption->WorkPath();

3. 设置仿真结果路径

SetSimResultPath 函数用于设置仿真结果路径，语法格式如下：

```
/**
 * @brief 设置仿真结果路径
 * @param [in]仿真结果路径
 */
void SetSimResultPath(const std::wstring &simulation_path);
```

SetSimResultPath 函数相关说明如表 B-47 所示。

表 B-47　SetSimResultPath 函数说明表

功能	设置仿真结果路径
说明	设置仿真结果路径，用于在仿真时存储仿真相关结果
输入参数	simulation_path　　　　　　仿真结果路径

示例	std::wstring path = classMgr->GetCoreOption->SimResultPath();
	classMgr->GetCoreOption->SetSimResultPath(new_path);
	std::wstring res_path = classMgr->GetCoreOption->SimResultPath();

4. 获取仿真结果路径

SimResultPath 函数用于获取仿真结果路径，语法格式如下：

```
/**
 * @brief 获取仿真结果路径
 */
std::wstring SimResultPath();
```

SimResultPath 函数相关说明如表 B-48 所示。

表 B-48　SimResultPath 函数说明表

功能	获取仿真结果路径
输出参数	仿真结果路径

示例	std::wstring path = classMgr->GetCoreOption->SimResultPath();
	classMgr->GetCoreOption->SetSimResultPath(new_path);
	std::wstring res_path = classMgr->GetCoreOption->SimResultPath();

5. 进行编译器配置

SetCompileInfo 函数用于进行编译器配置，语法格式如下：

```
/**
 * @brief 编译器配置
 * @para [in/out]cmpl_type 编译器类型
 * @para [in/out]cmpl_name 编译器名称
 * @para [in/out]cmpl_path_x86 32 位编译器路径
 * @para [in/out]cmpl_path_x64 64 位编译器路径
 * @para [in/out]platform 编译时的平台
 */
void SetCompileInfo(
const std::string &cmpl_type,
const std::wstring &cmpl_name,
const std::wstring &cmpl_path_x86,
const std::wstring &cmpl_path_x64,
MwCPUArch platform);
```

SetCompileInfo 函数相关说明如表 B-49 所示。

表 B-49　SetCompileInfo 函数说明表

功能	进行编译器配置
说明	用户可配置本机上的编译器路径和位数，配置后默认使用该编译器进行编译
输入参数	cmpl_type　　　　编译器类型 cmpl_name　　　　编译器名字 cmpl_path_x86　　32 位编译器路径 cmpl_path_x64　　64 位编译器路径 platform　　　　　编译时的平台
示例	classMgr->GetCoreOption->SetCompileInfo("vc",L"Microsoft Visual Studio 2017", L"D:/VS2017/VC", L"D:/VS2017/VC", MwCoreOption::x86_64);

6. 获取编译器配置

GetCompileInfo 函数用于获取编译器配置，语法格式如下：

```
/**
 * @brief 编译器配置
 * @para [in/out]cmpl_type 编译器类型
 * @para [in/out]cmpl_name 编译器名字
 * @para [in/out]cmpl_path_x86 32 位编译器路径
 * @para [in/out]cmpl_path_x64 64 位编译器路径
 * @para [in/out]platform 编译时的平台
 */
void GetCompileInfo(
std::string *cmpl_type,
std::wstring *cmpl_name,
std::wstring *cmpl_path_x86,
std::wstring *cmpl_path_x64,
MwCPUArch *platform);
```

GetCompileInfo 函数相关说明如表 B-50 所示。

表 B-50 GetCompileInfo 函数说明表

功能	获取编译器配置
说明	用户可获取本机上的编译器路径和位数
输出参数	cmpl_type 编译器类型 cmpl_name 编译器名字 cmpl_path_x86 32 位编译器路径 cmpl_path_x64 64 位编译器路径 platform 编译时的平台
示例	classMgr->GetCoreOption->GetCompileInfo(cmpl_type,cmpl_name,cmpl_path_x86,cmpl_path_x64,platform);
运行结果	type = vc, name = Microsoft Visual Studio 2017 path_x86 = D:/VS2017/VC path_x64 = D:/VS2017/VC platform = MwCoreOption::x86_64

7. 切换求解器平台

SwitchSolverPlatform 函数用于切换求解器平台，语法格式如下：

```
/**
 * @brief 切换求解器平台
 * @param[in]  求解器平台
 */
bool SwitchSolverPlatform(MwCPUArch platform);
```

SwitchSolverPlatform 函数相关说明如表 B-51 所示。

表 B-51 SwitchSolverPlatform 函数说明表

功能	切换求解器平台
说明	切换求解器平台位数，可根据需求将求解器切换为 64 位的或 32 位的并进行仿真
输出参数	platform 切换的求解器平台
示例	classMgr->GetCoreOption->SwitchSolverPlatform(MwCoreOption::x86_64);

附录 C
Syslab 入门

  Syslab 是一个将数值分析、矩阵计算、信号处理、机器学习及科学数据可视化等诸多基础计算和专业功能集成在一起、易于使用的可视化科学计算平台。它为基础科学研究、专业工程设计及必须进行高效数值计算的众多科学领域提供了一种全新的国产解决方案，通过高性能计算语言 Julia 实现了交互式程序设计的编辑模式和高效的运行环境。目前，Syslab 已经发展成为适合多学科、多领域的科学计算平台。

  与国际先进的科学计算软件 MATLAB 相比，Syslab 同样提供了大量的工具箱，可以用于工程计算、控制系统设计、通信与信号处理、金融建模与分析等领域。利用 Syslab 进行相关研究，用户可以将自己的主要精力放到更具有创造性的工作上，而把烦琐的底层工作交给 Syslab 所提供的内部函数去完成，掌握了这一工具将使日常的学习和工作事半功倍。本章主要介绍 Syslab 的安装、编程环境、系统建模和仿真环境的交互融合功能。

通过本附录学习，读者可以了解（或掌握）：
- Syslab 的下载与安装。
- Syslab 的工作界面。
- Syslab 的编程环境。
- Syslab 与 Sysplorer 的交互融合。

C.1　Syslab 安装及界面介绍

Syslab 的安装非常简单，本节将以 MWORKS.Syslab 2023b 为例详细介绍 Syslab 的安装过程和 Syslab 的工作界面。注意：本书封底给出的激活码，不仅是本书配套资源获取的激活码，也是 Syslab 和 Sysplorer 软件的激活码。

C.1.1　Syslab 的下载与安装

MWORKS.Syslab 2023b 安装包为 iso 光盘映像文件，内部包含如图 C-1 所示文件或文件夹，用户可以打开同元软控官网进行下载与安装。其中，data 文件夹为相关资源文件，包括 Julia 仓库等；.exe 文件为 MWORKS.Syslab 2023b 的安装程序。

图 C-1　MWORKS.Syslab 2023b 安装包文件

双击打开安装程序，进入"MWORKS.Syslab 科学计算环境"安装向导对话框，如图 C-2 所示。勾选"同意 MWORKS.Syslab 2023b 的用户许可协议"复选框后，单击"立即安装"按钮可直接进行默认设置安装。

图 C-2　"MWORKS.Syslab 科学计算环境"安装向导对话框

用户也可以通过单击"自定义设置"按钮，进入自定义设置界面，如图 C-3 所示。在该界面中，用户可以选择想要安装的功能和设置 MWORKS.Syslab 2023b 的安装路径。其中，通过勾选或取消勾选"MWORKS.Syslab 客户端仓库"复选框可以决定是否安装该产品，系统默认安装全部产品，建议全部安装；系统的默认安装路径设置为"C:\Program Files\MWORKS\Syslab 2023b"，如果要安装在其他目录，则单击输入框右侧的"🗀浏览"按钮选择相应文件夹。

图 C-3　自定义设置界面

自定义设置完成后，单击"立即安装"按钮，进入安装进度界面，如图 C-4 所示。安装需要几分钟，请耐心等待。

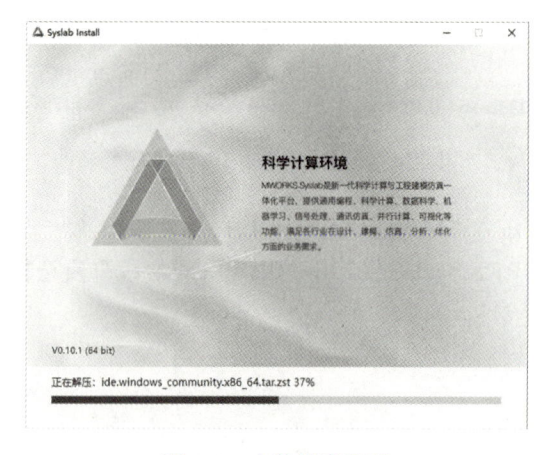

图 C-4　安装进度界面

安装完成后，进入安装完成界面，如图 C-5 所示。用户可以通过勾选或取消勾选"立即运行"复选框来决定是否立即运行"MWORKS.Syslab 2023b"。

图 C-5　安装完成界面

C.1.2 Syslab 的工作界面

Syslab 的工作界面是一个高度集成的界面，主要由工具栏、左侧边栏、命令行窗口、编辑器窗口、工作区窗口、隐藏的图形窗口等组成，其默认布局如图 C-6 所示。需要注意的是，图形窗口需在执行绘图命令后才能启动。

图 C-6　Syslab 的工作界面

下面分别介绍 Syslab 工作界面的主要部分。

1. 工具栏

工具栏区域中提供"主页"、"绘图"、"App"、"视图"和"帮助"五种 Tab 页面，不同 Tab 页面有对应的工具条，通常按功能分为若干命令组。例如，"主页"页面中包括"文件"、"变量"、"运行"、"调试"、"编辑"、"Sysplorer"、"环境"和"M 语言兼容"命令组；"绘图"页面中包括各种绘图指令；"视图"页面中包括"外观"、"编辑器布局"、"代码折叠"、"显示"和"开发者工具"命令组，用户在该页面中可以修改主窗口布局以适应编程习惯。

2. 左侧边栏

左侧边栏提供"资源管理器"、"搜索"、"调试"和"包管理器"四种不同的功能部件，单击相关按钮可以展开对应的功能面板。

1）资源管理器

资源管理器主要提供 Syslab 运行文件时的工作目录结构树管理，用户利用该功能可以完成文件（或文件夹）的新增、删除、打开、复制、修改、查找及重命名等操作，其默认位于左侧边栏的第一个位置，如图 C-7 所示。需要说明的是，只有当前目录或搜索路径下的文件、函数才能被执行或调用。而且，用户在保存文件时，若不明确指定保存路径，则系统会默认将它们保存在当前目录下。

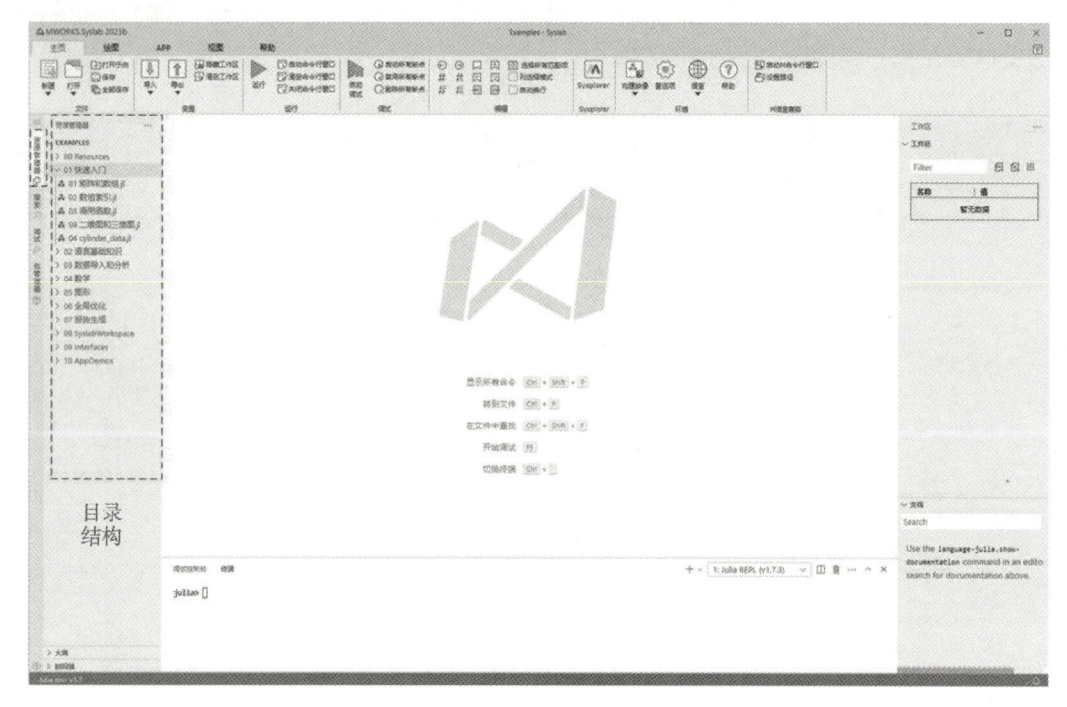

图 C-7 资源管理器

2）调试

Syslab 的调试面板支持用户以调试模式运行代码文件，包括对代码文件的单步调试、断点调试、添加监视、查找调用堆栈等。在调试运行模式下，编辑器窗口的上方会弹出调试工具栏。调试工具栏的工具如下。

（1）"继续（F5 键）"：启动调试或者继续运行调试。

（2）"单步跳过（F10 键）"：单步执行遇到子函数时不会进入子函数内，而是将子函数全部执行完再停止。

（3）"单步调试（F11 键）"：单步执行遇到子函数就进入并且继续单步执行。

（4）"单步跳出（Shift+F11 组合键）"：当单步执行到子函数内时，执行完子函数余下部分，并返回到上一层函数。

（5）"重启（Ctrl+Shift+F5 组合键）"：重新启动调试。

（6）"断开链接（Shift+F5 组合键）"：停止调试。

调试工具栏位置如图 C-8 所示。

此外，代码调试器还提供了交互式的调试控制台，可以对左侧变量面板中的变量进行增加、删除、修改和查找。具体操作步骤：①设置断点，启动调试；②当运行到断点时，在调试控制台中输出要实现的命令；③按下回车键执行并回显计算结果。如图 C-9 所示，修改了全局变量 m 的值，并新增了全局变量 n。修改全局变量（Global(Main)）可通过@eval(变

量名 = 变量值)实现，修改局部变量（Local）可通过@eval $(变量名 = 变量值)实现。需要说明的是，eval 和$之间有空格。

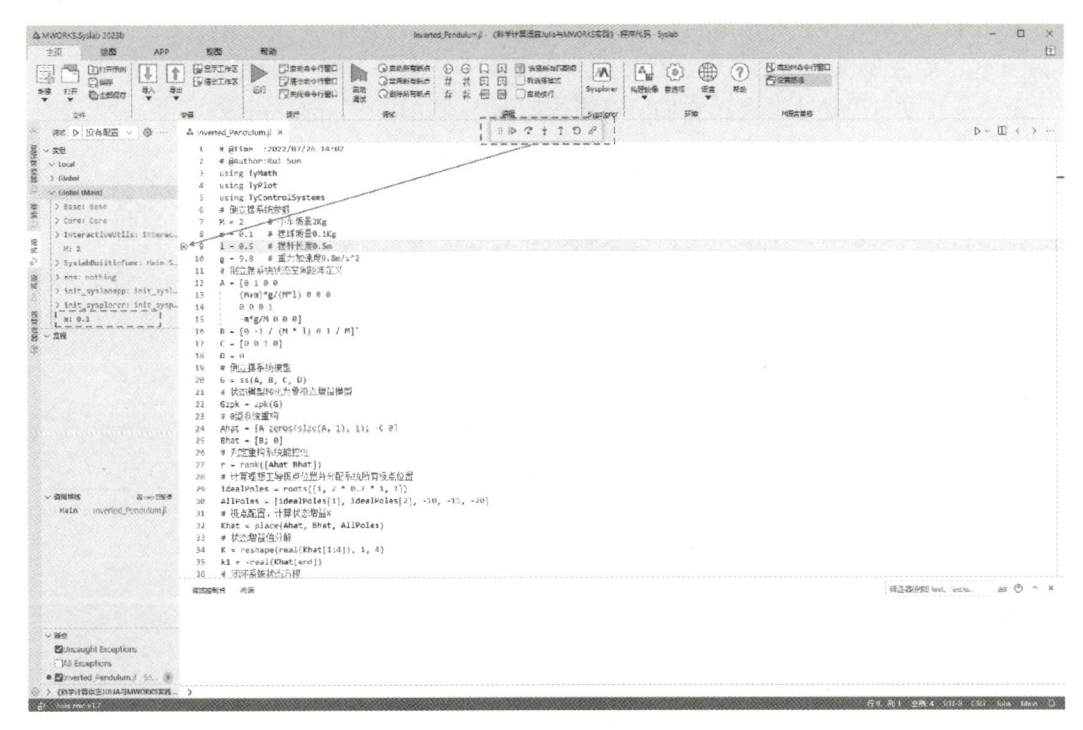

图 C-8 调试工具栏位置

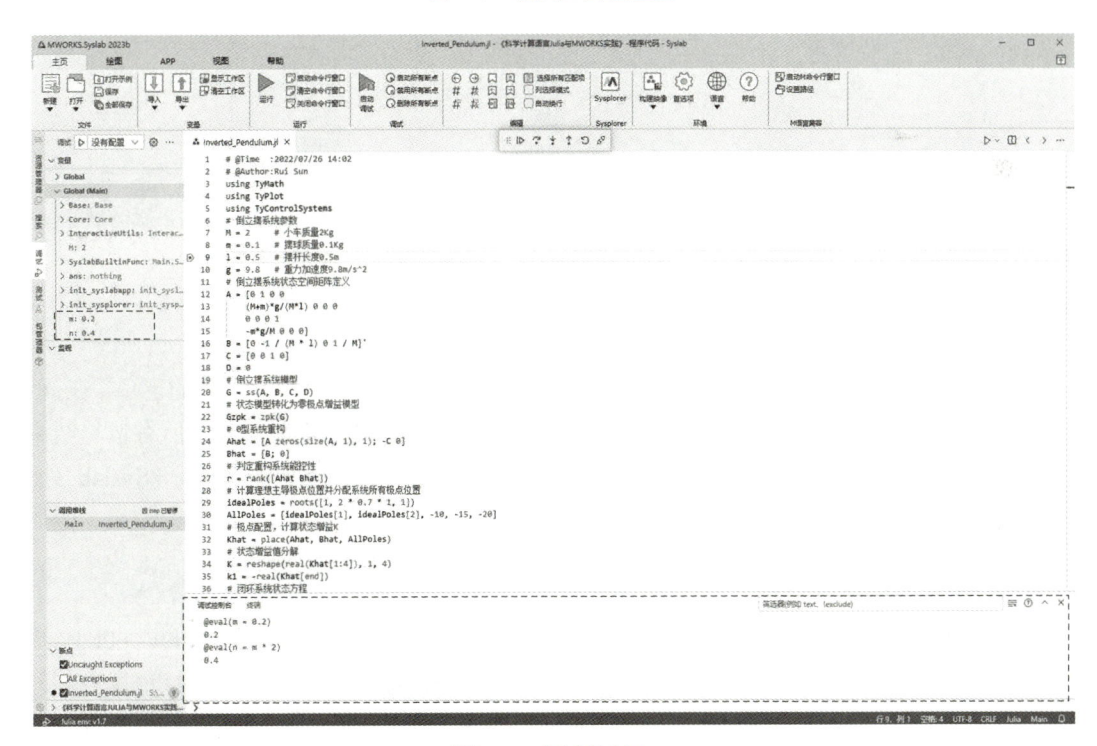

图 C-9 调试控制台

3）包管理器

Syslab 的包管理器面板提供包的创建、开发、安装、卸载、注册、版本切换、依赖设置等功能，并支持对开发包和注册包进行分类管理。开发包是指未注册、未提交到服务器的本地 Julia 包；而注册包是指已注册、已提交到服务器并由服务器统一管理的 Julia 包。

无论是开发包还是注册包，它们所对应的库面板都由以下三部分组成。

（1）过滤框：根据输入内容，对表格树显示内容进行过滤。

（2）工具栏按钮：包括"刷新面板"、"新建包"、"添加包"和"选项设置"等按钮。

（3）表格树展示区：主要用于对包及其函数的表格树进行展示。

初始包管理器面板默认为空面板，单击"刷新面板"按钮，将当前包环境下已安装的包添加到包管理器面板中，如图 C-10 所示。关于新建包、添加包及包的导出信息、函数节点等内容，这里不做详细介绍，感兴趣的读者可参考 Syslab 使用手册自行学习。

图 C-10　包管理器面板

3. 命令行窗口

命令行窗口是 Syslab 的重要组成部分，也是进行各种 Syslab 操作最主要的窗口。在该窗口中可以输入各种 Syslab 运作的指令、函数和表达式，并可以显示除图形外的所有运算结果，运行错误时还会给出相关的错误提示。窗口中的"julia>"是命令提示符，表示 Syslab 处于准备状态。在"julia>"之后输入 Julia 命令后只需按回车键即可直接显示相应的结果。例如：

```
julia> (3 * 4 + 2 ^ 2) / 4
4.0
```

在命令行窗口中输入命令时，一般每行输入一条命令。当命令较长需占用两行以上时，用户可以在行尾以运算符结束，按回车键即可在下一行继续输入。当然，一行也可以输入多条命令，这时各命令间要加分号（;）隔开。此外，重新输入命令时，用户不必输入整行命令，可以利用键盘的上、下光标键"↑"和"↓"调用最近使用过的历史命令，每次一条，便于快速执行以提高工作效率。如果输入命令的前几个字母后再使用光标键，则只会调用以这些字母开始的历史命令。

4. 编辑器窗口

在 Syslab 的命令行窗口中是逐行输入命令并执行的，这种方式称为行命令方式，只能用于编制简单的程序。常用的或较长的程序最好保存为文件后再执行，这时就要使用编辑器窗口。在"主页"页面中单击"新建"按钮可打开空白的脚本 Julia 文件，如图 C-11 所示。一般新建文件的默认文件主名为"Untitled-x"，常用的扩展名为 jl（代码文件）。jl 文件分为两种类型：jl 主程序文件（script file，也称为脚本文件）和 jl 子程序文件（function file，也称为函数文件）。

图 C-11　编辑器窗口中的 jl 文件

函数文件与脚本文件的主要区别是：函数文件一般都有参数与返回结果，而脚本文件没有参数与返回结果；函数文件的变量是局部变量，在运行期间有效，运行完毕后就自动被清除，而脚本文件的变量是全局变量，运行完毕后仍被保存在内存中；函数文件要定义函数名，且保存该函数文件的文件名必须是"函数名.jl"；运行函数文件前还需先声明该函数。

5. 工作区窗口

命令行窗口和编辑器窗口是主窗口中最为重要的组成部分，它们是用户与 Syslab 进行人机交互对话的主要环境。在交互过程中，Syslab 当前内存变量的名称、值、大小和类型等参数会显示在工作区窗口中，其默认放置于 Syslab 的工作界面的右上侧，如图 C-12 所示。

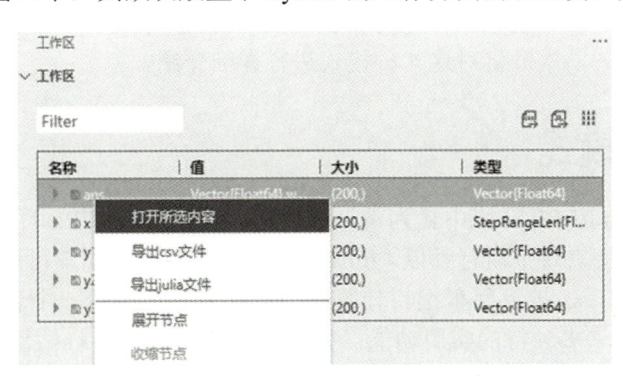

图 C-12　工作区窗口

在工作区窗口中选择要打开的变量，可以通过双击该变量或右键单击该变量后选择"打开所选内容"选项。在打开的此变量数组编辑窗口中，用户可以查看或修改变量的内容。

提示：ans 是系统自动创建的特殊变量，代表 Syslab 运算后的答案。

6. 图形窗口

通常，Syslab 的默认工作界面中不包含图形窗口，只有在执行某种绘图命令后才会自动产生图形窗口，之后的绘图都在这个图形窗口中进行。若想再建一个或几个图形窗口，则输入 figure 命令，Syslab 会新建一个图形窗口，并自动给它依次排序。如果要指定新的图形窗口为 Figure 5（图 5），则可输入 figure(5)命令，如图 C-13 所示。

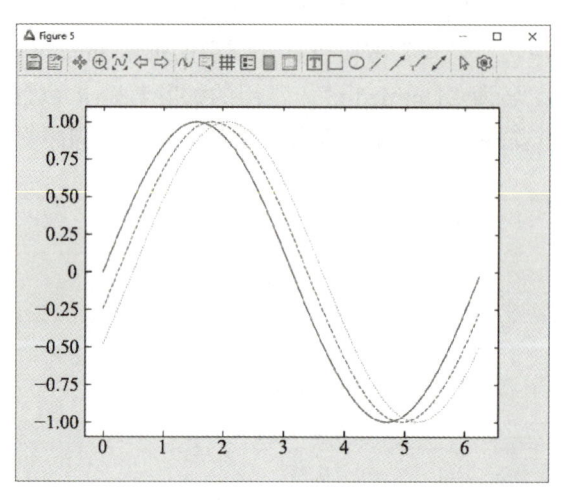

图 C-13　图形窗口

C.2　Julia REPL 环境的几种模式

Julia 为用户提供了一个简单而又足够强大的编程环境，即一个全功能的交互式命令行（Read-Eval-Print Loop，REPL），其内置于 Julia 可执行文件中。在 Julia 运行过程中，REPL 环境可以实时地与用户进行交互，它能够自动读取用户输入的表达式，对读到的表达式进行求解，显示表达式的求解结果，然后再次等待读取并往复循环。因此，它允许快速简单地执行 Julia 语句。Julia REPL 环境主要有 4 种可供切换的模式，分别为 Julia 模式、Package 模式、Help 模式和 Shell 模式，本节将对这 4 种模式进行详细介绍。

C.2.1　Julia 模式

Julia 模式是 Julia REPL 环境中最为常见的模式，也是进入 REPL 环境后默认情况下的操作模式。在这种模式下，每个新行都以 "julia>" 开始，在这里，用户可以输入 Julia 表达式。在输入完整的表达式后，按下回车键将计算该表达式并显示最后一个表达式的结果。REPL 除显示结果外，还有许多独特的实用功能，如将结果绑定到变量 ans 上、每行的尾随分号可以作为一个标志符来抑制显示结果等。例如：

```
julia> string(3 * 4)
"12"
julia> ans
"12"
julia> a = rand(2,2); b = exp(1)
2.718281828459045
```

在 Julia 模式下，REPL 环境支持提示粘贴。当将以"julia>"开头的文本粘贴到 REPL 环境中时，该功能将被激活。在这种情况下，只有以"julia>"开头的表达式才会被解析，其他表达式会被自动删除。这使得用户可以直接从 REPL 环境中粘贴代码块，而无须手动清除提示和输出结果等。该功能在默认情况下是启用的，但用户可以通过在命令行窗口中输入命令"REPL.enable_promptpaste(::bool)"来禁用或启用。

C.2.2　Package 模式

Package 模式用来管理程序包，可以识别用于加载或更新程序包的专门命令。在 Julia 模式中，紧挨命令提示符"julia>"输入]即可进入 Package 模式，此时输入提示符变为"(@v1.7)pkg>"，其中的 v1.7 表示 Julia 语言的特性版本。同时也可以通过按下 Ctrl+C 组合键或 Backspace 键退回至 Julia 模式。在 Package 模式下，用户通过使用 add 命令就可以安装某个新的程序包，使用 rm 命令可以移除某个已安装的程序包，使用 update 命令可以更新某个已安装的程序包。当然，用户也可以一次性地安装、移除或更新多个程序包。例如：

```
(@v1.7) pkg> add Example
    Resolving package versions...
    Installed Example — v0.5.3
    Updating `C:\Users\Public\TongYuan\.julia\environments\v1.7\Project.toml`
  [7876af07] + Example v0.5.3
    Updating `C:\Users\Public\TongYuan\.julia\environments\v1.7\Manifest.toml`
  [7876af07] + Example v0.5.3
Precompiling project...
  1 dependency successfully precompiled in 3 seconds (151 already precompiled)

(@v1.7) pkg> rm Example
    Updating `C:\Users\Public\TongYuan\.julia\environments\v1.7\Project.toml`
  [7876af07] - Example v0.5.3
    Updating `C:\Users\Public\TongYuan\.julia\environments\v1.7\Manifest.toml`
  [7876af07] - Example v0.5.3

(@v1.7) pkg> update Example
    Updating registry at `C:/Users/Public/TongYuan/.julia/registries/General.toml`
ERROR: The following package names could not be resolved:
 * Example (not found in project or manifest)
```

在上面的例子中，依次执行了安装、移除和更新程序包，因此，在使用 update 更新命令过程中会因无法检测到 Example 程序包而提示错误。除了以上三种命令，Package 模式还支持更多的命令，读者可以登录网址 https://www.hxedu.com.cn/Resource/OS/AR/202202339/01.pdf 自行参考学习。

C.2.3　Help 模式

Help 模式是 Julia REPL 环境中的另一种操作模式，可以在 Julia 模式下紧挨命令提示符"julia>"输入?转换进入，其每个新行都以"help?>"开始。在这里，用户可在输入任意功能名称后回车以获取该功能的使用说明、帮助文本及演示案例，如查询类型、变量、函数、方法、类和工具箱等。REPL 环境在搜索并显示完成相关文档后会自动切换回 Julia 模式。例如：

```
help?> sin
search: sin sinh sind sinc sinpi sincos sincosd sincospi asin using isinf asinh asind isinteger isinteractive thisind daysinyear
```

```
daysinmonth sign signed Signed signbit
    sin(x)
Compute sine of x, where x is in radians.
See also [sind], [sinpi], [sincos], [cis].
─────────────────────────────────────
    sin(A::AbstractMatrix)
Compute the matrix sine of a square matrix A.
If A is symmetric or Hermitian, its eigendecomposition (eigen) is used to compute the sine. Otherwise, the sine is determined by calling exp.
    Examples
    ≡≡≡≡≡≡≡≡≡≡
    julia> sin(fill(1.0, (2,2)))
    2×2 Matrix{Float64}:
     0.454649  0.454649
     0.454649  0.454649
julia>
```

需要说明的是，一些帮助文本用大写字符显示函数名称，以使它们与其他文本区分开来。在输入这些函数名称时需使用小写字符。对于大小写混合显示的函数名称，需按照要求所示输入名称。此外，Help 模式下的不同功能名称输入方式存在差异。如果输入功能名称为变量，将显示该变量的类的帮助文本；要获取某个类的方法的帮助，需要指定类名和方法名称并在中间以句点分隔。

C.2.4 Shell 模式

如同 Help 模式对快速访问某功能的帮助文档一样有用，Shell 模式可以用来执行系统命令。在 Julia 模式下紧挨命令提示符"julia>"输入英文分号（;）即可进入 Shell 模式，但用户通常很少使用 Shell 模式，因此这里对详细内容不做介绍，感兴趣的读者可以自行查阅资料。值得注意的是，对于 Windows 用户，Julia 的 Shell 模式不会公开 Windows shell 命令，因此不可执行。

C.3 Syslab 与 Sysplorer 的软件集成

科学计算环境 Syslab 侧重于算法设计和开发，系统建模仿真环境 Sysplorer 侧重于集成仿真验证，要充分发挥两者能力，需要通过底层开发支持可视化建模仿真与科学计算环境的无缝连接，构建科学计算与系统建模仿真一体化通用平台。目前，MWORKS 已经实现了两者的双向深度融合，包括数据空间共享、接口相互调用和界面互操作等。本节从接口相互调用方面出发介绍如何在科学计算环境中操作仿真模型，以及如何在仿真模型中调用科学计算函数。

C.3.1 Syslab 调用 Sysplorer API

在科学计算环境 Syslab 中驱动 Sysplorer 自动运行并操作仿真模型需要通过 Sysplorer API 接口实现。Sysplorer API 可支持调用的命令接口大致分为系统命令、文件命令、仿真命令、曲线命令、动画命令和模型对象操作命令六大类，如表 C-1 所示。这些命令的统一调用格式均为"Sysplorer.命令接口名称"。

表 C-1　MWORKS.Sysplorer API 命令接口

命令类型	命令接口	含义
系统命令	ClearScreen	清空命令行窗口
	SaveScreen	保存命令行窗口内容至文件
	ChangeDirectory	更改工作目录
	ChangeSimResultDirectory	更改仿真结果目录
	RunScript	执行脚本文件
	GetLastErrors	获取上一条命令的错误信息
	ClearAll	移除所有模型
	Echo	打开或关闭命令执行状态的输出
	Exit	退出 Sysplorer
文件命令	OpenModelFile	加载指定的 Modelica 模型文件
	LoadLibrary	加载 Modelica 模型库
	ImportFMU	导入 FMU 文件
	EraseClasses	删除子模型或卸载顶层模型
	ExportIcon	把图标视图导出为图片
	ExportDiagram	把组件视图导出为图片
	ExportDocumentation	把模型文档信息导出到文件
	ExportFMU	把模型导出为 FMU
	ExportVeristand	把模型导出为 Veristand 模型
	ExportSFunction	把模型导出为 Simulink 的 S-Function
仿真命令	OpenModel	打开模型窗口
	CheckModel	检查模型
	TranslateModel	翻译模型
	SimulateModel	仿真模型
	RemoveResults	移除所有结果
	RemoveResult	移除最后一个结果
	ImportInitial	导入初值文件
	ExportInitial	导出初值文件
	GetInitialValue	获取变量初值
	SetInitialValue	设置变量初值
	ExportResult	导出结果文件
	SetCompileSolver64	设置翻译时编译器平台位数
	GetCompileSolver64	获取翻译时编译器平台位数
	SetCompileFmu64	设置 FMU 导出时编译器平台位数
	GetCompileFmu64	获取 FMU 导出时编译器平台位数
曲线命令	CreatePlot	按指定的设置创建曲线窗口
	Plot	在最后一个窗口中绘制指定变量的曲线
	RemovePlots	关闭所有曲线窗口
	ClearPlot	清除曲线窗口中的所有曲线
	ExportPlot	导出曲线

续表

命令类型	命令接口	含义
动画命令	CreateAnimation	新建动画窗口
	RemoveAnimations	关闭所有动画窗口
	RunAnimation	播放动画
	StopAnimation	停止动画播放
	AnimationSpeed	设置动画播放速度
模型对象操作命令	GetClasses	获取指定模型的嵌套类型
	GetComponents	获取指定模型的嵌套组件
	GetParamList	获取指定组件前缀层次中的参数列表
	GetModelDescription	获取指定模型的描述文字
	SetModelDescription	设置指定模型的描述文字
	GetComponentDescription	获取指定模型中组件的描述文字
	SetComponentDescription	设置指定模型中组件的描述文字
	SetParamValue	设置当前模型指定参数的值
	SetModelText	修改模型的 Modelica() 文本内容
	GetExperiment	获取模型仿真配置

C.3.2　Sysplorer 调用 Syslab Function 模块

在系统建模仿真环境 Sysplorer 中打开、编辑和调试 Syslab 中的函数文件需要通过 Syslab Function 模块实现。该模块包含以下两个组件。

1. SyslabGlobalConfig 组件

SyslabGlobalConfig 组件用于进行 Julia 全局声明，可以导入包及全局变量声明等。当创建了 SyslabGlobalConfig 组件后，单击鼠标右键后选择"Syslab 初始化配置…"选项可以在 Syslab 中打开编辑器，编写全局声明的 Julia 脚本。例如：

```
# using TyBase
# using TyMath
using LinearAlgebra
P = []
xhat = []
residual =[]
xhatOut =[]
sample = 1; #采样间隔
next_t = 1; #采样点
```

2. SyslabFunction 组件

SyslabFunction 组件用于嵌入 Julia 函数，并将 SyslabFunction 组件的输入和输出数据指定为参数与返回值。在 Sysplorer 仿真过程中，每运行一步都会调用该 Julia 函数。对于 SyslabFunction 组件而言，单击鼠标右键后选择"编辑 Syslab 脚本函数…"选项可以在 Syslab 中打开编辑器编写 Julia 脚本。例如：

```
function func1(t)
    x, y = get_xy(t)
```

```
        return x, y
end

function get_xy(t)
    a = [t, 2t]
    b = [t 2t 3t; 4t 5t 6t]
    return a, b
end
```

SyslabFunction 组件认为脚本中的第一个函数为该组件的主函数，其他函数均为服务于主函数的辅助函数。根据主函数的内容，组件从函数声明中的输入参数获取组件的输入端口数量及名称。因此，用户在编写主函数时需要注意：

- 主函数必须使用 function 定义。
- 主函数的输入不要指定类型和具名参数。
- 主函数的输出必须使用 return 指定，且必须为函数体中已经出现的变量符号。

对其他辅助函数没有类似限制。以上面的 Julia 脚本为例，SyslabFunction 组件将生成一个名为 in_t 的输入端口和两个分别名为 out_x、out_y 的输出端口。当然，用户也可以通过单击鼠标右键后选择"设置 Syslab 函数端口…"选项指定组件输入/输出端口的详细信息，包括端口的类型和维度等。

除上述要求外，在实现 Sysplorer 调用 Syslab Function 模块完成与科学计算环境 Syslab 的交互融合过程中，用户必须在 Syslab 中启动 Sysplorer，并完成 SyslabWorkspace 模型库的加载。

附录 D
Julia 及 Syslab 功能简介

科学计算是一个与数学模型构建、定量分析方法及利用计算机来分析和解决科学问题相关的研究领域。科学研究中经常需要解决科学计算问题，计算机的应用是当前完成科学计算问题的重要手段。科学计算的需求促进了计算机数学语言（科学计算语言）及数据分析技术的发展。Julia 是一门科学计算语言，是开源的、动态的计算语言，具备了建模语言的表现力和开发语言的高性能两种特性，与系统建模和数字孪生技术紧密融合，是最适合构建信息物理系统（Cyber Physical System，CPS）的计算语言。

MWORKS 是同元软控推出的新一代科学计算和系统建模仿真一体化基础平台，基于高性能科学计算语言 Julia 和多领域统一建模规范 Modelica，MWORKS 为科研和工程计算人员提供了交互式科学计算和建模仿真环境，实现了科学计算环境 Syslab 与系统建模仿真环境 Sysplorer 的双向融合，可满足各行业在设计、建模、仿真、分析、优化等方面的业务需求。

通过本附录学习，读者可以了解（或掌握）：
❖ 科学计算语言概况。
❖ Julia 简介。
❖ Julia 的优势。
❖ Syslab 的基本功能。

D.1 Julia

Julia 出自美国麻省理工学院（MIT），是一种开源免费的科学计算语言，是面向前沿领域科学计算和数据分析的计算机语言。Julia 是一种动态语言，通过使用类型推断、即时（Just-In-Time，JIT）编译及底层虚拟机（Low Level Virtual Machine，LLVM）等技术，使其性能可与传统静态类型语言相媲美。Julia 具有可选的类型声明、重载、同像性等特性，其多编程范式包含指令式、函数式和面向对象编程的特征，提供便捷的高等数值计算，与传统动态语言最大的区别是核心语言很小，标准库用 Julia 编写，完善的类型便于构造对象和类型声明，可以基于参数类型进行函数重载，自动生成高效、专用的代码，其运行速度接近静态编译语言。Julia 的优势还有免费开源，自定义类型，不需要把代码向量化，便于实现并行计算和分布式计算，提供便捷、可扩展的类型系统，高效支持 Unicode，直接调用 C 函数，像 Shell 一样具有强大的管理其他进程的能力，像 LISP 一样具有宏和其他元编程工具。Julia 还具有易用性和代码共享等便利特性。

D.1.1 科学计算语言概述

科学计算是一个与数学模型构建、定量分析方法及利用计算机来分析和解决科学问题相关的研究领域。数学问题是科学研究中经常需要解决的问题，研究者通常将所研究的问题用数学建模方法建立模型，再通过求解数学模型获得研究问题的解。手工推导求解数学问题固然有用，但并不是所有的数学问题都能够通过手工推导求解。对于不能手工推导求解的问题，有两种解决方法：一种是问题的简化与转换，例如通过 Laplace 变换将时域的微分方程转化为复频域的代数方程，进而开展推导与计算；另一种是通过计算机来完成相应的计算任务，这极大地促进了计算机数学语言（科学计算语言）及数据分析技术的发展。

常规计算机语言（如 C、Fortran 等）是用以解决实际工程问题的，对于一般研究人员或工程人员来说，利用 C 这类语言去求解数学问题是不直观、不方便的。第一，一般程序设计者无法编写出符号运算、公式推导程序，只能编写数值计算程序；第二，常规数值算法往往不是求解数学问题的最好方法；第三，采用底层计算机语言编程，程序冗长难以验证，即使得出结果也需要经过大量验证。因此，采用可靠、简洁的专门科学计算语言来进行科学研究是非常必要的，这可将研究人员从烦琐的底层编程中解放出来，从而专注于问题本身。

计算机技术的发展极大地促进了数值计算技术的发展，在数值计算技术的早期发展过程中出现了一些著名的数学软件包，包括基于特征值的软件包 EISPACK（美国，1971 年）、线性代数软件包 LINPACK（美国，1975 年）、NAG 软件包（英国牛津数值算法研究组 Numerical Algorithms Group，NAG）及著作 *Numerical Recipes: the Art of Scientific Computing* 中给出的程序集等，它们都是在国际上广泛流行且具备较高声望的软件包。其中，EISPACK、LINPACK 都是基于矩阵特征值和奇异值解决线性代数问题的专用软件包，因受限于当时的计算机发展状况，故这些软件包都采用 Fortran 语言编写。NAG 的子程序都以字母加数字编号的形式命名，程序使用起来极其复杂。*Numerical Recipes: the Art of Scientific Computing* 中给出的一系列算法子程序提供 C、Fortran、Pascal 等版本，适合科研人员直接使用。将这些数学软件包用于解决问题时，编程十分麻烦，不便于程序开发。尽管如此，数学软件包仍在继续发展，发展方向是采用国际上最先进的数值算法，以提供更高效、更稳定、更快速、更可靠的数学软件包，如线性代数计算领域的 LaPACK 软件包（美国，1995 年）。但是，这些软件包的目标已经不再是为一般用户提供解决问题的方法，而是为数学软件提供底层支撑。例如，MATLAB、自由软件 Scilab 等著名的计算机数学语言均放弃了前期一直使用的 EISPACK、LINPACK 软件包，转而采用 LaPACK 软件包作为其底层支持的软件包。

科学计算语言可以分为商用科学计算语言和开放式科学计算语言两大类。

1. 三大商用科学计算语言

目前，国际上有三种最有影响力的商用科学计算语言：MathWorks 公司的 MATLAB（1984 年）、Wolfram Research 公司的 Mathematica（1988 年）和 Waterloo Maple 公司的 Maple（1988 年）。

MATLAB 是在 1980 年前后由美国新墨西哥大学计算机科学系主任 Cleve Moler 构思的一个名为 MATLAB（MATrix LABoratory，矩阵实验室）的交互式计算机语言。该语言在 1980 年出了免费版本。1984 年，MathWorks 公司成立，正式推出 MATLAB 1.0 版，该语言的出现正赶上控制界基于状态空间的控制理论蓬勃发展的阶段，引起了控制界学者的关注，出现了用 MATLAB 编写的控制系统工具箱，在控制界产生了巨大的影响，成为控制界的标准计算机语言。随着 MATLAB 的不断发展，其功能越来越强大，覆盖领域也越来越广泛，目前已经成为许多领域科学计算的有效工具。

稍后出现的 Mathematica 及 Maple 等语言也是应用广泛的科学计算语言。这三种语言各有特色，MATLAB 擅长数值运算，其程序结构类似于其他计算机语言，因而编程很方便。Mathematica 和 Maple 具有强大的解析运算和数学公式推导、定理证明的功能，相应的数值计算能力比 MATLAB 要弱，这两种语言更适合于纯数学领域的计算机求解。相较于 Mathematica 及 Maple，MATLAB 的数值运算功能最为出色，另外独具优势的是 MATLAB 在许多领域都有专业领域专家编写的工具箱，可以高效、可靠地解决各种各样的问题。

2. 开放式科学计算语言

尽管 MATLAB、Maple 和 Mathematica 等语言具备强大的科学运算功能，但它们都是需要付费的商用软件，其内核部分的源程序也是不可见的。在许多科研领域中，开放式科学计算语言还是很受欢迎的，目前有影响力的开放式科学计算语言有下列几种。

（1）Scilab。Scilab 是由法国国家信息与自动化研究所（INRIA）开发的类似于 MATLAB 的语言，于 1989 年正式推出，其源代码完全公开，且为免费传播的自由软件。该语言的主要应用领域是控制与信号处理，Scilab 下的 Scicos 是类似于 Simulink 的基于框图的仿真工具。从总体上看，除其本身独有的个别工具箱外，它在语言档次和工具箱的深度与广度上与 MATLAB 尚有很大差距，但其源代码公开与产品免费这两大特点足以使其成为科学运算研究领域的一种有影响力的计算机语言。

（2）Octave。Octave 是于 1988 年构思、1993 年正式推出的一种数值计算语言，其出发点和 MATLAB 一样都是数值线性代数的计算。该语言的早期目标是为教学提供支持，目前也较为广泛地应用于教学领域。

（3）Python。Python 是一种面向对象、动态的程序设计语言，于 1994 年发布 1.0 版本，其语法简洁清晰，适合完成各种计算任务。Python 既可以用来快速开发程序脚本，也可以用来开发大规模的软件。随着 NumPy（2005 年）、SciPy（2001 年的 0.1.0 版本，2017 年的 1.0

版本)、Matplotlib (2003 年)、Enthought librarys 等众多程序库的开发，Python 越来越适合进行科学计算、绘制高质量的 2D 和 3D 图形。与科学计算领域中最流行的商业软件 MATLAB 相比，Python 是一门通用的程序设计语言，比 MATLAB 所采用的脚本语言应用范围更广泛，有更多的程序库支持，但目前仍无法替代 MATLAB 中的许多高级功能和工具箱。

(4) Julia。Julia 是一种高级通用动态编程语言 (2012 年)，最初是为了满足高性能数值分析和科学计算而设计的。Julia 不需要解释器，其运算速度快，可用于客户端和服务器的 Web 应用程序开发、底层系统程序设计或用作规约语言。Julia 的核心语言非常小，可以方便地调用其他成熟的高性能基础程序代码，如线性代数、随机数生成、快速傅里叶变换、字符串处理等程序代码，便捷、可扩展的类型系统，使其性能可与静态编译型语言媲美，同时也是便于编程实现并行计算和分布式计算的程序语言。

D.1.2　Julia 简介

Julia 是一个面向科学计算的高性能动态高级程序设计语言，首先定位为通用编程语言，其次是高性能计算语言，其语法与其他科学计算语言相似，在多数情况下拥有能与编译型语言媲美的性能。目前，Julia 主要应用领域为数据科学、科学计算与并行计算、数据可视化、机器学习、一般性的 UI 与网站等，在精准医疗、增强现实、基因组学及风险管理等方面也有应用。Julia 的生态系统还包括无人驾驶汽车、机器人和 3D 打印等技术应用。

Julia 是一门较新的语言。创始人 Jeff Bezanson、Stefan Karpinski、Viral Shah 和 Alan Edelman 于 2009 年开始研发 Julia，经过三年的时间于 2012 年发布了 Julia 的第一版，其目标是简单且快速，即运行起来像 C，阅读起来像 Python。它是为科学计算设计的，能够处理大规模的数据与计算，但仍可以相当容易地创建和操作原型代码。正如四位创始人在 2012 年的一篇博客中解释为什么要创造 Julia 时所说："我们很贪婪，我们想要的很多：我们想要一门采用自由许可证的开源语言；我们想要 C 的性能和 Ruby 的动态特性；我们想要一门具有同像性的语言，它既拥有 LISP 那样真正的宏，又具有 MATLAB 那样明显又熟悉的数学运算符；这门语言可以像 Python 一样用于常规编程，像 R 一样容易用于统计领域，像 Perl 一样自然地处理字符串，像 MATLAB 一样拥有强大的线性代数运算能力，像 Shell 一样的'胶水语言'；这门语言既要简单易学，又要吸引高级用户；我们希望它是交互的，同时又是可编译的。"

Julia 在设计之初就非常看重性能，再加上它的动态类型推导，使 Julia 的计算性能超过了其他动态语言，甚至能够与静态编译语言媲美。对于大型数值问题，计算速度一直都是一个重要的关注点，在过去的几十年里，需要处理的数据量很容易与摩尔定律保持同步。Julia 的发展目标是创建一个前所未有的集易用、强大、高效于一体的语言。除此之外，Julia 还具有以下优点。

- 采用 MIT 许可证：免费开源。
- 用户自定义类型的速度与兼容性和内建类型一样好。
- 无须特意编写向量化的代码：非向量化的代码就很快。
- 为并行计算和分布式计算设计。
- 轻量级的"绿色"线程：协程。
- 简洁的类型系统。
- 优雅、可扩展的类型转换和类型提升。
- 对 Unicode 的有效支持，包括但不限于 UTF-8。

- 直接调用 C 函数，无须封装或调用特别的 API。
- 像 Shell 一样强大的管理其他进程的能力。
- 像 LISP 一样的宏和其他元编程工具。

Julia 重要版本的发布时间如下。
- Julia 0.1.0：2012 年 2 月 14 日。
- Julia 0.2.0：2013 年 11 月 19 日。
- Julia 0.3.0：2014 年 8 月 21 日。
- Julia 0.4.0：2015 年 10 月 8 日。
- Julia 0.5.0：2016 年 9 月 20 日。
- Julia 0.6.0：2017 年 6 月 19 日。
- Julia 1.0.0：2018 年 8 月 8 日。
- Julia 1.1.0：2019 年 1 月 22 日。
- Julia 1.2.0：2019 年 8 月 20 日。
- Julia 1.7.0：2021 年 11 月 30 日。
- Julia 1.8.5：2023 年 1 月 8 日。

Julia 学习和使用的主要资源包括 Julia 语言官网、Julia 编程语言 GitHub 官网、Julia 中文社区、Julia 中文论坛。

D.1.3 Julia 的优势

Julia 的优势如下：

1. Julia 的语言设计方面具有先进性

Julia 由传统动态语言的专家们设计，在语法上追求与现有语言的近似，在功能上吸取现有语言的优势：Julia 从 LISP 中吸收语法宏，将传统面向对象语言的单分派扩展为多重分派，运行时引入泛型以优化其他动态语言中无法被优化的数据类型等。

2. Julia 兼具建模语言的表现力和开发语言的高性能两种特性

在 Julia 中可以很容易地将代码优化到非常高的性能，而不需要涉及"两语言"工作流问题，即先在一门高级语言上进行建模，然后将性能瓶颈转移到一门低级语言上重新实现后再进行接口封装。

3. Julia 是最适合构建信息物理系统的语言

Julia 是一种与系统建模和数字孪生技术紧密融合的计算机语言，相比通用编程语言，Julia 为功能模型的表示和仿真提供了高级抽象；相比专用商业工具或文件格式，Julia 更具开放性和灵活性。

D.1.4 Julia 与其他科学计算语言的差异

Julia 与其他科学计算语言如 MATLAB、R、Python 等语言的差异主要表现在语言本质、语法表层和函数用法/生态等方面。

1. 语言本质的差异

1）与 MATLAB 相比

Julia 与 MATLAB 相比，具有以下语言本质的差异。

（1）开源性质。Julia 是一种完全开源的语言，任何人都可以查看和修改它的源代码。MATLAB 则是一种商业软件，需要付费购买和使用。

（2）动态编译性质。Julia 是一种动态编译语言，它在运行时会将代码编译成机器码，从而实现高效的执行速度。MATLAB 则是一种解释型语言，它会逐行解释代码并执行，因此在处理大量数据时可能会比 Julia 慢一些。

（3）多重分派特性。Julia 的一个重要特性是多重分派，它可以根据不同参数类型选择不同的函数实现，这使得 Julia 可以方便地处理复杂的数学和科学计算问题。MATLAB 则是一种传统的函数式编程语言，不支持多重分派。

（4）并行计算。Julia 对并行计算提供了更好的支持，可以方便地实现多线程和分布式计算。MATLAB 也支持并行计算，但需要用户手动编写并行代码。

综上所述，Julia 和 MATLAB 都是面向科学计算和数值分析的高级语言，但它们之间的差异是 Julia 更加现代化和高效，而 MATLAB 则更加成熟和稳定。

2）与 R 相比

Julia 与 R 相比，具有以下语言本质的差异。

（1）设计理念。Julia 旨在提供一种高性能、高效率的科学计算语言，强调代码的可读性和可维护性，同时也支持面向对象和函数式编程范式。R 则是一种专门为统计计算而设计的语言，具有很多专门的统计计算函数和库，同时也支持面向对象和函数式编程。

（2）性能。Julia 具有非常高的性能，特别是在数值计算和科学计算方面，比 R 更快。这主要是因为 Julia 采用了即时编译技术，能够动态生成高效的机器码，而 R 则是解释执行的。因此，对于需要高性能计算的任务，Julia 是更好的选择。

（3）代码复杂度。Julia 相对来说更加简洁，代码复杂度较低，这是为了提高代码的可读性和可维护性。相比之下，R 的代码复杂度较高，这是为了方便数据分析人员快速实现统计计算任务。

（4）库和生态系统。R 具有非常丰富的统计计算函数和库，以及庞大的生态系统，非常适合数据分析和统计计算。Julia 的库和生态系统较小，但在数值计算和科学计算方面有非常强大的库和工具支持。

综上所述，Julia 适合需要高性能、高效率的科学计算任务，而 R 适合数据分析和统计计算任务，选择哪种语言主要取决于具体的应用场景和需求。

3）与 Python 相比

Julia 与 Python 相比，具有以下语言本质的差异。

（1）设计目的。Julia 是一种专注于高性能科学计算和数据科学的编程语言，它的设计目的是提高数值计算和科学计算的效率与速度。Python 则是一种通用编程语言，适用于各种应用领域。

（2）类型系统。Julia 是一种动态类型语言，但是它具有静态类型语言的优点，它使用类型推断来提高程序的性能。Python 也是一种动态类型语言，但类型推断对于 Python 不重要。

（3）性能。Julia 的执行速度通常比 Python 快，这是因为 Julia 使用了即时编译技术，可以在运行时优化代码。Python 使用解释器，因此它比编译语言运行慢。

（4）生态系统。Python 有一个庞大的生态系统，拥有丰富的库和框架，适用于各种应用。Julia 的生态系统相对较小，但是它正在快速增长，当前已有一些出色的科学计算库和工具。

综上所述，Julia 和 Python 都是出色的编程语言，各有优缺点。如果需要高性能和数值计算能力，则 Julia 更适合；如果需要通用编程和广泛的生态系统，则 Python 更适合。

2. 语法表层的差异

语法表层的差异是指在代码书写方式、关键字、语句表达方式和注释方式等方面各种编程语言的不同。这些差异需要在学习新语言时重新适应，但也使得每种语言都有不同的优势和适用性。在表 D-1 中给出了部分语法表层的差异作为参考，具体使用时还需用户学习并适应。

表 D-1 部分语法表层的差异对比

具体项	Julia	MATLAB	R	Python
变量作用域	全局/局部作用域	全局作用域	全局/局部作用域	全局/局部作用域
延续代码行方法	不完整的表达式自动延续	符号...续行	符号+续行	反斜杠\续行
字符串构造符号	双引号/三引号	单引号	单引号/双引号	单引号/双引号
数组索引	使用方括号 A[i,j]	使用圆括号 A(i,j)	使用方括号 A[i,j]	使用方括号 A[i,j]
索引整行	x[2:end]	x(2:)	x[2,]	x[2:]
虚数单位表示	im	i 或 j	i	j
幂表示符号	^	^	^	**
注释符号	#	%	#	#

3. 函数用法/生态的差异

不同编程语言之间函数用法的差异是指在定义和使用函数时，不同编程语言采用的语法、规则和约定的不同之处。这些差异既可能涉及函数参数传递方式、参数类型、返回值类型等方面，也可能涉及函数命名、作用域、递归等方面的规定和约束。对于用户来说，熟悉不同编程语言之间的函数用法的差异对编写高效、正确的代码是非常重要的。为了学习具体的函数用法及其差异，用户需要阅读后续章节并对比不同编程语言的帮助文档。

除此之外，Julia、MATLAB、R 和 Python 都是非常流行的科学计算语言，它们在生态上也有以下差异。

（1）Julia 是一种专为数值和科学计算而设计的高性能语言。它的生态系统在近年来迅速发展，并逐渐成为科学计算和数据科学领域的主流语言之一，其主要优势在于速度和易用性。Julia 具有动态类型、高效的 JIT 编译器和基于多重派发机制，这使得它能够在计算密集型应用中表现出色。Julia 的生态系统虽然较为年轻，但已经有了许多非常好的包和库，包括 DataFrames.jl、Distributions.jl、Plots.jl 和 JuMP.jl 等。

（2）MATLAB 是一种专为科学和工程计算而设计的语言。它的主要优势在于易用性和广泛的功能。MATLAB 有很多内置的函数和工具箱，可以用于数据可视化、图像处理、信号处理、人工智能和控制系统等方面。MATLAB 的生态系统非常成熟，有大量的第三方工具箱可供选择。除此之外，MATLAB 还拥有庞大和活跃的社区。

（3）R 是一种专为统计分析和数据可视化而设计的语言。它的主要优势在于统计分析和图形绘制方面的丰富功能。R 的生态系统非常强大，有许多非常好的包和库，包括 ggplot2、dplyr、tidyr、Shiny 和 caret 等。

（4）Python 是一种通用的高级编程语言，也被广泛用于科学计算。它的主要优势在于易用性和生态系统的丰富性。Python 的生态系统非常庞大，有大量的科学计算库和工具箱可供选择，包括 NumPy、SciPy、pandas、Matplotlib、scikit-learn 和 TensorFlow 等。

综上所述，这四种语言都有各自的特点和优势，在不同的应用场景中各有所长。

D.2　Julia Hello World

D.2.1　直接安装并运行 Julia

使用 Julia 编程可以通过多种方式安装 Julia 运行环境，无论是使用预编译的二进制程序，还是自定义源码编译，安装 Julia 都是一件很简单的事情。用户可以从该语言官方中文网站的下载页面中下载安装包文件。在下载完成之后，按照提示单击鼠标即可完成安装。

在安装完成后，双击 Julia 三色图标的可执行文件或在命令行中输入 Julia 后回车（也称按回车或 Enter 键）就可以启动了。如果在 Julia 初始界面中出现如图 D-1 所示内容，则说明你已经安装成功并可以开始编写程序了。

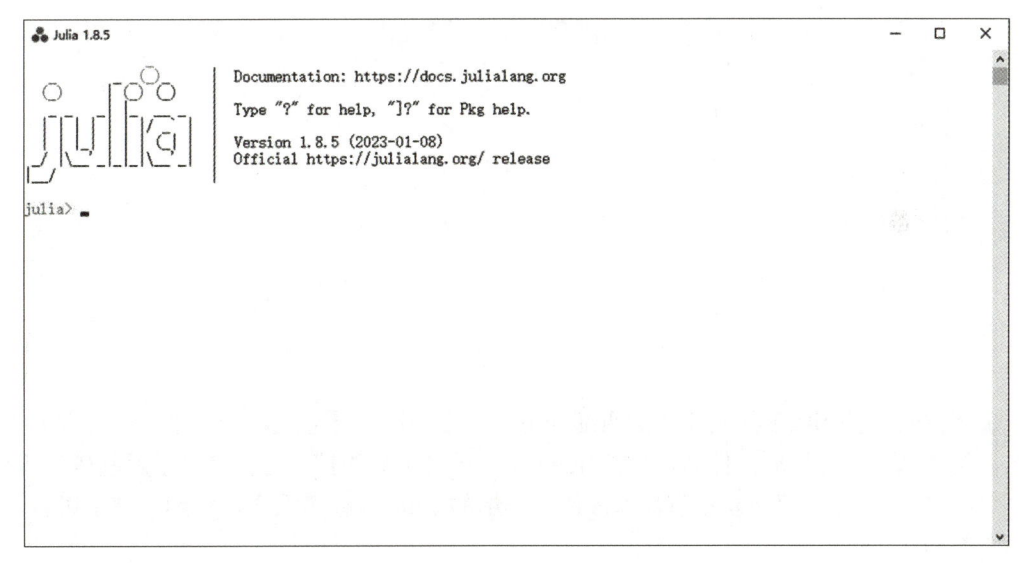

图 D-1　Julia 初始界面

Julia 初始界面实质上是一个交互式（Read-Eval-Print Loop，REPL）环境，这意味着用户在这个界面中可以与 Julia 运行的系统进行即时交互。例如，在这个界面中输入"1 + 2"后回车，它立刻会执行这段代码并将结果显示出来。如果输入的代码以分号结尾，则不会显示结果。然而，不管结果显示与否，变量 ans 总会存储上一次执行代码的结果，如图 D-2 所示。需要注意的是，变量 ans 只在交互式环境中出现。

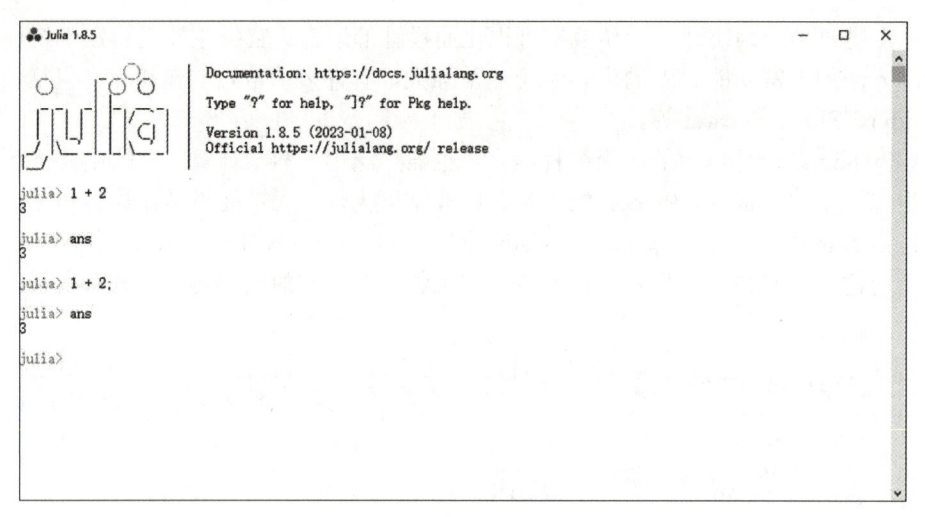

图 D-2　Julia 的交互式环境

此外，除直接在交互式环境中编写并运行简单的程序外，Julia 还可以作为脚本程序来编辑和使用，因此用户可以直接运行写在源码文件中的代码。例如，若将代码"a = 1 + 2"保存在源码文件 file.jl 中，则在交互式环境中只需要输入 include("file.jl") 即可运行得到结果，如图 D-3 所示。

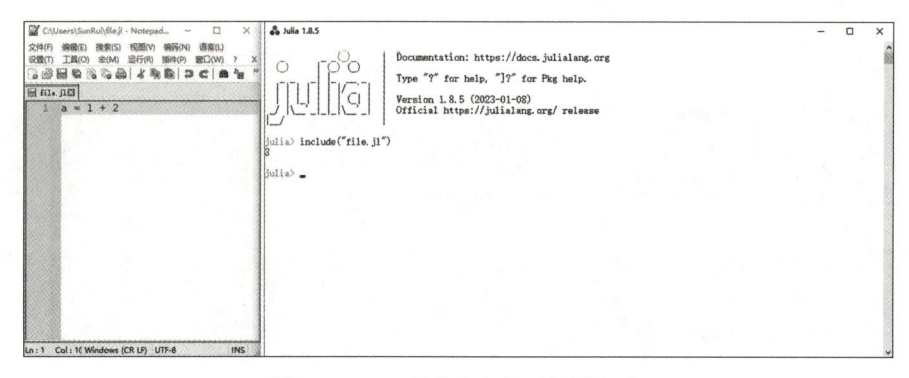

图 D-3　Julia 的脚本文件及调用方式

上述源码文件 file.jl 的文件名由两部分组成，中间用点号分隔，一般第一部分称为主文件名，第二部分称为扩展文件名，而在 Julia 中，jl 是唯一的扩展文件名。了解基础知识后，就可以编写一个 Julia 程序以熟悉基本操作。详细的 Julia 编程语法会在后续章节中讲解，此处不再赘述。

以下是第一个 Julia 程序 first.jl 的源代码：

```
#第一个 Julia 程序 first.jl
#Author BIT.SAE
#Date 2023-02-16
println("Hello World!")
println("Welcome to BIT.SAE!")
```

第一个 Julia 程序的运行结果如图 D-4 所示。

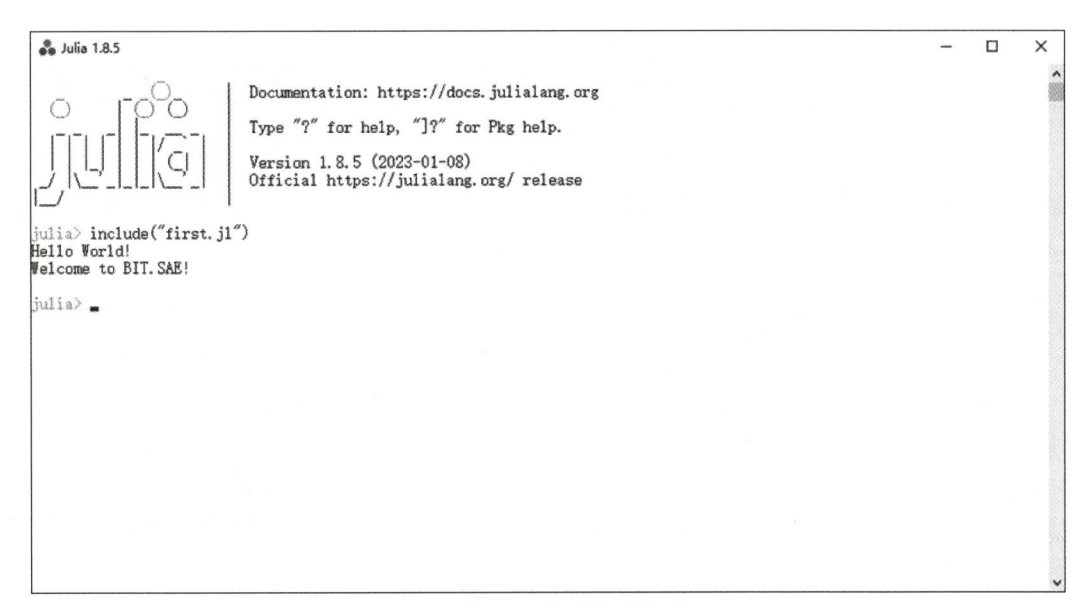

图 D-4　第一个 Julia 程序的运行结果

如果需要退出这个界面，则按 Ctrl+D 组合键（同时按 Ctrl 键和 D 键）或者在交互式环境中输入 exit()。

D.2.2　使用 MWORKS 运行 Julia

MWORKS 中同样提供了 Julia 环境，以上一节的 Julia 程序 first.jl 为例，对 MWORKS 环境下运行 Julia 程序进行简单说明，如图 D-5 所示。关于 MWORKS 的具体内容将在后续章节中详细讲解，此处不做介绍。

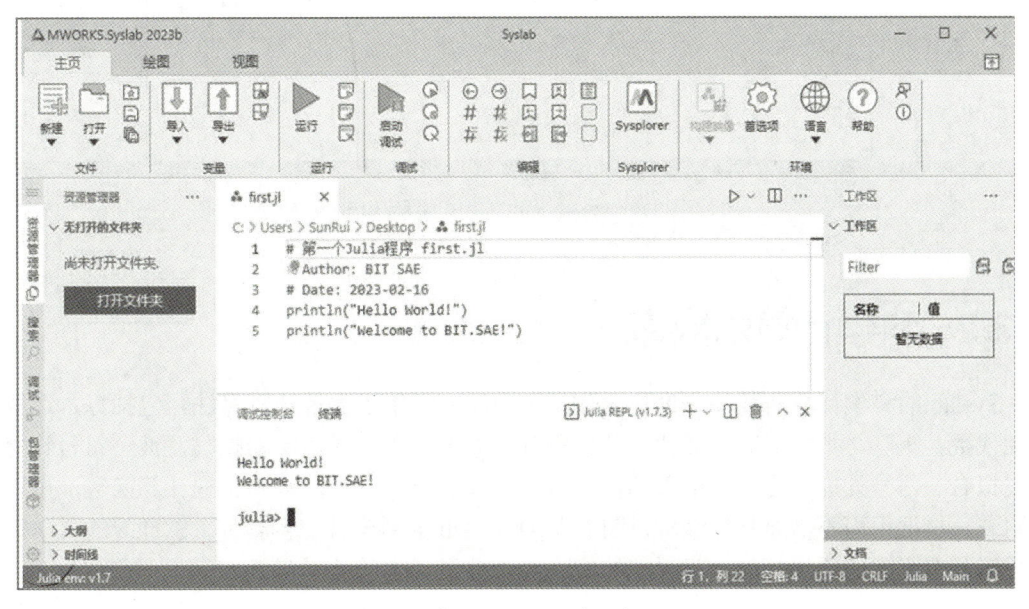

图 D-5　在 MWORKS 中运行 Julia

D.3 Syslab 功能简介

Syslab 是面向科学计算的 Julia 编程运行环境，支持多范式统一编程，实现了与系统建模仿真环境 Sysplorer 的双向融合，形成新一代科学计算与系统建模仿真的一体化基础平台，可以满足各行业在设计、建模、仿真、分析、优化等方面的业务需求。

D.3.1 交互式编程环境

Syslab 开发环境提供了便于用户使用的 Syslab 函数和专业化的工具箱，其中许多工具是图形化的接口。它是一个集成的用户工作空间，允许用户直接输入/输出数据，并通过资源管理器、代码编辑器、命令行窗口、工作空间、窗口管理等编程环境和工具，提供功能完备的交互式编程、调试与运行环境，提高了用户的工作效率。Syslab 的交互式编程环境如图 D-6 所示。

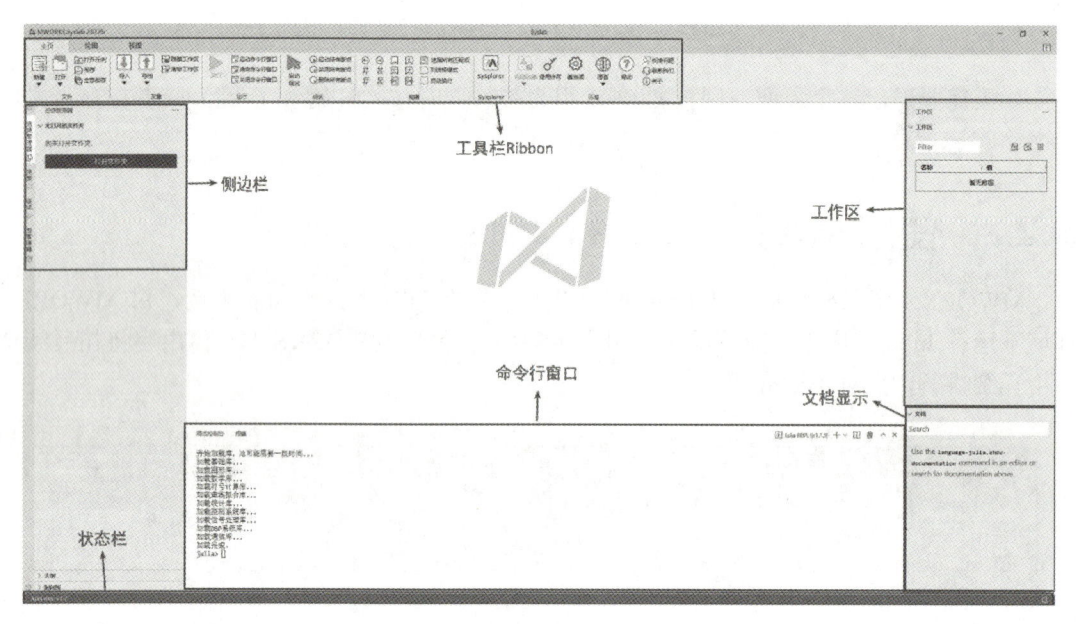

图 D-6 Syslab 的交互式编程环境

D.3.2 科学计算函数库

Syslab 的科学计算函数库（也称为数学函数库）汇集了大量计算算法，包括算术运算、线性代数、矩阵与数组运算、插值、数值积分与微分方程、傅里叶变换与滤波、符号计算、曲线拟合、信号处理、通信等丰富的高质量、高性能科学计算函数和工程计算函数，可以方便用户直接调用而不需要另行编程。图 D-7 为 Syslab 的科学计算函数库。Syslab 的科学计算函数库具有强大的计算功能，几乎能够解决大部分学科中的数学问题。

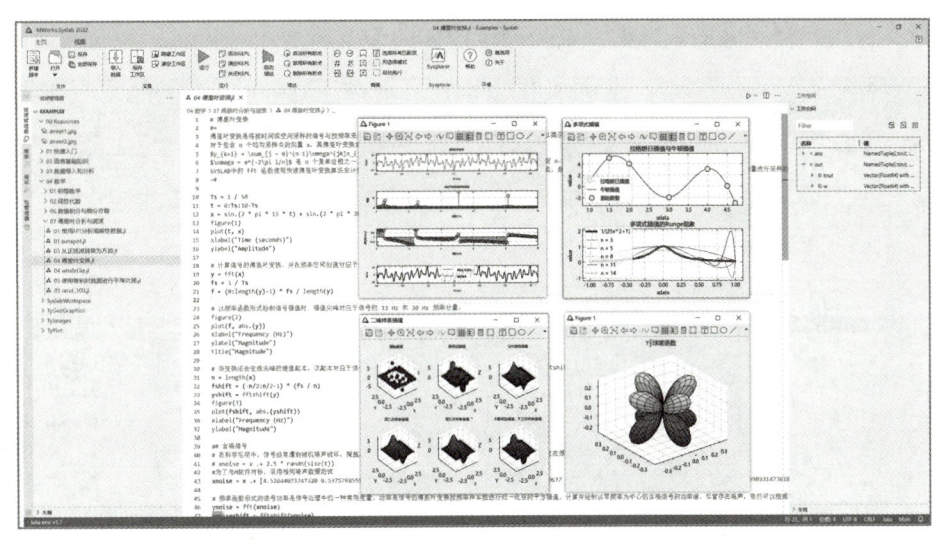

图 D-7　Syslab 的科学计算函数库（数学函数库）

D.3.3　计算数据可视化

　　Syslab 具有丰富的图形处理功能和方便的数据可视化功能，能够将向量和矩阵用图形表现出来，并且可以对图形颜色、光照、纹理、透明性等参数进行设置以产生高质量的图形。利用 Syslab 绘图，用户不需要过多地考虑绘图过程中的细节，只需要给出一些基本参数就能够利用内置的大量易用的二维和三维绘图函数得到所需图形。Syslab 的可视化图形库如图 D-8 所示。此外，Syslab 支持数据可视化与图形界面交互，用户可以直接在绘制好的图形中利用工具进行数据分析。

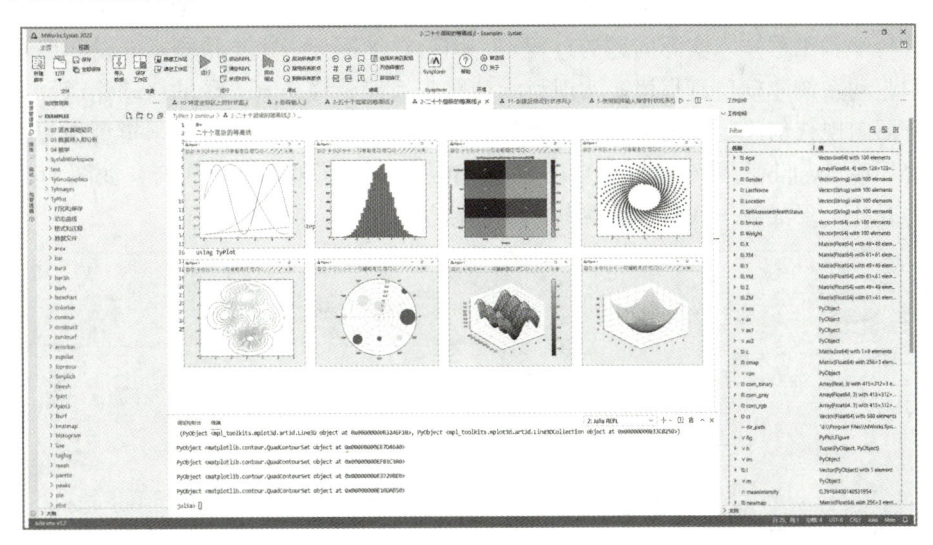

图 D-8　Syslab 的可视化图形库

D.3.4　库开发与管理

　　Syslab 支持函数库的注册管理、依赖管理、安装卸载、版本切换，同时提供函数库开发规范，以支持用户自定义函数库的开发与测试，如图 D-9 所示。

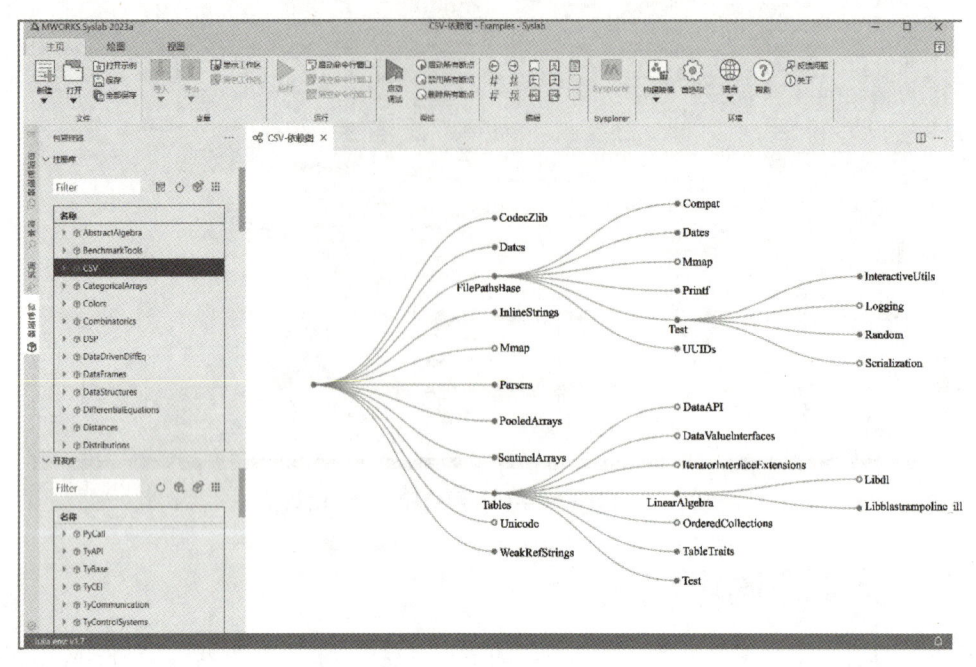

图 D-9　函数库的开发与测试

D.3.5　科学计算与系统建模的融合

Sysplorer 是面向多领域工业产品的系统级综合设计与仿真验证环境，完全支持多领域统一建模规范 Modelica，遵循现实中拓扑结构的层次化建模方式，支撑 MBSE 应用。然而，在解决现代科学和工程技术实际问题的过程中，用户往往需要一个支持脚本开发和调试的环境，通过脚本驱动系统建模仿真环境，实现科学计算与系统建模仿真过程的自动化运行；同时也需要一个面向现代信息物理融合系统的设计、建模与仿真环境，支持基于模型的 CPS 开发。科学计算环境 Syslab 与系统建模仿真环境 Sysplorer 实现了双向深度融合，如图 D-10 所示。两者优势互补，形成新一代科学计算与系统建模仿真平台。

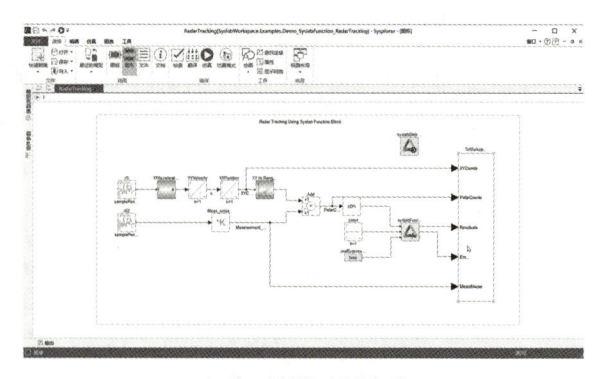

Syslab调用Sysplorer API　　　　　Sysplorer调用Syslab Function

图 D-10　科学计算环境 Syslab 与系统建模仿真环境 Sysplorer 的双向深度融合

D.3.6 中文帮助系统

Syslab 提供了非常完善的中文帮助系统,如图 D-11 所示。用户可以通过查询帮助系统,获取函数的调用情况和需要的信息。对于 Syslab 使用者,学会使用中文帮助系统是进行高效编程和开发的基础,因为没有人能够清楚地记住成千上万个不同函数的调用情况。

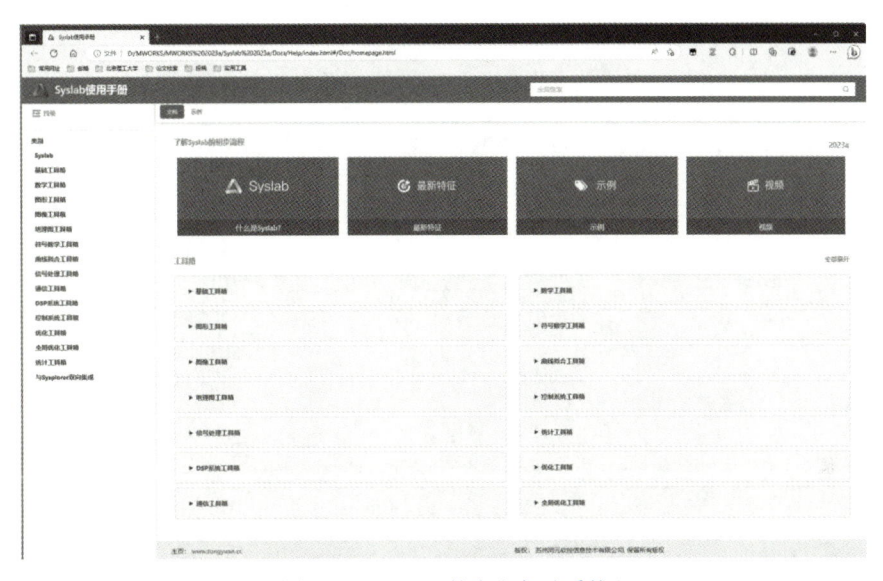

图 D-11　Syslab 的中文帮助系统